Olaf Nüsser

Albins Prolog

und die Dialogtheorie des Platonismus

Beiträge zur Altertumskunde

Herausgegeben von
Ernst Heitsch, Ludwig Koenen,
Reinhold Merkelbach, Clemens Zintzen

Band 12

B. G. Teubner Stuttgart

Albins Prolog
und die Dialogtheorie
des Platonismus

Von
Olaf Nüsser

B. G. Teubner Stuttgart 1991

Die Deutsche Bibliothek – CIP-Einheitsaufnahme

Nüsser, Olaf:
Albins Prolog und die Dialogtheorie des Platonismus /
von Olaf Nüsser. – Stuttgart: Teubner, 1991
(Beiträge zur Altertumskunde; Bd. 12)
Zugl.: Köln, Univ., Diss., 1990
ISBN 3-519-07461-3
NE: Albinus: Prolog; GT

Printed in Germany
Druck und Bindung: Röck, Weinsberg

Meinen Eltern
die es ermöglicht haben

Judith
die es geduldig mitgetragen hat

ἐρωτήσεων ἀεὶ αἱ ἀποκρίσεις ἡμῖν δέονται

Vorwort

Die vorliegende Arbeit ist im Sommersemester 1990 von der Philosophischen Fakultät der Universität zu Köln als Dissertation angenommen worden. Berichterstatter waren die Herren Professoren Dr. Rudolf Kassel und Dr. Clemens Zintzen. Das Rigorosum fand am 23. Juni 1990 statt.

Angeregt wurde das Thema von meinem Doktorvater anläßlich eines Hauptseminars im Jahre 1985. Der Forschungsstand der Arbeit ist der des Sommers 1989, in dem ich - am Tage vor Antritt des Referendardienstes - das Manuskript nach etwa zweijähriger Arbeitszeit abgeschlossen habe.

Ich blicke nun schon mit etwas Abstand auf die Zeit der intensiven Arbeit zurück. Ich habe den ungehinderten Zutritt zu den Quellen unserer Wissenschaft, der mir auf der Kölner Universität geboten wurde, als sehr befriedigend empfunden.

Die Dissertation ist eine philologische Arbeit. Ich weiß, daß das Thema der Dialogtheorie auch von ganz anderen Ansatzpunkten bearbeitet werden kann. Dem bin ich bewußt und aus guten Gründen ausgewichen. Was jetzt vorliegt, ist geschrieben worden in Anlehnung an den Grundsatz δεῖ Σωκρατικῶς τὰ Σωκράτους μανθάνειν (Olymp. *in Alc. pr.* 11,1f).

Ohne das wissenschaftliche Klima, das das Kölner Institut für Altertumskunde auszeichnet, wäre es mir sicher schwerer gefallen, die vorliegende Arbeit zu vollenden. Ich meine nicht nur den fachlichen Austausch, zu dem die Mitglieder des Instituts auch in νυκτερινοὶ σύλλογοι bereit waren, sondern auch die Versammlungen des eher komödiantischen Charakters, die regelmäßig zu Höhepunkten des Institutslebens wurden. Das macht ein πεδίον σοφίας erst vollkommen. Allen, von den Kommilitonen bis zu den Institutsdirektoren, möchte ich an dieser Stelle für ihre Beteiligung an diesen Ereignissen danken.

Einige Personen haben spezielleren Anteil am Zustandekommen der Arbeit. Ich danke Herrn Bram Gätjen M.A., der mir durch eine Einführung in die Computertechnik die Fertigstellung wesentlich erleichtert hat. Herrn Prof. Dr. John Whittaker, St. John's, Newfoundland, danke ich für die Zusendung unveröffentlichter Aufsätze. Herr Professor Dr. Gerhard Endreß von der Ruhruniversität Bochum hat mir durch sein großes Interesse in

Fragen der arabischen Überlieferungsgeschichte weitergeholfen. Meinem germanistischen Lehrer, Herrn Professor Dr. Werner Keller, sage ich hier insbesondere für seine Auskünfte zur Nachwirkung der dialogischen Literaturgattung Dank. Seiner Assistentin Eva Neunzig gilt mein Dank für bibliographische Hilfe. Für einschlägige Hinweise und insbesondere für die Aufnahme der Arbeit in die Reihe der Beiträge zur Altertumskunde danke ich meinem Lehrer in Lateinischer Philologie, Herrn Professor Dr. Clemens Zintzen.

Hermann Diels schreibt einmal, daß wir viel mehr von dem gesprochenen Wort unserer Lehrer als von deren Schriften geprägt werden. Dieses Urteil kann ich nachvollziehen und möchte mich mit ihm bei meinem Doktorvater, Herrn Professor Dr. Rudolf Kassel, für die Anregung und die stete und immer verläßiche Begleitung meiner Doktorarbeit sowie für die persönliche Einfühlung in die gelegentlichen Nöte des Doktoranden herzlich bedanken.

Köln, Weihnachten 1990

Inhaltsverzeichnis

Einleitung

Im Titel spiegelt sich der zweiteilige Aufbau der vorliegenden Dissertation wieder; er erklärt sich aus dem ursprünglichen Plan, die antike Dialogtheorie schlechthin zu untersuchen, und der Abwandlung, die dieser Plan im Laufe der Arbeit erfuhr. Die Studien begannen mit den Theorien der Philosophen zum platonischen Dialog, und es zeigte sich bald, daß zu einer unserer Hauptquellen, zu Albins Prolog (früher Isagoge genannt), überhaupt erst die philologischen Grundlagen geschaffen werden mußten. Die Konzentration auf Handschriften und Text dieser mittelplatonischen Schrift brachte es auf der anderen Seite mit sich, daß die Dialogtheorien, die es außerhalb von Akademie, Mittel- und Neuplatonismus gibt, - die der anderen philosophischen Schulen, die der Rhetorik, die der späteren Dialogautoren wie z.B. Lukians - wegen des näherrückenden Eintritts in den Schuldienst nicht mehr gründlich bearbeitet werden konnten und ausgeschlossen werden mußten.

So liegt in dieser Arbeit eine textkritische Edition von Albins Prolog vor, die zum erstenmal auf dem codex unicus beruht und um einen Kommentar zu Sprache und Inhalt ergänzt ist; daneben befassen sich die Kapitel des systematischen Hauptteils der Arbeit mit den einzelnen Theorien, die Platon und seine Schule zum philosophischen Dialog hervorgebracht haben. Da im philosophischen Schrifttum der Dialog die spezifisch platonische Form ist, die überdies enorme Wirkung entfaltet hat und als Form an sich zu literartheoretischen Stellungnahmen einlädt,[1] so hat es im Platonismus immer wieder Theorien dazu

1) Grundlegende moderne Geschichte und Theorie des Dialogs von den Anfängen bis ins neunzehnte Jahrhundert ist immer noch der bald hundert Jahre alte Zweibänder von Rudolf Hirzel, *Der Dialog. Ein literarhistorischer Versuch,* Leipzig 1895. Neben ihm gibt es - außerhalb der Theorien der Philosophen zu Dialog und Dialektik als Formen der philosophischen Forschung, s.u. p. 87 - nur sehr verstreut Einzelbemerkungen zum Dialog als einem literarischen Produkt. Die Abgrenzung der Diatribe von Dialog, Satire und Predigt beschreibt Eduard Norden, *Die römische Literatur,* 4. Aufl. Leipzig 1952 p. 88.

gegeben, wie der Dialog als Literaturprodukt einzuordnen und wie er in seiner speziellen Form als Unterrichtsgegenstand in der Schulwirklichkeit anzuwenden ist.

So ergeben sich mehrere Gesichtspunkte, deren Großteil in Albins Prolog berücksichtigt ist. Die formal-literarische Hinsicht steht in der *Definition* der platonischen Literaturgattung im Vordergrund sowie in der *Einteilung* der verschiedenen Dialogformen nach Kriterien der Poetik. Letztere ist bei Albin nicht erwähnt, fand aber wegen der engen Beziehung zum Gesamtthema Aufnahme in unsere Untersuchungen. Philosophisch-didaktische Absichten haben zu einem System des platonischen Oeuvres geführt, das wir die *dihäretische Dialogordnung* nennen; die Bildung von *Lektüreplänen*, die alle oder die wichtigsten Dialoge Platons in eine feste Reihenfolge stellen, die der Schüler einhalten soll, wird uns oft begegnen,[2] ohne daß wir ihr ein eigenes Kapitel gewidmet haben, wie es im Falle der Feststellung eines *Anfangsdialogs* geschehen ist. Auf eine Darstellung der berühmten *Tetralogienordnung* konnte verzichtet werden, da neuere Literatur hierzu hinlänglich vorliegt.[3]

In Albins Prolog konzentrieren sich nicht nur die meisten dieser Themen, er ist auch unsere früheste Quelle darüber. Dieses Schriftchen diente offensichtlich dem Zweck, dem jungen Platoniker vor der Beschäftigung mit der Lehre Platons die Werke, ihre Anordnung und Form, vorzuführen. Die zweite Hälfte des Prologs macht die Erörterung aus, in welcher Reihenfolge die platonischen Dialoge gelesen werden sollten. Albin relativiert - soweit wir sehen, als erster antiker Autor - die Forderung nach einer fest bestimmten Anfangslektüre dadurch, daß er einerseits den Anfang von der jeweiligen geistigen Konstitution des Schülers abhängig macht und andrerseits Laien und professionelle Anhänger Platons in diesem Punkte nicht den gleichen Bestimmungen unterwirft.

Jedoch ist die Überlieferung des Prologs, wie schon Jacob Freudenthal im Jahre 1879 bemerkte, durch den Eingriff eines Epitomators empfindlich gestört worden. Uns scheint nur noch

2) S. besonders unten die Übersicht im systematischen Teil, Kapitel 3, Anm. 17 auf p. 174.

3) S.u. im syst. Teil, Kap. 3, Anm. 3 auf p. 170.

ein Auszug des Ursprünglichen vorzuliegen, und es ist kaum zu bestimmen, wieviel fehlt. Erfreulicherweise wurde schon Anfang unseres Jahrhunderts wenigstens der codex unicus aus dem 10./11. Jahrhundert ausgemacht, sodaß auf die alles noch mehr verderbenden jüngeren Handschriften verzichtet werden konnte, sobald dieser eine ediert war. Dies geschieht allerdings erst ein volles Menschenalter später mit der vorliegenden Arbeit.

Was der Beurteilung des Albintextes sehr zuträglich war, ist die Beobachung Freudenthals, daß sich in Diogenes Laertios' Platonbuch einige Kapitel befinden, deren Inhalt mit den Kapiteln 1-4 von Albins Prolog thematisch übereinstimmt: Diogenes III 48 teilt uns die Definition des Dialogs mit, Kapitel 49-51 die dihäretische Dialogordnung, der Diogenes noch in einer Nebenbemerkung die Einteilung der Dialoge nach ihrer äußeren, literarischen Form (dramatische Dialogeinteilung) zur Seite stellt, die Kapitel 56-61 führen die Tetralogienordnung vor, der der Hinweis auf die Trilogien des Aristophanes von Byzanz folgt (Kap. 61f), und Kapitel 62 endlich nennt Anfangsdialoge. Wir haben hier also einen dialogtheoretischen Abschnitt im Platonbuch des Diogenes vor uns. Sein Einleitungskapitel (mit der Widmung), Kap. 47, betrachten wir in einer Appendix.[4] Den Zusammenhang der Dialogtheorie mit den Kapiteln 51-55, in denen über Platon als Dogmatiker gesprochen wird, erläutern wir im Lichte der dihäretischen Dialogordnung.[5] Nicht befassen konnten wir uns mit der Darstellung des Diogenes über die diakritischen Zeichen bei der Platonexegese (Kap. 65f)[6] und mit den Ansichten des Altertums über die Echtheit der einzelnen Dialoge (Diogenes Laertios III 57. 62)[7].

Freudenthal konnte nachweisen, daß Albin und Diogenes Laertios nicht von einander abhängig sind. Wir haben also in zwei ähnlichen, einführenden Schriften derselben Epoche zwei Abschnitte vor uns, die offensichtlich auf dieselbe Vorlage zurückgehen. Da beide Texte merklich von einander abweichen, hat

4) Appendix B, unten p. 236f.

5) S.u. im syst. Teil, Kap. 2a p. 139.

6) S. Alline, *Aristophane de Byzance* 85-97.

7) S.u. p. 158, Anm. 45.

mindestens einer der beiden Autoren - wahrscheinlich Albin - gegenüber der Vorlage geändert und eigene Gedanken eingebracht.

Von besonderer Bedeutung für die Dialogtheorie ist noch eine dritte Schrift. Die anonym überlieferten Platonprolegomena[8] aus der alexandrinischen Schule des 6. Jahrhunderts geben in allen Themen der vorliegenden Arbeit und darüber hinaus den Stand der Dialogtheorie ihrer Zeit an. Es zeigt sich, daß auch hierin der Neuplatonismus die Ergebnisse früherer Zeiten weiterentwickelt hat. Die anonymen Platonprolegomena stehen auch in ihrer Zielrichtung und Form Albins Prolog und Diogenes Laertios' Platonbuch sehr nahe: Alle drei Schriften geben eine Einführung in Platons Werk, Diogenes und der Anonymus erschöpfen sich nicht darin, sondern skizzieren noch Platons Leben (Diog. Laert. III 1-46, anon. Platonproleg. Kap. 1, § 1-6) und geben einen Abriß seiner Lehre (Diog. Laert. III 67-109, anon. Platonproleg. Kap. 2, § 7-12).[9] Auch von Albin ist ein Abriß von Platons Lehre erhalten, der Didaskalikos, der als separates Werk überliefert ist. Die Zuschreibung zu Albin als Autor wird in den letzten zweieinhalb Jahrzehnten wieder von einigen Gelehrten energisch angefochten, nachdem Freudenthal einen handschriftlich überlieferten falschen 'Alkinoos' eliminiert und dadurch fast ein Jahrhundert der Mittelplatonismus-Forschung mitbestimmt hatte. Denn so ließ sich später der Didaskalikos als das Hauptwerk der nach Albins Lehrer benannten sog. Gajus-Gruppe erklären. Anhand unserer dialogtheoretischen Quellen

8) Gelegentlich erscheint die Schrift auch heute noch unter dem Namen des Olympiodor (Fr. Dübner, Prolegomena et scholia Graeca in Platonem im 3. Bd. der Didot-Ausgabe Platons von J. Hunziker, Paris 1873, dort die §§ 7-27 der Schrift auf p. 259-276), früher wurde ihr Verfasser auch der *auctor Heerenii* genannt (nach der Erstveröffentlichung der §§ 1-6 von A.H.L. Heeren 1789, s. Westerink p. IX und LI). Die erste vollständige Ausgabe ist 1853 in der Platonedition C.Fr. Hermanns, Band VI p. 196-222, hinter Albins "Isagoge" (Prolog), [Ps.-] Alkinoos' Didaskalikos und Olympiodors Vita Platonis enthalten.

9) Schon Thrasyll und auch Theon von Smyrna scheinen - zum Teil oder ganz - diese Dreiheit in Einleitungsschriften erzielt zu haben, s. darüber unten im systematischen Teil Kap. 2b, Anm. 3 auf p. 144.

und eher beiläufig sind wir erneut zu der Überzeugung Freudenthals gekommen und wollen unseren Standpunkt in einem eigenen Kapitel begründen.

Die drei genannten Hauptquellen antiker Dialogtheorie haben durch einen Papyrusfund[10] in den letzten Jahren einen Zuwachs erfahren. Der Papyrus, gefunden in Oxyrhynchus, ist aufgrund der Schrift ins mittlere oder spätere zweite Jahrhundert n.Chr. zu datieren.[11] Er ist also älter als Diogenes Laertios und, was auch wichtig ist, älter als Athenaios. Inhaltlich bedeutet er eine Erweiterung des Aristotelesfragments 72 Rose[3] (= Favorin fr. 47 Barigazzi), da sein fr. 1 auf dieselbe Stelle im ersten Buch von Aristoteles' Dialog περὶ ποιητῶν verweist, die auch Athenaios XI 505 C und Diogenes Laert. III 48 zitieren. Enge Berührungen mit Diogenes ergeben sich auch in den Fragmenten 2 und 3-5;[12] in letzteren spricht der unbekannte Verfasser von Thespis (fr. 3,3), Sophokles (fr. 4,4) und der Anzahl der Schauspieler (δε]ύτερον ὑποκ[ριτὴν fr. 4,3). Er stellt offensichtlich eine ähnliche Analogie zwischen dem Dialog und der τραγῳδία (fr. 5,4) her, wie sie uns bei Diogenes überliefert ist. Jedoch ist der Papyrus ausführlicher: Die Namen Dionysos (fr. 3,2) und Apollon (fr. 5,5) fallen in diesem Zusammenhang nur bei ihm. Der Herausgeber Haslam erwägt die Möglichkeit, daß der Papyrus die vollständigere Version der Quelle repräsentiere, die dem Diogenes zugrundeliegt (p. 30).

In den übrigen Fragmenten (6-27) ist auch noch öfters vom Drama die Rede, aber darüber hinaus fallen Begriffe wie φιλοσοφία, διαλεκτικόν, πολιτικόν, οἰκονομικόν, θεωρητικόν, μεικτόν, μαθηματική, μεθόδους [ἀποδεί?]ξεως καὶ πα[...]ε ἀποδε[ι? (fr. 18,3-6) und]ξεως μεθόδους (fr. 20,2). Auf einzelne Dialoge geht der Verfasser offenbar ein mit δ]είπνοι[ς (Symposien?),

10) Ein Oxyrhynchuspapyrus, veröffentlicht 1972 von Michael W. Haslam, BICS 19 (1972) 13-38. - Hier sei noch auf einen Florentiner Papyrus, herausgegeben 1964 von Vittorio Bartoletti, hingewiesen, der Stücke des Quellentextes von Diogenes Laert. III 65f (diakritische Zeichen) bringt: *Mélanges Eugène Tisserant* vol. I (Studi e Testi 231), Vatikan 1964, p. 25-30.

11) Haslam p. 18.

12) Vgl. Diog. Laert. III 52 und III 56.

und er nennt aus Platons Parmenides den Ἀθηναῖον ξένον und den Παρ]μενίδη[13] als zwei der vier Personen (τῶν τεσσ[άρων, fr. 8,5), durch die Platon τὰ ἑαυτῷ δοκοῦντα sage;[14] an die Darstellung der drei Arten von Staatsentwürfen (ἐξ ἐπανορθώσεως, ἐξ ὑποθέσεως, ἀνυπόθετος, s. Albin, Didaskalikos c. 34, Anon. Platonprol. § 26,37-45) klingen an ἐπανορθου[(fr. 16,2), ἀνυ]ποθετο[(fr. 19,4), ἀνυπο]θέτ[ους] τὰς ἀ[ρχάς (fr. 20,1). Die Fragmente 1 und 2 sollen hier in größerem Umfang zitiert werden; die Gesamtheit des Erhaltenen und die textkritischen Angaben sind bei Haslam nachzulesen.

Fragment 1, Zeilen 2-12 (Ergänzungen von Haslam p. 18, vgl. Aristot. fr. 72 Rose[3])

πο]ικίλον[. . . . . .]φ[.]ρ[. . . . . .]. υσ
ἐ]ν τούτῳ κ[αὶ Σ]ώφρον[α] μειμησάμε-
νος τὸν μιμογράφον κα<τὰ> τὸ δραμα-
τικὸν τῶν διαλόγων· οὐ γὰρ πεισ-
τέον Ἀριστοτέλει ὑπὸ τῆς πρὸς Πλά-
τωνα βασκανίας ε[ἰ]πόντι[15] ἐν τῷ
πρώτῳ περὶ Ποιητικῆς καὶ πρὸ
Πλάτωνος γεγράφθαι δραματικοὺς
διαλό]γ[ους] ὑπ' [Ἀ]λεξαμενοῦ Τηνίου
]φεικταισυν
]ετισ. . . .

Fragment 2 (Ergänzungen von Haslam p. 24-26, vgl. Diog. Laert. III 52)
col. I, Z. 2-13

]. ς Πρωταγόρας . [. . .]σ . . τῶν
ἐλεγ]χομένων παρ' αὐτῷ· τὰ δὲ
δ π]ροσώπων, Σωκράτους, Τειμαί-
ου, τ]οῦ Ἀθηναίου ξ[ένου,] τοῦ Ἐλεά-
του] ξένου· εἰσὶν δ' [ὁ Ἐλε]άτης ξένος
χὠ Ἀ]θηναῖος ξένο[ς Πλά]των καὶ

13) Fr. 2, vgl. fr. 8,2f.

14) Nach fr. 2, col. I, Z. 3-5, vgl. fr. 8,4:]ν δοκουν[.

15) "I construe ὑπὸ τῆς πρὸς Πλάτωνα βασκανίας with εἰπόντι and take ὑπὸ as stressing that βασκανία was what motivated Aristotle." Haslam p. 19.

Παρ]μενίδης· ἀλλὰ διαδραματι-
κοὺ]ς[16] ποιούμενος τοὺς διαλόγους
εἰσάγει εἰκ]όνα καὶ ἀνειδωλο-
ποιεῖ τὸν ἀνώ]νυμον Ἀθηναῖ-
ον . . . .]μενοστον . . .

col. II b, Zeilen 5-9
τα· ποικίλλειν δε[
διαλόγους πῇ [μὲν διὰ Σωκράτους,
πῇ δὲ διὰ Τειμα[ίου, πῇ δὲ δι' Ἀθηναί-
ου τινὸς ξένου [. . . . . τὰ ἑ-
αυτοῦ δ[όγματα

col. II a, Zeilen 4-9
δε[. . . . . Τείμαι- (oder Ἀθηναῖ-)
ον καὶ τὸν[Ἀθηναῖον (oder Ἐλεάτην ξένον) ἐναν-
τία ἀλλήλο[ις
ἐλεγχομ[
οὐδὲ τὰ ὑπὸ[Σωκράτους καὶ τῶν
·Γ· λοιπῶν λεγ[όμενα

Während wir den Text des Fragments 2 für sich sprechen lassen wollen, ist auf Fragment 1 näher einzugehen. Der Papyrusautor ist der erste Zeuge, der die Wirkung Sophrons auf Platon ausdrücklich auf das 'dramatische' Element ihrer Werke bezieht;[17] wir werden sogleich fragen, was hier damit gemeint sein kann. Der Anonymus stellt sich gegen Aristoteles, der sag-

16) Dies eine Wort(nach)schöpfung Haslams (p. 35). δια- sei "intensive": 'out-and-out-dramatic'. Er versteht die Zeilen 9 - 12 so: "but in making the dialogues out-and-out-dramatic he introduces an image (*sc.* of himself) and conjures up (makes an imaginary character of) the unnamed Athenian" (p. 25).

17) Er ist der einzige, der dafür den Ausdruck δραματικόν benutzt (Haslam 19f), vgl. unten den Kommentar zu Albin. Prol. 147,20. Schon Platon selbst macht wohl eine Anspielung auf die Wirkung von Sophrons δρᾶμα auf seine eigene Schriftstellerei, Polit. V 451 C, s.u. Kap. 4d, p. 191, Anm. 45.

te, daß vor Platon schon Alexamenos von Teos[18] (oder Styra) Dialoge geschrieben habe. Haslam vertritt die überzeugende These, daß mit δραματικόν der Begriff aufgenommen wird, der wohl den Zusammenhang des zitierten Satzes aus *de poetis* beherrschte, der Begriff der Mimesis. Denn Athenaios führt das Aristoteleszitat an, nachdem er von der Mimesis in Platons Dialogen gesprochen hat, und in dem Zitat selbst ist von Sophrons Mimen als λόγοι und μιμήσεις die Rede.[19]

Daß die Begriffe des Dramatischen und der Mimesis im Altertum miteinander identifiziert werden können (im Anschluß an Platons Dichtungstheorie im dritten Buch der Politeia, s.u. p. 189), gibt Haslam den Anstoß zu dem Schluß, der Papyrus fasse den Mimesisbegriff des Aristoteleszitats so auf, daß er mit τὸ δραματικόν wiedergegeben werden könne und auf Platons Dialoge zwar anwendbar sei, nicht aber auf die des Alexamenos. Deshalb sei bei der Besprechung von Mimesis zu Recht auf Platons Dialoge verwiesen worden, aber zu Unrecht auf die des Alexamenos; diese seien zwar Dialoge, aber nicht mimetisch-dramatische Dialoge.

Dies die plausible These Haslams zur Ursache, warum der anonyme Verfasser an Aristoteles' Aussage zum mimetisch-dramatischen Zug der Dialoge Kritik übt. Daß Aristoteles einen anderen Mimesisbegriff hat als den von Platons Politeia III und daß ihm daher von Seiten des Papyrusautors Unrecht geschieht, merkt Haslam auch an; er erklärt dieses Mißverständnis so:

> I suspect, that the dramatic-mimetic equation was so fundamental a principle for our author that he never stopped to ask himself whether Aristotle would have sanctioned his perversion of the *ipsissima verba*. (p. 22)

Was meint nun eigentlich das Mimetisch-Dramatische, von dem der Autor spricht, genau? Wie ist es inhaltlich gefüllt? Was kann nach dem Urteil des Anonymus in den Werken Platons und Sophrons als mimetisch-dramatisch bezeichnet werden?

18) Wegen der unabhängigen Bezeugung von Teos bei Diogenes und Athenaios nimmt Haslam einen Zitatfehler (Τηνίου) im Papyrus an, p. 19.

19) Auf den Wortlaut des sprachlich schwer zu verstehenden Aristoteleszitats geht Haslam p. 17f ein.

Haslam gibt drei reale Möglichkeiten an und entscheidet sich für die dritte:
1) Wie Rudolf Hirzel festgestellt hat,[20] ist der platonische Dialog insofern immer dramatisch, als nie sein Autor selbst zu den auftretenden Personen zählt. Mit dieser Frage befaßt sich, wie wir in fr. 8 und 2 (bes. col. I, Z. 9-12) sehen, auch der Papyrusautor. Er erkennt in der Bildung von dramatischen Figuren zum Teil ein Hilfsmittel zur Selbstaussprache des nicht selbst auftretenden Verfassers. Der platonische Dialog kann also in diesem Sinne dramatisch-mimetisch genannt werden. Haslam glaubt nun aber einen Einwand gegen diese Auffassung von δραματικόν erheben zu müssen. Er sagt, an der zweiten Stelle, wo das Adjektiv in fr. 1 erscheint (Z. 9: δραματικοὺς διαλόγους), sei es überflüssig, da "dramatischer Dialog" in diesem Sinne sich von "Dialog" allein ja gar nicht unterscheide. Alle platonischen Dialoge seien ja dramatisch. Diese Auffassung des Textes scheitere also daran, daß das Wort, in dem die Polemik gegen Aristoteles gipfele (fr. 1,9), eine unbefriedigende Tautologie erzeuge. Haslam ist hier aber nicht zuzustimmen. Außerhalb Platons gibt es ja sehr wohl solche nicht-dramatischen Dialoge, an denen ihr Verfasser selbst teilgenommen hat, deren Darstellung also nicht dramatisch-mimetisch (im vorliegenden Sinn) gegeben wird. Aristoteles' eigene Dialoge waren so gestaltet - nach Cicero zu urteilen, der dies bezeugt[21] und außerdem nach diesem "Ἀριστοτέλειος mos" sein Werk *de finibus* einrichtet.[22]

Es mag also sein, daß Alexamenos wie Aristoteles in eigener Person in seinen Dialogen auftrat und seine Meinungen äußerte. Sollte der Papyrusautor wirklich 'dramatisch' im vorliegenden Sinne verstanden haben, dann müßte ihm dieser Charakter der Alexamenosdialoge noch bekannt gewesen sein; des weiteren wäre zu folgern, daß er Aristoteles' Bemerkung, Alexamenos habe vor Platon Dialoge verfaßt, aus dem Grunde zurückgewiesen hätte, daß diese im Zusammenhang mit Mimesis

20) I 212, s.u. im systematischen Teil Kap. 4d, p. 189, vgl. auch die anon. Platonproleg. § 15,18.

21) Ad Att. 13,19,3f (test. p. 3f Ross, knapper p. 23 Rose^3), ad Quint. fr. 3,5,1 (p. 63f Ross, p. 23 Rose^3), vgl. Hirzel, *Der Dialog* I 292-294.

22) S. E. Becker, *Technik und Szenerie* 47.

geäußert wurde, die doch nach des Anonymus Überzeugung erst bei Platon zu finden ist.

2) Daß sich der Autor des Papyrus an die Klassifikation anschlösse, die wir unten als 'dramatische Einteilung' des Dialogs vorstellen werden,[23] ist eine weitere Möglichkeit, die Haslam zurückweist. Warum aber sollte der Anonymus die besondere Verwandtschaft zwischen Sophrons Mimen und Platons Dialogen nicht vielleicht im erzähltechnischen Bereich gesehen haben? Soweit wir urteilen können, besitzen Sophrons Mimen tatsächlich diese dramatische Form, die wie ein Theaterstück auf das Medium eines Erzählers verzichtet, und diese Form kennzeichnet auch die Mehrheit der platonischen Dialoge, z.B. der Phaidros[24]. Sollte es der Fall sein, daß Alexamenos von Teos diegematische Dialoge[25] geschrieben hätte (in der Art von Platons Politeia, also mit einem Erzähler), dann bestand für Aristoteles kein Grund, ihnen Mimesis abzusprechen - was er ja auch nicht tat -, wohl aber konnte der anonyme Autor in seinem Anschluß an die Terminologie der dramatischen Dialogeinteilung die Überzeugung vertreten, das mimetisch-dramatische Element habe sich erst bei Platon entwickelt. An sich läßt sich also auch gegen diese Möglichkeit noch nichts einwenden.

3) Es gibt aber eine Menge antiker Zeugnisse, die Personenvielfalt und genaue Charakterzeichnung als Merkmale des dramatischen oder mimetischen Wesens eines Dialogs nehmen, unabhängig davon, ob im Dialog der Verfasser selbst auftritt und ob die Darstellung wie im Theater direkt dramatisch ist oder nicht. Haslam führt die Zeugnisse an: Ps.-Demetrios sagt über die Leichenrede im (diegematischen) Menexenos Platons: οὐκ ἐκ τοῦ ἰδίου προσώπου λέγειν, ἀλλὰ ἐκ τοῦ τῶν πατέρων· πολὺ γὰρ ἐνεργέστερα καὶ δεινότερα φαίνεται ὑπὸ τῶν προσώπων, μᾶλλον δὲ δράματα ἀτεχνῶς γίνεται (περὶ ἑρμ. 266 Raderm.). Auch Sophrons Mimen bezeichnet Ps.-Demetrios einfach als δράματα (ib. 156, vgl. Plat. Resp. V 451 C 2); ob der Sinn von δρᾶμα beim

23) S.u. Kap. 4, bes. d (p. 187ff).

24) S.u. Appendix C, p. 238ff, Gruppe II.

25) S. ebd., Gruppe III.

Verweis auf die Ilias (ib. 62) derselbe ist, ist jedoch fraglich.[26] Die Epitome des Athenaios sagt über dessen vom Autor selbst diegematisch erzähltes Symposion: δραματουργεῖ δὲ τὸν διάλογον ὁ Ἀθηναῖος ζήλῳ Πλατωνικῷ (I p. 1 F). Die Fülle der verschiedenen Personen in Platons Dialogen und ihre differenzierte Charakterzeichnung bedeuten nach Proklos μίμησις (in Remp. I 15,9).

Wie wichtig die Charakterzeichnung auch in der Definition des Dialogs genommen wird, zeigt Albin, Prol. c. 2 p. 148,2-8.[27] Haslams Schluß liegt nahe: "what goes to make the dramatic quality is conceived of as the realistic representation of various characters (with various ἤθη) in conversation" (p. 22).

Diese dritte Möglichkeit der Texterklärung findet eine besondere Stütze im Papyrustext selbst. Dort ist in fr. 1,2 das Adjektiv ποικίλον zu finden. Dieses Adjektiv eignet sich gut zur Bezeichnung der Personenvielfalt.[28] So ist auch bei der Frage, durch den Mund welcher dramatischen Figur Platon selbst spreche, von ποικίλλειν die Rede (fr. 2 col. II b 5). Es scheint also, daß Haslam Recht hat mit dem Urteil, unter δραματικόν (fr. 1,4f. 9) verstehe der Autor des Papyrus die Fülle an Charakteren und die Lebendigkeit der Personenvielfalt in den Werken Platons und Sophrons. Denn während uns bei den beiden anderen Weisen, dieses Adjektiv zu interpretieren, keine weiteren Argumente zu Gebote standen, führen uns zu dieser Auffassung des Adjektivs eine Menge von Anhaltspunkten. Wenn der Autor die Dialoge des Alexamenos wirklich noch gekannt hätte, hieße dies, daß ihnen die ἠθοποιία der Platondialoge vollkommen abging.

Wir schließen uns jedoch Haslams Skepsis an und rechnen nicht damit, "that the papyrus author has any source of information other than the very passage of Aristotle that he attacks" (p. 22). Es ist mithin festzuhalten, daß der Papyrusfund unsere

26) Dazu H. Richards, ClR 14 (1900) 388-393. δραματικόν in *de sublimitate* 9,11 geht vielleicht eher auf die Handlungsführung der Ilias als auf die Personenvielfalt aus, s.u. Kap. 4d, p. 192; jedoch schließt sich beides nicht aus.

27) S.u. Kommentar zu 147,20.

28) Vgl. die späte Fassung der Dialogdefinition, Anon. Platonproleg. § 14,3f: διάλογος τοίνυν ἐστὶν λόγος ἄνευ μέτρου ἐξ ἐρωτήσεως καὶ ἀποκρίσεως ποικίλων προσώπων συγκείμενος κτλ.

Kenntnis über die Schattengestalt des Alexamenos leider nicht bereichern kann.

Der Autor unseres Papyrus gehört zu den τινές, gegen die sich Diogenes Laertios III 52 wendet. Haslam prüft die Möglichkeit, ob Favorin von Arelate in Frage kommt (Diog. Laert. III 48), und erkennt, daß das *onus probandi* in dieser Frage bei dem liegt, der diese Möglichkeit behaupten will (p. 33f). Sotion und Nikias (Athenaios XI 505 B) scheiden nach Haslam positiv aus (p. 34), da bei Athenaios an den dezidierten Standpunkt des Papyrus kein Anklang vorhanden ist.

Wegen der deutlichen Unterschiede zwischen dem Papyrus und Diogenes ist anzunehmen, daß der Papyrus wenigstens nicht dessen Hauptquelle war. "It cannot in fact be held for certain that the papyrus work is a direct source of DL at all" (ib.).

Terminus post quem für die Abfassungszeit des Papyrustextes ist das Ende der Skepsis in der Akademie. Die Worte des fr. 2, die mit Diog. Laert. III 52 korrespondieren, gehören der Behauptung eines dogmatischen Platon an.[29] Der charakteristischste inhaltliche Anhalt für eine Datierung ist nach Haslam die βασκανία (fr. 1,7), von der der Autor spricht. Eine solche setze eher eine Betonung der Unterschiede zwischen Platon und Aristoteles als die Anschauung von deren genereller Übereinstimmung voraus.[30] Es sei jedoch merkwürdig, daß diese Unterschiede mit dem Ausdruck βασκανία ins Persönliche und nicht in die Lehre gesetzt würden, zumal der Papyrus nicht den Eindruck einer plaudernden Anekdotensammlung mache (p. 35).

Der Text gehört sicherlich in die Reihe der isagogischen Schriften zu Platon. Die drei Parallelstellen bei Diogenes finden sich in dessen Abschnitt 'Werke', und die sonstigen erkennbaren Begriffe der 27 Fragmente sprengen den Rahmen einer allgemeinen Einführungsschrift nicht. Im Gegenteil, es liegen thematische Übereinstimmungen mit dem Didaskalikos des Albin und den anonymen Platonprolegomena aus dem 6. Jahrhundert vor. Vielleicht haben wir in dem Papyrus Reste einer mit den Werken und der Lehre Platons befaßten Isagoge zu erkennen. Von

29) Vgl. unten p. 139. - Haslam nennt als terminus post quem nur Aristoteles' *de poetis* (p. 34f).

30) Dazu Ingemar Düring, *Aristotle in the Ancient Biographical Tradition*, Goteborg 1957 p. 315-336: Testimonien zu "Aristotle and Plato".

den verschiedenen Ordnungen des platonischen Werks, deren Kenntnis Diogenes direkt oder mittelbar von Thrasyllos bezieht (dihäretische Ordnung, Tetralogien, Trilogien), spricht kein Fragment. Auch von hierher bleibt uns die Möglichkeit, daß der Verfasser älter als Thrasyllos ist, erhalten.

TEIL A

ALBINS PROLOGOS

Überlieferung und Editionsgeschichte

Unserer Edition des Textes liegt eine Photographie des Codex Vindobonensis suppl. gr. 7 aus der Wiener Nationalbibliothek zugrunde. Es ist der berühmte Platoncodex W aus dem 10. oder 11. Jahrhundert,[1] der sich als der *codex unicus* von Albins Prolog erwiesen hat. Bei gelegentlicher, heute bestehender Unleserlichkeit dieser Handschrift muß auf ihre Abschriften zurückgegriffen werden. Die Ermittlung ihrer Lesarten ist oftmals auf Angaben aus zweiter Hand angewiesen, wie ein Überblick über die Editionsgeschichte zeigt.

Von den in der Literatur bis heute herangezogenen 15 Albincodices beruht die *editio princeps* des Fabricius aus dem Jahre 1707, von der alle weiteren Editionsunternehmen natürlicherweise stark beeinflußt wurden, gerade auf einem Textzeugen, der der Überlieferung am fernsten steht, dem Codex Holstenianus, **B**. Er enthält viele grobe Fehler,[2] aber auch Berichtigungen und ist, wie Hiller erst 1876 nachgewiesen hat, vom Laurentianus plut. 59,1, **L** (aus dem 14. Jahrh.), abhängig. Zudem weist die Edition des Fabricius eine große Anzahl Druckfehler auf, und es ist keinesfalls klar, in welchem Maße Fabricius eigene Korrekturen vorgenommen hat. Eine weitere Schwäche der bisherigen Editionsgeschichte ist die, daß von den 12 Herausgebern, die der Prolog bisher gefunden hat, nur Fabricius im Jahre 1707 (**B**), Schneider 1852 (Lobcovicianus VI F a 1[3] in Radni-

1) Zur Datierung s. Dodds im Gorgiaskommentar p. 39 (nach Maas), P. Vicaire, *Notice* zur Phaidonedition p. LXXXIV, Bluck im Menonkommentar p. 130.

2) So ist der Schluß des zweiten Kapitels (Thukydideskritik) kaum zu verstehen und das dritte und sechste Kapitel mehrfach so stark gekürzt, daß eine Rekonstruktion des eigentlich von Albin Gesagten, die ja schon gemäß W größte Schwierigkeiten macht, aufgrund der Edition des Fabricius ganz unmöglich war.

3) Beschreibung bei Levi Arnold Post, *The Vatican Plato and its Relations*, Middletown, Conn. 1934 p. 90. Diels, *Über den Wiener Platocodex W* 749, datiert ihn ins 15. Jahrh.

ce, **A**) und Freudenthal 1879 (Angelicus 101 [früher C 1,7][4], **R**) selbst Codices in Händen hatten, während sich Hermann 1853 bei vier Codices (Parisiensis 2290, **C**; Parisiensis 1816, **D**; Lugdunensis Mss. Gr. Voss. Q. 13, **E**; Basiliensis F I 8b, **F**[5]) und Sturm 1901 bei seinem Vaticanus Graecus 1898, **Vg**, auf Kollationen anderer stützten und Schissel, der 1926 nur das sechste Kapitel bearbeitete, sich mit den Photographien von fünf Codices begnügte (**A**; **W**; Scorialensis Y I 13, **S**; Marcianus 189, **M**[6]; Malatestianus Caesenas pl. XXVIII 4, **Ma**[7]). Zur Autopsie der Textzeugen kamen zwar auch wieder Hiller im Jahre 1876 (**L**; Laurentianus plut. 85,9, **L** ; Vaticanus gr. 1029, **V**) und im Jahre 1905 Diels (**W**), sie edierten den Text aber beide nicht.[8] Freudenthal benutzte das ihm von Hiller überlassene Material.

Das Urteil von Diels, der Platoncodex W[9] sei der codex

4) Die Seitenangabe Freudenthals (241 Anm. 1) scheint fehlerhaft, s. die Angaben bei Brumbaugh-Wells, *The Plato Manuscripts* 48 und 151, und Louis, *Etudes sur les manuscrits* 73.

5) S. Westerinks Ausgabe von Olympiodors Gorgiaskommentar p. VIII: "scripsit Nicolaus Murmuris a. 1543/46". S. auch Whittaker, *'Parisinus Graecus'* 352,185 (Titel). Von diesem Codex F liegt mir eine gestochen scharfe Photokopie vor.

6) = Platoncodex S bei Burnet und in den Budé-Ausgaben.

7) = Platoncodex M (Burnet, Dodds) aus dem 12. bis 14. Jahrh. (so Dodds, Gorgiaskomm. p. 49); Beschreibung bei Schanz, *Studien zur Geschichte des platon. Textes*, Würzburg 1874 p. 9f. Ihm zufolge ist der Albintext dieses Codex "von jüngerer Hand". Schissel führt für den Codex die Sigle C ein, die aber besser dem Paris. 2290 belassen werden sollte.

8) Diels beschränkte seinen Beitrag zur Textkritik Albins auf eine Fußnote (Anonymer Kommentar p. XXVII Anm. 3) und eine Erklärung über den Codex W als codex unicus (*Über den Wiener Platocodex W* 749). An dieser Stelle schreibt er: "Die Hds. besteht aus: 1) dem alten Theil S. XI, 7 Tetralogien ausser Alkib. II; vorgesetzt als εἰσαγωγὴ von derselben Hand ἈΛΒΊΝΟΥ ΠΡΌΛΟΓΟΣ (Archetypus); 2) der Fortsetzung S. XII ... Index f. 4 S. XII ... Abschriften von W: 1) Vatic. 1029 (r [Fraktur]) S. XIII erster Band bis Phaedr. 249 D; 2) Lobcovicianus S. XV (nicht XII)."

9) *Über den Wiener Platocodex W* 749. Zu einigen Eigenarten des Codex seien hier Anmerkungen gemacht, die den Rahmen des app. crit. zu den

unicus des Prologs, wird durch die Tatsachen bestätigt, daß W der älteste Textzeuge ist und sich über das ganze Schriftchen hin kein Trennfehler gegenüber anderen Codices mit Sicherheit bestimmen läßt. Für einen Teil der Handschriften (Klasse β) liegt allerdings auch kein zwingender Grund vor, ihre Abhängigkeit anzunehmen;[10] es gibt ein, zwei Stellen, an denen sie eine Lesart führen, über deren Mangelhaftigkeit gegenüber W sich nicht mit voller Bestimmtheit entscheiden läßt.[11] Wir folgen aber der erdrückenden Wahrscheinlichkeit und schließen uns Diels' Urteil an, indem wir gleichzeitig Schissels[12] Standpunkt nur partiell billigen: Richtig ist, daß die Codices VA[13] sowie S und die Familie DEF[14] zusammen eine Klasse bilden (α), gegen

Stellen sprengen würden. <u>147,13f</u> ἑκάστου[ca. 18 Buchstaben]μολογοῦνται, wobei das αι des letzten Wortes Kompendium am Ende der Zeile ist: leicht geschängelte, S-förmige Linie abwärts vom Ende des wagerechten Strichs des τ bis unter die Zeile, keine Parallele hierfür im Albintext von W, wohl aber in Aristoteles, Poet. 1454 b 9 (μιμεῖσθαι) im Cod. Paris. gr. 1741 (X. Jahrh.), p. 16 Z. 13 in Omonts facsimile. <u>148,30f</u> τῶι μὲν, φυσικῶι τῶι δὲ, ἠθικῶι. ο[Blattrandverlust, ca. 8 Buchst.]ἀπολογία· τῶι δὲ λογικῶι: Zu den Kommata vgl. 148,4f τῶν μὲν, φιλοσόφων· τῶν δὲ, σοφιστικῶν und 148,5-8 (wo die Adjektive nicht prädikativ stehen) τῶι μὲν φιλοσόφωι ... τῶι δὲ σοφιστικῶι ... τῶι δὲ ἰδιωτικῶι. Offenbar hat der Schreiber also 148,30f wegen der Unvollständigkeit des μὲν-Gliedes die Adjektive als Prädikativa aufgefaßt, was er durch die Kommata ausdrückt. In entsprechender Weise betont er die Partikel πρὸσ (<u>151,8</u>) durch ein dahintergesetztes Komma. <u>151,9f</u> ἐπεὶ δεῖ καὶ, wobei ἐπει doppelten gravis trägt, offenbar zur Verdeutlichung der Korrektur, und das Kompendium ει (in δεῖ) mit dicken Strichen wohl eine Korrektur aus einer unleserlichen Verschreibung ist: insgesamt also wohl Korrektur aus ἐπειδὴ καὶ.

10) Vg enthält keine Platondialoge, sodaß seine Verwandtschaft mit W nicht über die Textgeschichte Platons festgestellt werden kann. Zu Codex Ma s.u. Anm. 15.

11) S. besonders zu 149,10 ἐπεὶ W : ἐπειδή β; 150,27 ἔχη W : ἔχηται β; 151,8 πρὸσ, W : πρός γε β.

12) *Marinos von Neapolis* 107f, Anm. 109.

13) So ausdrücklich auch Diels, s.o. Fußn. 8.

14) Daß auch DEF nicht von A abhängig sind, beweist die Korruptel λέξιν

die Vg und die beiden einander näher verwandten M und Ma,[15] aber auch, wie schon Sturm[16] erkannte, L mit seinen Abschriften L¹BCR stehen (Klasse β); L steht MMa besonders nahe.[17] Schissels Meinung jedoch, W sei nur Haupt von Klasse α, nicht aber Hyparchetypus, weisen wir, wie gesagt, als unwahrscheinlich zurück. Somit kommen die Codices VSADEF und LMMaVg für die Recensio nur dort in Betracht, wo W durch Blattbeschädigung heute lückenhaft ist. Der Codex der editio princeps (B) erweist sich als nur im dritten Grade mit der Überlieferung verbunden:

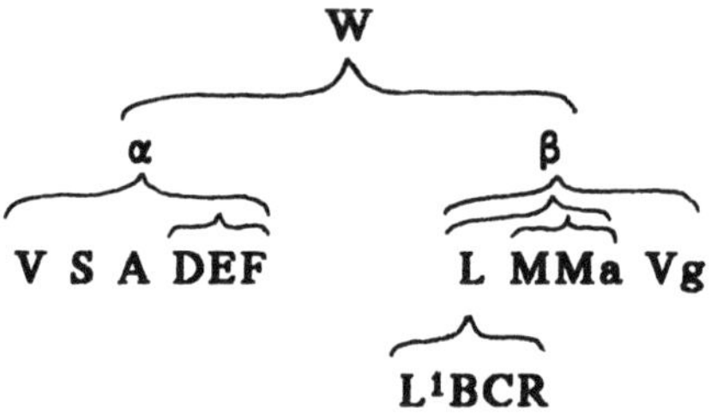

Neben den bis heute kollationierten Albincodices sind noch sechs weitere in der einschlägigen Literatur[18] angeführt; es gibt

(149,29) in DEF, die auf eine korrigierte Verschreibung in W zurückgeht. Das σ in δέοι σ' (150,6), das DEF (δέοις F) als einzige aufweisen, darf trotz der wahrscheinlichen Korrektur Hermanns (δεήσει) wohl nicht als Rest der Überlieferung und damit nicht als Indiz der Unabhängigkeit dieser Codices von W (δέοι) gelten.

15) M und Ma stehen zusammen gegen L und Vg in der richtigen Akzentuierung von ἐκκαθᾶραι 150,17f und in τὰ μὲν statt μὲν τὰ 151,1. Ma mag eine Abschrift von M sein, trägt aber deutliche Spuren einer Korrektur aus einer anderen Vorlage (Ergänzung der Auslassung 150,34-37, Ausradierung der falschen Buchstaben πο in ἀποτρεπτικοῦ 151,11).

16) *Biographisches über Plato ... und die Isagoge des Albinus* 27-29.

17) Die drei verbinden gegen Vg die richtige Akzentuierung von ἐκκαθᾶραι 150,21, der *saut du même au même* 150,34-37 und ἐπειδὴ statt ἐπεὶ δεῖ 151,9f.

18) P. Louis, *Études sur les manuscrits d' Albinos*, REG 55 (1942) 70-76, Robert S. Brumbaugh, Rulon Wells, *The Plato Manuscripts. A New Index*, New Haven, London 1968 p. 73. Dort und p. 40f fehlt die Angabe, daß auch L¹ Albins Prolog enthält.

keinen Bürgen für die Vollständigkeit dieser Verzeichnisse. Außerhalb der Platoncodices mit Prologtext werden weitere Textzeugen für diese Schrift nicht leicht ausfindig zu machen sein; man müßte dafür sämtliche Codices, die philosophischen Inhalt erwarten lassen, durchsuchen. Und nur gut die Hälfte der uns bekannten Prologzeugen sind Platoncodices. Da die nicht kollationierten bekannten Textzeugen alle aus dem 14. oder späteren Jahrhunderten stammen, ist es nicht sehr wahrscheinlich, daß die Recensio über W hinauskäme, wenn diese Codices noch berücksichtigt würden.

Seit der editio princeps waren die Ausgaben Schneiders[19] und Hermanns sowie der Aufsatz Hillers nicht nur wegen des handschriftlichen Zuwachses besondere Etappen der Textklärung; am eingehendsten setzte sich mit dem Prolog jedoch Freudenthal auseinander. In der Abhandlung, auf die der Text folgt, erwies Freudenthal, daß die Schrift durch die Hand eines empfindlich eingreifenden Epitomators gegangen ist. Freudenthals Text weist manche Emendation, aber auch manche crux auf, deren Berechtigung er in der Abhandlung begründet. Unter einer besonderen methodischen Voraussetzung steht seine Edition: Es soll, soweit möglich, der Text Albins im Urzustand und nicht bloß die Fassung aus der Hand des Epitomators wiederhergestellt werden. Daher streicht Freudenthal auch das ὅτι, mit dem der Prolog in unserer Überlieferung beginnt, als Zeichen der Epitome, und er bezeichnet an mehreren Stellen größere Lücken, in denen originaler Text den Kürzungen des Epitomators zum Opfer gefallen sei. Dem vom Epitomator korrumpierten Werkverzeichnis der dihäretischen Dialogordnung stellt er dasselbe Verzeichnis in der heilen Fassung bei Diogenes Laertios III 50f zur Seite.

Die verbreitetste Ausgabe des Prologs ist die in Hermanns sechstem Platonband enthaltene. Der folgende Text gibt daher die Seiten und Zeilen Hermanns am Rande an.

19) U.a. ist seit seiner (Codex A folgenden?) richtigen Interpunktion (Kolon nach αὑτῷ 149,22 und nach κύκλον Z. 23) die Richtigkeit des überlieferten Textes am Eingang von Kap. 5 erwiesen, an dem sich von der Übersetzung Wincklers an (und noch bis zu Mullach hin) die Gelehrten gestoßen hatten. W bestätigt Schneiders Interpunktion.

I. Ὅτι τῷ μέλλοντι ἐντεύξεσθαι τοῖς Πλάτωνος διαλόγοις προσήκει πρότερον ἐπίστασθαι αὐτὸ τοῦτο, τί ποτέ ἐστιν ὁ διάλογος. οὔτε γὰρ ἄνευ τέχνης τινὸς καὶ δυνάμεως γεγραμμένοι εἰσίν, οὔτε τεχνικῶς γνωρίσαι ῥᾴδιον τῷ γε θεωρίας ἀπείρως ἔχοντι. ἀρέσκει τε τῷ φιλοσόφῳ περὶ παντὸς οὐτινοσοῦν τὴν σκέψιν ποιούμενον τὴν οὐσίαν τοῦ πράγματος ἐξετάζειν, ἔπειτα τί τοῦτο δύναται καὶ τί μή, πρὸς ὅ τί τε χρήσιμον πέφυκε καὶ πρὸς ὃ μή. λέγει δὲ ὧδε· περὶ παντός, ὦ παῖ, μία ἀρχὴ τοῖς μέλλουσι καλῶς βουλεύεσθαι· εἰδέναι περὶ οὗ ἂν ἡ βουλὴ ᾖ, <ἐπειδὴ> παρὰ τοῦτο ἁμαρτάνειν ἀνάγκη· τοὺς δὲ πολλοὺς λέληθεν, ὅτι οὐκ ἴσασι τὴν οὐσίαν ἑκάστου· ὡς οὖν εἰδότες οὐ διομολογοῦνται ἐν ἀρχῇ τῆς σκέψεως, προελθόντες δὲ τὸ εἰκὸς ἀποδιδόασιν· οὔτε γὰρ ἑαυτοῖς οὔτ' ἄλλοις ὁμολογοῦσιν. ἵνα οὖν μὴ τοῦτο πάθωμεν ἐντυγχάνοντες τοῖς Πλάτωνος διαλόγοις, αὐτὸ τοῦτο, ὅπερ ἔφην, σκεψώμεθα, τί ποτέ ἐστιν ὁ διάλογος. ἔστι τοίνυν οὐκ ἄλλο τι ἢ λόγος ἐξ ἐρωτήσεως καὶ ἀποκρίσεως συγκείμενος <περί> τινος τῶν πολιτικῶν καὶ φιλοσόφων πραγμάτων, μετὰ τῆς πρεπούσης ἠθοποιΐας τῶν παραλαμβανομένων προσώπων καὶ τῆς κατὰ τὴν λέξιν κατασκευῆς.

II. Λόγος μὲν οὖν εἶναι λέγεται ὁ διάλογος καθάπερ ὁ ἄνθρωπος ζῶον· ἐπεὶ δὲ ὁ λόγος ἐστὶν ὁ μὲν ἐνδιάθετος ὁ δὲ προφορικός, ἀκουσόμεθα τοῦ προφορικοῦ· καὶ ἐπεὶ τούτου ὁ μέν ἐστι κατὰ διέξοδον λεγόμενος, ὁ δὲ κατ' ἐρώτησιν καὶ ἀπόκρισιν, ἴδιον τοῦ διαλόγου ἐρωτήσεις καὶ ἀποκρίσεις· ὅθεν ὁ <διάλογος> λόγος ἐξ ἐρωτήσεως <καὶ ἀποκρίσεως> εἶναι λέγεται. τὸ δὲ περί τινος τῶν πολιτικῶν καὶ φιλοσόφων πραγμάτων πρόσκειται, διότι οἰκείαν εἶναι δεῖ τὴν ὑποκειμένην ὕλην τῷ διαλόγῳ· αὕτη δέ ἐστιν ἡ πολιτικὴ καὶ φιλόσοφος. ὡς γὰρ τῇ τραγῳδίᾳ καὶ ὅλως τῇ ποιήσει οἰκεία ὕλη ὑποβέβληται <ἡ> τῶν μύθων, οὕτως τῷ διαλόγῳ ἡ φιλόσοφος, τουτέστι τὰ πρὸς τὴν φιλοσοφίαν. τὸ δὲ μετὰ τῆς πρεπούσης ἠθο-

Ad titulum cf. comm. 7 τε W 9 τοῦτο corr. A(alt. man.)BC : οὗτος W 11 εἰδέναι W : εἰδ. δεῖ Plato 12 ἐπειδὴ scripsi, v. comm. 13 οὖν edd., Plato : οὖν οὐκ codd. 14 οὐ διομολογοῦνται AVg edd. :]ουντῃ W, οὐδὲ ὁμολογοῦντες BC 19 περί suppl. BC 22 εἶναι W 24 ἀκουσόμεθα corr. ABC : -σώμεθα W 26 διάλογος scripsi 27 καὶ ἀποκρίσεως Schneider p. 148,1 ἡ ante τῶν Sauppe 2 τὴν W

148 ποίας τῶν παραλαμβανομένων προσώπων, <διότι> διαφόρων ἐν τοῖς λόγοις ὄντων τὸν βίον, τῶν μὲν φιλοσόφων, τῶν δὲ σοφιστικῶν, <τῶν δὲ ἰδιωτικῶν,> τὰ οἰκεῖα ἤθη δεῖ ἑκάστῳ ἀνατιθέναι, τῷ μὲν φιλοσόφῳ τὸ γενναῖον καὶ τὸ ἁπλοῦν καὶ τὸ φιλάληθες, τῷ δὲ σοφιστικῷ τὸ ποικίλον καὶ τὸ παλίμβολον καὶ τὸ φιλόδοξον, τῷ δὲ ἰδιωτικῷ †τὸ οἰκεῖον†. ἐπὶ τούτοις φησὶ καὶ τῆς κατὰ τὴν λέξιν κατασκευῆς· καὶ μάλα εἰκότως· ὡς γὰρ τῇ τραγῳδίᾳ καὶ τῇ κωμῳδίᾳ τὸ οἰκεῖον μέτρον δεῖ παρεῖναι καὶ τῇ λεγομένῃ ἱστορίᾳ τὸ πλάσμα, οὕτως καὶ τῷ διαλόγῳ τὴν οἰκείαν λέξιν καὶ σύνθεσιν, ἔχουσαν τὸ Ἀττικόν, τὸ εὔχαρι, τὸ ἀπέριττον, τὸ ἀνενδεές. εἰ δέ τις λεγόμενος λόγος μὴ καθάπερ εἶπον εἰδοποιούμενος, ἀλλ' ἐνδεὴς ὢν τούτων λέγοιτο εἶναι διάλογος, οὐκ ὀρθῶς ἂν λέγοιτο οὗτος. † τὸ παρὰ τῷ Θουκυδίδῃ λεγόμενον τῶν †δυνάμεων εἰδοποιεῖν τὴν ἰδιότητα τῶν διαλόγων οὐ φήσομεν εἶναι διάλογον, ἀλλὰ μᾶλλον δύο δημηγορίας κατ' ἐνθύμησιν ἀλλήλαις ἀντιγεγραμμένας.

III. Ἐπεὶ οὖν ὅ τί ποτέ ἐστιν ὁ διάλογος τεθεωρήκαμεν, περὶ τῆς διαφορᾶς αὐτοῦ τοῦ κατὰ Πλάτωνα διαλόγου ἴδωμεν, τουτέστι περὶ τῶν χαρακτήρων, πόσοι τέ εἰσιν οἱ ἀνωτάτω καὶ πόσοι ἐκείνων ὑποδιαιρεθέντες εἰς τοὺς ἀτόμους ἐστήσαντο. περὶ μὲν οὖν τῶν χαρακτήρων ἐν τοῖς ἑξῆς τελεώτατα μετὰ ὑπογραφῆς εἰρήσεται, ἐνθάδε δὲ γνωστέον τοσοῦτον περὶ τῶν ἀνωτάτω χαρακτήρων, ὅτι δύο ὄντων, ὑφηγητικοῦ καὶ ζητητικοῦ, ὁ μὲν ὑφηγητικὸς ἥρμοσται πρὸς διδασκαλίαν καὶ πρᾶξιν καὶ ἀπόδειξιν τοῦ ἀληθοῦς, ὁ δὲ ζητητικὸς πρὸς γυμνασίαν καὶ ἀγῶνα καὶ ἔλεγχον τοῦ ψεύδους· καὶ ὅτι ὁ μὲν ὑφηγητικὸς τῶν πραγμάτων στοχάζεται, ὁ δὲ ζητητικὸς τῶν προσώπων. τῶν μὲν οὖν Πλάτωνος διαλόγων ὑπάγονται τῷ μὲν φυσικῷ ὁ Τίμαιος, τῷ δὲ ἠθικῷ ἡ Ἀπολογία, τῷ δὲ λογικῷ Θεάγης Κράτυλος, Λύσις, Σοφιστής, Λάχης, Πολιτικός, τῷ δὲ ἐνδεικτι-

3 διότι **Schneider** 5 τῶν δὲ ἰδιωτικῶν **Sauppe** 15 λέγοιτο *οὗτος* **interpunctione post** *οὗτος* **adhibita W, lacuna post** *οὗτος* **indicata Freud.** : λέγοιτο *οὗτος* (ω supra lineam) **L,** λέγοιτο . *οὗτο* **B; locus corruptus, v. comm.** τῷ **W** τῶν δυνάμεων **W (item ABCR** : τῶν δυναμένων **VVg)** : ὡς οὐ δυναμένων **Herm. (sed his verbis: "altius corruptelam latere facile agnosco")** 24 ἐνθάδε δὲ **corr. VVg** : ἔνθα δὲ **W** 30 **corr. codd. recc.** : τῷ μὲν φυσικῷ τῷ δὲ ἠθικῷ ὁ Τίμαιος ἡ Ἀπολογία **W ut videtur** 32 ἐνδεικτικῷ **Freud.** : ἐλεγκτικῷ **W; locus totus valde corruptus, cf. Diog. Laert. III 49-51, v. comm.**

148 κῷ Παρμενίδης, Πρωταγόρας, τῷ δὲ πολιτικῷ Κρίτων, Πολιτεία, Φαίδων, Μίνως, Συμπόσιον, Νόμοι, Ἐπιστολαί, Ἐπινομίς, Μενέξενος, Κλειτοφῶν, Φίληβος, τῷ δὲ πειραστικῷ Εὐθύφρων, Μένων, Ἴων, Χαρμίδης, τῷ δὲ μαιευτικῷ Ἀλκιβιάδης, τῷ δὲ ἀνατρεπτικῷ Ἱππίας, Εὐθύδημος, Γοργίας.

149 IV. Ἐπεὶ οὖν τεθεωρήκαμεν τὴν διαφορὰν αὐτῶν ὡς πέφυκε γίγνεσθαι καὶ τοὺς χαρακτῆρας, ἐπὶ τούτοις λέγωμεν, ἀπὸ ποίων διαλόγων δεῖ ἀρχομένους ἐντυγχάνειν τῷ Πλάτωνος λόγῳ. διάφοροι γὰρ δόξαι γεγόνασιν· οἱ μὲν γὰρ ἀπὸ τῶν Ἐπιστολῶν ἄρχονται, οἱ δέ τινες ἀπὸ τοῦ Θεάγους· εἰσὶ δὲ οἳ κατὰ τετραλογίαν διελόντες αὐτοὺς τάττουσι πρώτην τετραλογίαν περιέχουσαν τὸν Εὐθύφρονα καὶ τὴν Ἀπολογίαν καὶ τὸν Κρίτωνα καὶ τὸν Φαίδωνα· τὸν μὲν οὖν Εὐθύφρονα, ἐπεὶ καὶ ἀπαγγέλλεται τῷ Σωκράτει ἐν αὐτῷ ἡ δίκη, τὴν δὲ Ἀπολογίαν, ἐπειδὴ ἀναγκαῖον αὐτῷ ἀπολογήσασθαι, ἐπὶ τούτοις τὸν Κρίτωνα διὰ τὴν ἐν τῷ δεσμωτηρίῳ διατριβήν, ἔπειτα τὸν Φαίδωνα, ἐπεὶ ἐν αὐτῷ τέλος τοῦ βίου λαμβάνει ὁ Σωκράτης. ταύτης τῆς δόξης εἰσὶ Δερκυλλίδης καὶ Θράσυλλος, δοκοῦσι δέ μοι προσώποις καὶ βίων περιστάσεσιν ἠθεληκέναι τάξιν ἐπιθεῖναι· ὅ ἐστι μὲν ἴσως χρήσιμον πρὸς ἄλλο τι, οὐ μὴν πρὸς ὃ ἡμεῖς νῦν <βουλόμεθα>, βουλόμεθα δὲ ἀρχὴν καὶ διάταξιν διδασκαλίας τῆς κατὰ σοφίαν εὑρεῖν. φαμὲν οὖν Πλάτωνος λόγου μὴ εἶναι μίαν καὶ ὡρισμένην ἀρχήν· ἐοικέναι γάρ αὐτὸν τέλειον ὄντα τελείῳ σχήματι κύκλου· ὥσπερ οὖν κύκλου μία καὶ ὡρισμένη οὐκ ἔστιν ἀρχή, οὕτως οὐδὲ τοῦ λόγου.

V. Οὐ μὴν διὰ τοῦτο ὁπωσοῦν καὶ ὡς ἔτυχεν ἐντευξόμεθα αὐτῷ· οὐδὲ γὰρ εἰ δέοι κύκλον γράφειν, ἀφ' οὑτινοσοῦν σημείου ἀρχόμενός τις γράφει τὸν κύκλον· ἀλλ' ἀφ' ἧς ἂν ἕκαστος ἡμῶν σχέσεως ἔχῃ πρὸς τὸν λόγον ἀρχόμενος ἐντεύξεται τοῖς διαλόγοις. σχέσεις δὲ πλείους καὶ διάφοροί εἰσιν ἡμῶν πρὸς τὸν λόγον. ἡ μὲν γάρ ἐστι κατὰ φύσιν, οἷον εὐφυὴς ἀφυής· ἡ δὲ κατὰ τὴν ἡλικίαν, οἷον ὥραν ἔχων τοῦ φιλοσοφεῖν ἢ παρηβηκώς· ἡ δὲ κατὰ προαίρεσιν, οἷον φιλοσοφίας ἢ ἱστο-

4 μὲν γὰρ **VVgABC** : μὲν **DEF**, **W non exstat** (με[....]τῶν) 5 οἱ δέ τινες **W** utrum οἳ κατὰ an οἱ κατὰ in **W** vix decerni potest 6 τάττουσι scripsi : καὶ τάττουσι **W** ut videtur ([......]τουσι), codd. recc., v. comm. 7 fort. scribendum τὴν περιέχουσαν, cf. Diog. Laert. III 57 ἀπαγγέλλεται **W** 10 ἐπειδὴ **W** 16 βουλόμεθα suppl. **ABC** : semel **W** ut vid. 21 καὶ ὡς **W**

149 ρίας ἕνεκα· ἡ δὲ κατὰ ἕξιν, οἷον προτετελεσμένος ἢ ἀμαθής· ἡ δὲ κατὰ τὴν ὕλην, οἷον ἐνευσχολῶν φιλοσοφίᾳ ἢ περιελκόμενος ὑπὸ τῶν <πολιτικῶν> περιστάσεων. ὁ μὲν οὖν κατὰ φύσιν εὖ πεφυκώς, καὶ κατὰ τὴν ἡλικίαν ὥραν ἔχων τοῦ φιλοσοφεῖν, καὶ κατὰ τὴν προαίρεσιν ἕνεκα τοῦ ἀρετὴν ἀσκῆσαι προσιὼν τῷ λόγῳ, καὶ κατὰ τὴν ἕξιν προτετελεσμένος τοῖς μαθήμασι, καὶ <κατὰ τὴν ὕλην> ἀφειμένος ἀπὸ τῶν πολιτικῶν περιστάσεων, ἄρξεται ἀπὸ τοῦ Ἀλκιβιάδου πρὸς τὸ <πρὸς ἑαυτὸν> τραπῆναι καὶ ἐπιστραφῆναι καὶ γνῶναι οὗ δεῖ τὴν ἐπιμέλειαν ποιεῖσθαι. <ὡς δὲ δύνασθαι> ὥσπερ πρὸς παράδειγμα
150 καλὸν ἰδεῖν, τίς ἐστιν ὁ φιλόσοφος καὶ τίς αὐτοῦ ἡ ἐπιτήδευσις καὶ ἐπὶ ποίᾳ ὑποθέσει ὁ παρ' αὐτῷ λόγος προσάγεται, δεήσει τῷ Φαίδωνι ἑξῆς ἐντυγχάνειν· λέγει γὰρ ἐν τούτῳ, τίς ἐστι<ν ὁ> φιλόσοφος καὶ τίς ἐστιν ἥ γε ἐπιτήδευσις, καὶ ἐπὶ ὑποθέσει τοῦ ἀθάνατον εἶναι τὴν ψυχὴν δίεισι τὸν περὶ αὐτῆς λόγον. μετὰ τοῦτο τῇ Πολιτείᾳ δεήσει ἐντυγχάνειν· ἀρξάμενος γὰρ ἀπὸ τῆς πρώτης παιδεύσεως ὑπογράφει πᾶσαν τὴν παιδείαν, ᾗ χρώμενος ἀφίκοιτο ἄν τις ἐπὶ τὴν τῆς ἀρετῆς κτῆσιν. ἐπεὶ δὲ δεῖ καὶ ἐν γνώσει τῶν θείων γενέσθαι, ὡς δύνασθαι κτησάμενον τὴν ἀρετὴν ὁμοιωθῆναι αὐτοῖς, ἐντευξόμεθα τῷ Τιμαίῳ· αὐτῇ γὰρ τῇ περὶ τὴν φύσιν ἱστορίᾳ ἐντυγχάνοντες καὶ τῇ λεγομένῃ θεολογίᾳ καὶ τῇ τῶν ὅλων διατάξει ἀντοψόμεθα τὰ θεῖα ἐναργῶς.

VI. *** Ἔτι δέ τις καὶ ἐν κεφαλαίῳ δύναιτ' ἂν κατιδεῖν τὴν προσήκουσαν τάξιν τῶν διαλόγων τῇ κατὰ Πλάτωνα διδασκαλίᾳ τῷ τὰ Πλάτωνος αἱρουμένῳ. ἀναγκαίου γὰρ ὄντος θεατὰς γενέσθαι καὶ τῆς ἑαυτοῦ ψυχῆς καὶ τῶν θείων καὶ τῶν θεῶν αὐτῶν καὶ τοῦ καλλίστου νοῦ τυχεῖν, δεῖ πρῶτον μὲν ἐκκαθᾶραι τὰς ψευδεῖς δόξας τῶν ὑπολήψεων· οὐδὲ γὰρ οἱ ἰατροὶ νενομίκασι πρότερον τῆς προσφερομένης τροφῆς ἀπολαῦσαι τὸ

29 ἕξιν ex λέξιν W, ἕξιν recte VVgABF : λέξιν DE 30 ὕλην : σχολὴν Freud. ἐνευσχολῶν scripsi : ἐν^{α}σχολῶν W, ἐνασχολῶν codd. recc. edd., εὐσχολῶν coniec. Suckow 31 πολιτικῶν Fischer 34 κατὰ τὴν ὕλην Freudenthalium (qui σχολὴν) secutus scripsi 36 πρὸς ἑαυτὸν Freud. 37 ὡς δὲ δύνασθαι Freudenthalium (qui ὡς δὲ) secutus scripsi, alii alia p. 150,3 ἐστὶ<ν ὁ> suppl. Freud. 4 γε corr. E : τε W 5 δίεισι Schneider et Herm. :]ησι W, διίησι codd. recc. αὐτῆς W 6 δεήσει Herm. : δέοι W 7 παιδεύσεως plures codd. ambarum familiarum : γενέσεως ADEF (α), πρω[8-10 litt.]εως W 10 ἐντευξόμεθα corr. DEF Fischer : -ξώμεθα W Herm. 12 ἀντοψόμεθα W : κατοψ. Freud., alii alia 13 lacunam ante cap. VI indic. Freud. ἔτι Schneider : εἰ W 17 μὲν W

150 σῶμα δύνασθαι, εἰ μὴ τὰ ἐμποδίζοντα ἐν τούτῳ τις ἐκβάλοι. μετὰ δὲ τὸ ἐκκαθᾶραι ἐπεγείρειν καὶ προκαλεῖσθαι δεῖ τὰς φυσικὰς ἐννοίας, καὶ ταύτας ἐκκαθαίρειν καὶ εὐκρινεῖς ἀποφαίνειν ὡς ἀρχάς. ἐπὶ τούτοις ὡς προκατεσκευασμένης τῆς ψυχῆς δεῖ αὐτῇ τὰ οἰκεῖα ἐμποιεῖν δόγματα, καθ' ἃ τελειοῦται, ταῦτα δέ ἐστι φυσικὰ καὶ θεολογικὰ καὶ τὰ ἠθικὰ καὶ πολιτικά· ἵνα ‹δὲ› τὰ δόγματα μένῃ ἐν τῇ ψυχῇ ἀναπόδραστα, δεήσει αὐτὰ δεθῆναι τῷ τῆς αἰτίας λογισμῷ, ἵνα τις βεβαίως ἔχῃ τοῦ προκειμένου σκοποῦ. ἐπὶ τούτοις δεῖ πεπορίσθαι τὸ ἀπαραλόγιστον, ἵνα μὴ ὑπό τινος σοφιστοῦ παρενεχθέντες τρέψωμεν ἐπὶ τὰ χείρω τὴν ἑαυτῶν ἕξιν. ἵν' οὖν ἐκβάλωμεν τὰς ψευδεῖς δόξας, δεήσει ἐντυγχάνειν Πλάτωνος τοῖς τοῦ πειραστικοῦ χαρακτῆρος διαλόγοις, ἔχουσι τὸ ἐλεγκτικὸν καὶ τὸ λεγόμενον καθαρτικόν· ἵνα δέ τις τὰς φυσικὰς ἐννοίας εἰς φῶς προκαλέσαιτο, τοῖς τοῦ μαιευτικοῦ χαρακτῆρος διαλόγοις δεήσει ἐντυγχάνειν· τοῦτο γάρ ἐστιν αὐτῶν ἴδιον. ἵνα δέ τις τὰ οἰκεῖα δόγματα παραλάβῃ, τοῖς τοῦ ὑφηγητικοῦ χαρακτῆρος διαλόγοις δεήσει ἐντυγχάνειν· τοῦτο γάρ ἐστιν αὐτῶν ἴδιον, εἴ γε ἐν τούτοις ἐστὶ μὲν 151 τὰ φυσικὰ ‹καὶ θεολογικὰ› δόγματα, ἐστὶ δὲ καὶ τὰ ἠθικὰ καὶ τὰ πολιτικὰ καὶ οἰκονομικά, ὧν τὰ μὲν ἐπὶ θεωρίαν καὶ τὸν θεωρητικὸν βίον ἔχει τὴν ἀναφοράν, τὰ δὲ ἐπὶ πρᾶξιν καὶ τὸν πρακτικὸν βίον, ἄμφω δὲ ταῦτα ἐπὶ τὸ ὁμοιωθῆναι θεῷ. ἵνα δὲ τὰ δεθέντα ἄφυκτα ἡμῖν ὑπάρχῃ, τοῖς τοῦ λογικοῦ χαρακτῆρος διαλόγοις, ὄντος αὐτοῦ καὶ ζητητικοῦ, δεήσει ἐντυγχάνειν· ἔχουσι γὰρ τάς τε διαιρετικὰς καὶ ὁριστικὰς μεθόδους καὶ πρὸς ἀναλυτικὰς καὶ συλλογιστικάς, δι' ὧν τὰ μὲν ἀληθῆ ἀποδείκνυται, τὰ δὲ ψευδῆ ἐλέγχεται. πρὸς δὲ τούτοις ἐπεὶ δεῖ καὶ ἀπαραλογίστους ὑπὸ σοφιστῶν εἶναι, τοῖς τοῦ ἐνδεικτικοῦ καὶ ἀνατρεπτικοῦ χαρακτῆρος διαλόγοις ἐντευξόμεθα· ἐν οἷς ἔστιν ἐκμαθεῖν, ὅπως τε δεῖ ἐπαΐειν τῶν σοφιστῶν καὶ ὅπως αὐτοῖς καὶ ὄντινα τρόπον προσφέρεσθαι κακουργοῦσι περὶ τοὺς λόγους.

20 ἐκβάλοι W 26 δὲ Fabric. αὐτὰ δεθῆναι Herm., sim. Schneider : ἀποδοθῆναι W 27 ἔχῃ W (item α : ἔχηται β) 30 ἵν' οὖν ἐκβάλωμεν W 35 αὐτῶν W p. 151,1 καὶ θεολογικὰ Freud. 4 τὸ corr. DEF Suckow : τῷ W 6 αὐτοῦ καὶ Freud. : καὶ αὐτοῦ W, v. comm. 8 πρὸς W : πρός γε β, προσέτι Freud. 10 δεῖ καὶ W post corr., v. comm. ὑπὸ W 10 ἐνδεικτικοῦ Freud. : ἐπιδεικτικοῦ W

KOMMENTAR

147,1f ἈΛΒΙΝΟΥ ΠΡΟΛΟΓΟΣ

Die Überschrift der Schrift lautet in W

+ ΕΙΣΑΓΩΓῊ ΕἸΣ Τ[ΗΝ] ΤΟΥ ΠΛΑΤΩΝΟΣ [Β]ΙΒΛ[ΟΝ

+ ἈΛΒΙΝΟΥ ΠΡΟΛΟΓΟΣ

Die beiden letzten Worte stehen direkt über der ersten Zeile des Textes und sind in der Horizontalen mitten über den Text gestellt. Das + steht ein Stück außerhalb des linken Textrandes. Das Wort εἰσαγωγὴ mit seinem + steht ganz oben auf der Seite linksbündig. Die Worte εἰς τὴν τοῦ Πλάτωνος βίβλον (so erhalten auch in VAVgR und weiteren Codices[1]) sind so stark verblaßt, daß Diels[2] sie offenbar nicht bemerkte. Gleichwohl sind sie sogar auf der Photopgraphie noch in Teilen wahrzunehmen. Insbesondere der Akzent von εἰσαγωγὴ ist deutlich als gravis zu erkennen. Auch die Mitte der Seite ist durch Wasser beschädigt worden, sodaß das Verblassen der Überschrift ebenfalls auf Wasser zurückzuführen sein kann.

Der Platz zwischen der ersten und zweiten Zeile der Überschrift ist so groß (17-18 mm; von dieser Zeile bis zur ersten Textzeile 9 mm, während der normale Zeilenabstand des Textes knappe 7 mm beträgt), daß die Worte εἰσαγωγὴ κτλ. als allgemeine Angabe aufgefaßt werden können, die den eigentlichen Inhalt des Codex, die platonischen Dialoge, von der Einleitungsschrift des Albin absetzen soll. Deren eigentlicher Titel ist, wie auch Diels feststellt,[3] Ἀλβίνου Πρόλογος; die Dialoge folgen auf ein Inhaltsverzeichnis von späterer Hand, das dem Πρόλογος (fol. 1r - 3v) auf fol. 4r unter der Überschrift + τάδε ἔνεστιν ἐν τῇδε τῇ βίβλῳ nachfolgt. Die Dialoge sind also ausdrücklich als der eigentliche Inhalt des Codex hingestellt. Die Handschriften

1) S. die (nicht immer zuverlässigen) Angaben von Brumbaugh-Wells, *The Plato manuscripts* 73.

2) *Anonymer Kommentar* p. XXVII und *Über den Wiener Platocodex W* 749.

3) S.o. p. 26, Anm. 8.

E und F (Hermann p. XV) haben den Titel geändert in περὶ τῆς τάξεως (τῶν) βίβλων τῶν Πλάτωνος bzw. τῶν Πλατωνικῶν, da sie (wie D) den Anfang des Prologs sowie die Ausführungen über die Definition des Dialogs überspringen und nur diese selbst (p. 147,18-21 λόγος – κατασκευῆς) zitieren, bevor sie von der Mitte des dritten Kapitels an (δύο δὲ ὄντων χαρακτήρων τοῦ διαλόγου, ὑφηγητικοῦ κτλ. p. 148,25) den Rest der Schrift wie die anderen Codices haben. - Zur Unterschrift des Prologs s.u. zu 151,14.

147,3 ὅτι
Eindeutiges Zeichen dafür, daß es sich um eine Nachschrift handelt, vgl. z.B. Proklos' Kommentar zum Kratylos (mit Pasqualis Bemerkungen in der *praefatio* p. V). In W ist das ὅ als Initiale besonders groß geschrieben und steht außerhalb des linken Textrandes.

147,3 ἐντεύξεσθαι
"Lesen" s. LSJ s.v. III, Albin Prol. 147,16; 150,3 u.ö., Didask. c. 6 p. 159,32. Wenn ein Schüler in Gegenwart seines Lehrers und unter dessen Anleitung einen Text liest, heißt das in neuplatonischer Zeit ἀναγιγνώσκειν; wenn der Lehrer den Text vorliest und erklärt, συναναγιγνώσκειν, s. Festugière, *L'ordre de lecture* 282,16; 287,28 (Beispiele aus Marinos).

147,5f οὔτε γὰρ ἄνευ τέχνης τινὸς καὶ δυνάμεως γεγραμμένοι εἰσίν
Die Worte τέχνη und δύναμις werden seit Aristoteles häufig beinahe synonym gebraucht, vgl. Bonitz, *Index Arist.* 207 b 4-14. 759 a 23-26. Die Forderung von τέχνη spricht Sokrates besonders im Phaidros aus (277 A 10 - B 2, vgl. 270 D 2. E 1): ... ὅπως τὸ Λυσίου τε ὄνειδος ἐξετάσαιμεν τῆς τῶν λόγων γραφῆς πέρι, καὶ αὐτοὺς τοὺς λόγους οἳ τέχνῃ καὶ ἄνευ τέχνης γράφοιντο. In diesem Dialog wird auch gefordert, erst den Gegenstand an sich zu untersuchen und danach ἣν ἔχει δύναμιν (237 C 8f) bzw. ἔπειτα ... σκοπεῖν τὴν δύναμιν αὐτοῦ (270 D 3f). Eng mit diesem Gedankenkreis verbunden ist auch die Erörterung im Staat VII, wo von ἡ τοῦ διαλέγεσθαι δύναμις die Rede ist (532 D 8, 533 A 8), die ihrerseits darin bestehe, τὴν οὐσίαν ἑκάστου zu ergründen (vgl. 533 B 2f, 534 B 3f). Mit Z. 6f des Prologs vgl. noch aus demselben Zusammenhang (der natürlich auch im Didaskalikos

c. 7,5 p. 162,7-20 präsent ist) 533 A 8-10: Οὐκοῦν καὶ ἡ τοῦ διαλέγεσθαι δύναμις μόνη ἂν φήνειεν ἐμπείρῳ ὄντι ὧν νυνδὴ διήλθομεν (sc. der propädeutischen Wissenschaften), ἄλλῃ δὲ οὐδαμῇ δυνατόν;

147,6 τεχνικῶς γνωρίσαι
Vgl. Plat. Krat. 425 A 7 εἴπερ τεχνικῶς ἐπιστησόμεθα σκοπεῖσθαι αὐτὰ πάντα, Phaidr. 277 B 5 - C 6 Πρὶν ἄν τις τό τε ἀληθὲς ἑκάστων εἰδῇ πέρι, ὧν λέγει ἢ γράφει, κατ' αὐτό τε πᾶν ὁρίζεσθαι δυνατὸς γένηται, ὁρισάμενός τε πάλιν κατ' εἴδη μέχρι τοῦ ἀτμήτου τέμνειν ἐπιστηθῇ ... οὐ πρότερον δυνατὸν τέχνῃ ἔσεσθαι καθ' ὅσον πέφυκε μεταχειρισθῆναι τὸ λόγων γένος κτλ.

147,7 ἀρέσκει
"Es ist Lehrmeinung", vgl. den Titel eines verschollenen Werks des Albin περὶ τῶν Πλάτωνι ἀρεσκόντων (nach Freudenthal p. 302 liegt es uns im Didaskalikos auszugsweise vor); vgl. weiterhin Didask. c. 26,1 p. 179,1 u.ö. und Ps.-Plut. περὶ τῶν ἀρεσκόντων φιλοσόφοις φυσικῶν δογμάτων ('placita philosophorum') aus der ξυναγωγὴ περὶ τῶν ἀρεσκόντων des Aëtios.

147,7f περὶ παντὸς οὑτινοσοῦν τὴν σκέψιν ποιούμενον τὴν οὐσίαν τοῦ πράγματος ἐξετάζειν, ἔπειτα κτλ.
Vgl. Didask. c. 5,1 p. 156,21f τῆς διαλεκτικῆς δὲ στοιχειωδέστατον ἡγεῖται (sc. ὁ Πλάτων) πρῶτον μὲν τὸ τὴν οὐσίαν ἐπιβλέπειν παντὸς ὁτουοῦν, ἔπειτα περὶ τῶν συμβεβηκότων, woraufhin die Definition als eine Methode zur Bestimmung der οὐσία vorgestellt wird, s.o. zu 147,5f.

147,10-18
Albins Prolog nimmt seinen Ausgang von der Forderung her, die Sokrates zu Anfang der ersten Erosrede in Platons Phaidros formuliert. Die Zeilen 10-15 (περὶ παντὸς - ὁμολογοῦσιν) zitieren 237 B 7 - C 5, von λέγει δὲ ὧδε (Z. 10) bis διάλογος (Z. 18) ist Phaidr. 237 B 6 und C 5 - D 3 adaptiert. Die Stelle wird im Altertum viel zitiert, der Gedanke ist Allgemeingut geworden. Neben Hermeias *in Phaedr.* p. 4,23f; 20,6; 80,34f; 218,22f vgl. die Stellenangaben von Ast im Phaidroskommentar ad loc. (p. 255), von M. Giusta, *Due capitoli* 182 (Verweis auf Cic. *de fin.*

I 9,29, II 2,4, *de off.* I 2,7, Areios Didymos *ap. Stob.* II p. 42,1-4 W.), von Robin im textkritischen Apparat ad loc. sowie in den Vorbemerkungen p. CLXXX, von J.B.Sturm, *Biographisches über Plato ... und die Isagoge des Albinus* p. 32 (Verweis auf die anon. Platonproleg. § 21,3-5) und von C.W. Müller, *Die Kurzdialoge* p. 85,3.

147,11f εἰδέναι περὶ οὗ ἂν ἡ βουλὴ ᾖ, <ἐπειδὴ> παρὰ τοῦτο
In den Codices steht, soweit die Editoren mitteilen, βουλὴ ἦν παρὰ V (ante corr.) und A, βουλὴ ἢ παρὰ Vg, βουλὴ ᾖ παρὰ V (post corr.) und BC. W ist unleserlich (Wasserschaden). Ein δεῖ hinter εἰδέναι hat sich unter dem Einfluß des Platontextes, der das Wort hat, in Schneiders und Hermanns Text wahrscheinlich eingeschlichen. Es ist nicht sicher, ob Schneiders Codex A das Wort hat (Zweifel daran äußert mit Grund Hiller p. 331); alle anderen Codices haben es jedenfalls nicht (gegen Hermann, Sturm), auch nicht W, weswegen es nicht als überliefert gelten darf. ἢ (statt ἐπειδὴ) ist die Ergänzung Hermanns aus dem Platontext.

Platon schreibt: περὶ παντός, ὦ παῖ, μία ἀρχὴ τοῖς μέλλουσι καλῶς βουλεύσεσθαι· εἰδέναι δεῖ περὶ οὗ ἂν ᾖ ἡ βουλή, ἢ παντὸς ἁμαρτάνειν ἀνάγκη (237 B 7 - C 2, βουλεύσεσθαι T : βουλεύεσθαι B, δεῖ B : ἃ δεῖ T [nach Burnet]). Bei David (*Proleg. philos.* 4 p. 9,21f Busse CAG XVIII 2, *in Porph. isag.* 1 p. 95,19f) und Elias (*in Cat. prooem.* p. 127,7-9 Busse CAG XVIII 1) lautet der Text: ὦ παῖ, μία ἐστὶν ἀρχὴ τοῦ καλῶς βουλεύεσθαι, τὸ εἰδέναι περὶ ὅτου ἐστὶν ἡ σκέψις ἢ τοῦ παντὸς ἁμαρτάνειν ἀνάγκη. An anderer Stelle hat Elias ἐπεὶ ("denn sonst") statt ἢ (*in Porph. isag.* 16 p. 41,5). Näher am platonischen Original liegen die anonymen Platonprolegomena (§ 21,3-5), die aber auch schon δεῖ auslassen und ἐπειδὴ τοῦ παντὸς anstelle von ἢ παντὸς lesen (vgl. Plat. Phaidr. 235 E 3 2 ὡς Λυσίας τοῦ παντὸς ἡμάρτηκεν). Hermanns einfache Ergänzung des ἢ bei Albin ist sprachlich zweifelhaft; die Annäherung an den Text der anonymen Prolegomena (ἐπειδὴ) scheint die einfachste Lösung des Textproblems zu sein.

147,13 [οὐκ] εἰδότες
Das οὐκ ist gegen den Platontext überliefert. Hermanns Athetese ist richtig. Vgl. Plat. Epist. 2. 313 B 6f.

147,18-21

Die Definiton des Dialogs gliedert sich in vier Teile:

a) Bestimmung nach der literarischen Gattung. (Vgl. c. 2 p. 147,22-27.)

b) Bestimmung nach dem sachlichen Inhalt (Themenbereich). (Vgl. p. 147,27-148,2.)

c) Bestimmung nach der Personendarstellung. (Vgl. p. 148,2-8.)

d) Bestimmung nach dem sprachlichen Stil. (Vgl. p. 148,8-13.)

Es fällt auf, daß das Merkmal Prosa, das in der antiken Literaturkritik von grundsätzlicher Bedeutung ist, überhaupt nicht genannt wird.[4] Erst zusammen mit der zweiten Bestimmung ist sämtliche Dichtung aus dem definierten Dialog ausgegrenzt, jedenfalls nach der historisch vorliegenden Dichtung zu urteilen: Dichtung aus Frage und Antwort über politische und philosophische Themen gab es nicht, da z.B. die Tragödie nicht politisch und die Komödie und Theokrit nicht philosophisch waren.

Über die Definition selbst s.u. Kapitel 1 des systematischen Teils der Arbeit. Freudenthal (p. 271) weist auf die Nähe der Bestimmungen (und ihrer Erläuterungen im zweiten Kapitel) zur Poetik des Artistoteles hin. In der Tat hat die Dialogdefinition alle überhaupt in Frage kommenden μέρη τῆς τραγῳδίας, die Aristoteles im Kapitel 6 (1450 a 9f) entwickelt, aufgegriffen. Da mit μῦθος (Handlungsgang, 'Fabel' der Tragödie) gerade der Punkt getroffen ist, in dem sich, wie wir sagten, die Tragödie vom Dialog nach der Definition wesentlich unterscheidet, ist dieser Begriff durch das passende analogon ersetzt: πολιτικὰ καὶ φιλόσοφα πράγματα. Albin findet den richtigen Oberbegriff in der ὑποκειμένη ὕλη (c. 2 p. 147,29), zu der der μῦθος in der Tragödie und jene πράγματα im Dialog zählen. Aristoteles' ἤθη berücksichtigt die dritte, seine λέξις die vierte Bestimmung. διάνοια ist nicht das Thema von Albins Prolog, da in der isagogischen Literatur über die einzelnen Lehren der Philosophen traditionell gesonderte Abhandlungen oder separate Kapitel περὶ τῶν ἀρεσκόντων handeln (vgl. z.B. Diog. Laert. III 67); ὄψις und μελοποιΐα fallen beim Prosadialog von selbst weg.

4) Das trägt der Anonymus der Platonprolegomena nach: λόγος ἄνευ μέτρου κτλ. (§ 14,3).

Die Bestimmung der literarischen Gattung hat Aristoteles im dritten Kapitel der Poetik gegeben (ὡς ... μιμήσαιτο ἄν τις 1448 a 19f). Nach ähnlichen Kriterien ist die erste Bestimmung der Definition eingerichtet, aber sie greift nicht Aristoteles, sondern eine stoische Einteilung des λόγος auf, s. darüber unten zu 147,23f und 25f.

147,18f λόγος ἐξ ἐρωτήσεως καὶ ἀποκρίσεως συγκείμενος
Vgl. die Bestimmung des Dialektikers bei Platon Krat. 390 C 10f: τὸν δὲ ἐρωτᾶν καὶ ἀποκρίνεσθαι ἐπιστάμενον ἄλλο τι σὺ καλεῖς ἢ διαλεκτικόν; Die Definition setzt den Dialektiker im Sinne Platons, also den Philosophen, mit dem gleich, der einen Dialog führt, s. auch zu 147,25f. Vgl. die anon. Platonproleg. § 15,29-32 (im Anschluß an die Definition des Dialogs § 14,3-8):[5] ... ἕκτον διὰ τὸ διαλεκτικὴν μιμήσασθαι τὸ διαλογικὸν εἶδος ἐπετήδευσεν (*sc.* ὁ Πλάτων). ὥσπερ γὰρ ἐκεῖνο ἐξ ἐρωτήσεως καὶ ἀποκρίσεως προέρχεται, οὕτως καὶ ὁ διάλογος ἐκ προσώπων ἐρωτωμένων καὶ ἀποκρινομένων. Auch in den Worten πολιτικῶν καὶ φιλοσόφων πραγμάτων scheint die Definition einer Bestimmung der Philosophie (nänmlich der stoischen) nachzueifern, s.u. zu 147,19f.

147,19f ⟨περί⟩ τινος τῶν πολιτικῶν καὶ φιλοσόφων πραγμάτων
Zum Adjektiv φιλόσοφος als Bezeichnung für Gegenstände, auf die sich die φιλοσοφία bezieht, vgl. den analogen Fall bei σοφός, Plat. Prot. 312 C 6: (σοφιστής) ὁ τῶν σοφῶν ἐπιστήμων, sowie Philodem περὶ ῥητ. II 58,3 Sudh.: διδάσκειν φιλόσοφα, ῥητορικὰ κτλ., Alex. Aphr. *in Top.* 4,12 und einige Buchtitel wie die φιλόσοφος ἱστορία des Porphyr.

Hirzel, *Der Dialog* II 270,3, sagt mit Recht, Freudenthal (p. 250f) habe seine Behauptung nicht bewiesen, daß πολιτική und φιλοσοφία in der Dialogdefinition "Theorie und Praxis" bezeichneten. Freudenthal drückt sich hier nicht klar aus, und es ist vielleicht angebracht, seine Worte dahingehend zu interpretieren, daß mit "Praxis" (πολιτική) nicht der Lebensvollzug (Arist. Eud. Eth. I 4,2 p. 1215 a 35 - b 1), sondern vielmehr die philosophische Beschäftigung mit ethischen Fragen gemeint ist und mit "Theorie" (φιλοσοφία) die physische Disziplin der Philoso-

5) Vgl. Andresen, *Justin* 183 (Nachdr. p. 340).

phie. Immerhin führt Freudenthal neben platonischen und aristotelischen Zeugnissen (zu diesen wären Stellen hinzuzufügen, die Ross zu Arist. Metaph. K 3 p. 1061 b 5 nennt) einen einzigen - man hätte sich mehr gewünscht - späteren Beleg für diesen Sprachgebrauch an, Worte von Albins Zeitgenossen Aristokles (fr. 1, Zeile 55f Heiland); seine These (falls sie so gemeint war), daß der Gegenstandsbereich des Dialogs nach der Definition theoretische und praktische Philosophie (als Wissenschaft) sei, ist also begrifflich möglich und nicht ganz unwahrscheinlich.

Sachlich trifft diese Bestimmung wahrscheinlich auch zu, da Platon rein logische Dialoge eigentlich nicht geschrieben hat und die Dialogdefinition mit der dihäretischen Dialogordnung (die logische Dialoge vorsieht) nicht in Einklang stehen muß. Albin wird das Ausbleiben einer logischen Komponente in der Definition jedenfalls nicht gestört haben, da er die Logik deutlich unterhalb von Ethik und Physik rangieren läßt (c. 6 p. 150,25-28; 151,4-9). Es ist auch von Bedeutung, daß Lukians dialogische Schriftstellerei zur - unbestimmten - Zeit des Prologs noch nicht eingesetzt haben muß.[6] Eine solche zweigliedrige Gegenstandsbestimmung könnte ihr Vorbild in der stoischen Definition von σοφία gehabt haben (ἐπιστήμη θείων καὶ ἀνθρωπίνων πραγμάτων, Albin im Didaskalikos 1,1 p. 152,6f, vgl. Ueberweg-Praechter p. 4f); da der Dialog das Medium der Philosophie ist, ist eine Anlehnung an die stoische Definition der Philosophie gut möglich, zumal die Grenzen zwischen den Lehren der verschiedenen Philosophenschulen zur Zeit des Mittelplatonismus weithin verschwommen waren.

Neben Freudenthals so interpretierter These behauptet auch die Auffassung Hirzels einen Platz: "Weil für die späteren Platoniker die Politik aus dem Bereich der Philosophie verschwunden war, hielten sie es von ihrem Standpunkt für nöthig sie ausdrücklich neben der Philosophie zu nennen etc." (*Der Dialog* II 270,3). Hierbei wären mit πολιτικὰ καὶ φιλόσοφα πράγματα also nicht zwei gleichrangige Teilbereiche der Philosophie im ganzen unterschieden, sondern neben dem Oberbegriff ein Teil

6) Man darf das Gegenteil nicht einfach behaupten, wie Freudenthal p. 148 und im Anschluß an ihn Invernizzi, *Il Prologo* 355,8, tun.

dieser Wissenschaft eigens hervorgehoben. Freudenthal vermutet weiterhin, Albin habe das, was die Definition als φιλοσοφία und πολιτική geschieden habe, in dem Wort φιλόσοφος (sc. ὕλη) bzw. φιλοσοφία (p. 148,1f) nach seinem eigenen Sprachgebrauch im Prolog[7] wieder vereinigt, und zwar in einer kurzen Erörterung, die der Epitomator "bis zur Unverständlichkeit verkürzte" (p. 254). Diese Vermutung entspricht dem Charakter des Eingriffs, der bei der Erläuterung der πρέπουσα ἠθοποιΐα vorauszusetzen ist (s.u. zu 148,8), und betrifft dasselbe Wort τουτέστι, das auch in Kap. 3 (p. 148,21) wieder möglicherweise auf das Konto des Epitomators geht. Daher ist diese Vermutung nicht unwahrscheinlich, wenngleich auch nicht sicher. Sie kann unabhängig davon, welche der alternativen Thesen zur Bedeutung von πολιτικὰ καὶ φιλόσοφα πράγματα akzeptiert wird, in Erwägung gezogen werden.

147,20 ἠθοποιΐας

Ausgehend von Aristoteles' Ausführungen über die angemessene Darstellung des Ethos in der Dichtung (Poetik 15 p. 1454 a 22-24. 33-36) und insbesondere von seiner Bestimmung in der Rhetorik (III 7 p. 1408 a 10f. 25-32), die λέξις solle von einem πρέπον gekennzeichnet sein, zu dem die Angemessenheit der Rede an das γένος und die ἕξις der sprechenden Person zähle, ist die ἠθοποιΐα eine der Forderungen der Rhetoren geworden, die innerhalb der Rede einer Person besonders bei fingierten wörtlichen Reden zu berücksichtigen ist. Die Terminologie schwankt zwischen mehreren Ausdrücken, unter anderem μίμησις und προσωποποιΐα;[8] der Sache nach sind zwei Fälle zu unterscheiden. Entweder geht es um die Technik der Personeneinführung in einer öffentlichen oder privaten Rede mittels wörtlicher Rede (dies wird gelegentlich als eine Gedankenfigur bezeichnet), oder aber um die Forderung der angemessenen Darstellung des ἦθος der sprechenden (oder als sprechend gedachten) Person. Das Partizip πρέπουσα zeigt, daß die Definition des Dialogs ἠθοποιΐα in dieser zweiten Bedeutung meint.

7) Vgl. c. 5 p. 149,27f. 30; 150,1: Philosophie in unserem Sinne.

8) Über die Unterschiede s. die Handbücher (Volkmann, 2. Aufl., p. 489f) und die Anmerkungen 277, 290 und 297 in G. Calbolis Ausgabe von Cornificius' *Rhetorica ad Herennium*.

Außerhalb der Dialogdefinition finden sich seit dem schwer zu datierenden isagogischen Papyrus, den wir in der Einleitung vorstellten (s. dort), und seit dem Rhetor Theon von Alexandria Zeugnisse über Platons Kunst der Personenzeichnung. Einige Zeugnisse seien hier zitiert:

Theon, *Progymn.* II p. 68,21-24 Sp.:

> προσωποποιΐας δὲ τί ἂν εἴη παράδειγμα κάλλιον τῆς Ὁμήρου ποιήσεως καὶ τῶν Πλάτωνος καὶ τῶν ἄλλων τῶν Σωκρατικῶν διαλόγων καὶ τῶν Μενάνδρου δραμάτων (test. 39 Koerte);

Diogenes Laert. III 18:

> Δοκεῖ δὲ Πλάτων καὶ τὰ Σώφρονος τοῦ μιμογράφου (test. 3 Kaibel) βιβλία ἠμελημένα πρῶτος εἰς Ἀθήνας διακομίσαι καὶ ἠθοποιῆσαι πρὸς αὐτόν· ἃ καὶ εὑρεθῆναι ὑπὸ τῇ κεφαλῇ αὐτοῦ.

Olympiodor, *Vita Platonis* 3 (= *in Alcib. pr.* 2,65-67 Wk.):

> ἔχαιρεν δὲ πάνυ καὶ Ἀριστοφάνει τῷ κωμικῷ (test. 53a K.-A.) καὶ Σώφρονι (test. 3 Kaibel), παρ' ὧν καὶ τὴν μίμησιν τῶν προσώπων ἐν τοῖς διαλόγοις ὠφελήθη.

Anon. Platonproleg. § 3,11-13 (vgl. auch § 15,18; weitere Stellen zur Verehrung Sophrons durch Platon in Westerinks Parallelenapp. ad loc.):

> ἐζήλωσεν δὲ καὶ Σώφρονα τὸν γελοποιόν (test. 5 Kaibel), τὴν μιμητικὴν ὥσπερ κατορθῶσαι βουλόμενος· ὁ γὰρ διαλόγους γράφων μίμησιν προσώπων εἰσάγει.

Chorikios 32 (or. 8, *apol. mim.*) 16f (p. 348,7-13):

> οὗτος τοίνυν (*sc.* ὁ Σώφρων) ὁ Πλάτωνα λαχὼν ἐραστὴν μιμεῖται μὲν ἄνδρας, μιμεῖται δὲ γύναια ... οἴεσθε οὖν, εἰ τὸ μίμων ἄδοξον ἦν ἐπιτήδευμα, ἢ Σώφρονα μίμους <ἂν> ἐπιγράφειν αὐτοῦ τὰ ποιήματα ἢ Πλάτωνα τούτων ἐπαινέτην γενέσθαι κτλ.;

Johannes Tzetzes, *Chil.* X 999 - XI 10 (vgl. X 809):

εἶχε καὶ γὰρ ὁ Πλάτων
Καὶ τὴν τοῦ Φιλολάου δὲ βίβλον Πυθαγορείου,
XI 1 Ὁμοίως καὶ τοὺς Σώφρονος μίμους Συρακουσίου,
Ἐωνημένας πρὶν αὐτῷ ἐκ Δίωνος τὰς βίβλους.
Τὴν Φιλολάου μὲν εἰς μνᾶς ἑκατὸν τάδε πλήρη,
Τὴν Σώφρονος οὐκ οἶδα δέ, οὐ γὰρ ἐκεῖ παρήμην,
Καὶ ἐκ τῆς Φιλολάου μὲν κλέπτει τὸ πᾶν ὁ Πλάτων,

Ὅσον ἐστὶ περὶ ψυχῆς, καὶ ἕτερα μυρία,
Καὶ Τίμαιον γεγράφηκε καὶ ἄλλους διαλόγους.
Ἐκ μίμων δὲ τοῦ Σώφρονος μιμεῖται διαλόγους.
Ὁ Σώφρων ὅσα γράφει γάρ, εἰσὶ τῶν ἀμοιβαίων,
Ἐρώτησιν, ἀπόκρισιν, σύμπαντα κεκτημένα.

Über die Wirkung Epicharms und Sophrons auf Platon s. Hirzel, *Der Dialog* I 20-26, und die ausführliche Dissertation von John M.S. McDonald, *Character Portraiture in Epicharm, Sophron, and Plato,* Sewanee Tennessee 1931 (mit ausführlicher Bibliographie). Deren Part IV (p. 142-379) gibt eine Darstellung der verschiedenen Charaktertypen in Platons Werk. Daß die plastische Personenzeichnung bei Platon nicht nur wahrgenommen, sondern auch in szenischen Aufführungen der Dialoge (wohl mit verteilten Rollen) zur Kurzweil ausgenutzt wurde, berichtet uns Plutarch (*Quaestt. conv.* VII 8,1): πρόσεστι δ' ὑπόκρισις πρέπουσα τῷ ἤθει τῶν ὑποκειμένων προσώπων καὶ φωνῆς πλάσμα καὶ σχῆμα καὶ διάθεσις ἑπόμεναι τοῖς λεγομένοις.

Mit der geforderten Ethopoiie im Dialog setzt sich Justin der Märtyrer, Zeitgenosse Albins und selbst Dialogautor, in Wettstreit (*Apol. I* c. 37ff), s. Andresen, *Justin* 183 (Nachdruck p. 340). Origenes von Alexandria benutzt die Nichtbeachtung der πρέπουσα ἠθοποιΐα zur Verurteilung der Schrift des Kelsos (Stellen bei Andresen, *Justin,* Anmerkungen 100-102 p. 183 bzw. 363).

147,21 κατασκευῆς

"Künstlerische Ausarbeitung". Nach der dritten theophrastischen ἀρετὴ λέξεως wird nun die vierte gefordert, die κατασκευή (κόσμος, ornatus[9]).

147,23f λόγος ἐνδιάθετος/προφορικός

Das Wort ἐνδιάθετος erklärt Pohlenz, *Die Begründung* 191. 194, dadurch, daß ὁ λόγος ἐν τῇ ψυχῇ bzw. διανοίᾳ διατίθεται (pass.): "in der Seele bzw. im Geist gestalteter Logos". Die Unterscheidung der beiden Arten von λόγοι ist eine alte Vorstellung, die aber zuerst Platon in einen erkenntnistheoretischen Zusammenhang stellte, ausführlicher im Theätet 189 E 4 - 190 A 7:

9) S. I. Stroux, *De Theophrasti virtutibus dicendi,* Lipsiae 1912 p. 18-28.

ΣΩ. ... τὸ δὲ διανοεῖσθαι ἆρ' ὅπερ ἐγὼ καλεῖς;
ΘΕΑΙ. Τί καλῶν;
ΣΩ. Λόγον ὃν αὐτὴ πρὸς αὑτὴν ἡ ψυχὴ διεξέρχεται περὶ
ὧν ἂν σκοπῇ. ὥς γε μὴ εἰδώς σοι ἀποφαίνομαι. τοῦτο γάρ
μοι ἰνδάλλεται διανοουμένη οὐκ ἄλλο τι ἢ διαλέγεσθαι, αὐτὴ
190 A ἑαυτὴν ἐρωτῶσα καὶ ἀποκρινομένη, καὶ φάσκουσα καὶ οὐ
φάσκουσα. ὅταν δὲ ὁρίσασα, εἴτε βραδύτερον εἴτε καὶ
ὀξύτερον ἐπᾴξασα, τὸ αὐτὸ ἤδη φῇ καὶ μὴ διστάζῃ, δόξαν
ταύτην τίθεμεν αὐτῆς. ὥστ' ἔγωγε τὸ δοξάζειν λέγειν καλῶ
καὶ τὴν δόξαν λόγον εἰρημένον, οὐ μέντοι πρὸς ἄλλον οὐδὲ
φωνῇ, ἀλλὰ σιγῇ πρὸς αὑτόν· σὺ δὲ τί;
ΘΕΑΙ. Κἀγώ.

sowie 206 D 1-5:

D ΣΩ. Τὸ μὲν πρῶτον εἴη ἂν τὸ τὴν αὑτοῦ διάνοιαν ἐμφανῆ ποιεῖν διὰ φωνῆς μετὰ ῥημάτων τε καὶ ὀνομάτων, ὥσπερ εἰς κάτοπτρον ἢ ὕδωρ τὴν δόξαν ἐκτυπούμενον εἰς τὴν διὰ τοῦ στόματος ῥοήν. ἢ οὐ δοκεῖ σοι τὸ τοιοῦτον λόγος εἶναι;

und schärfer im Sophistes 263 E 3-9:

ΞΕ. Οὐκοῦν διάνοια μὲν καὶ λόγος ταὐτόν· πλὴν ὁ μὲν ἐντὸς τῆς ψυχῆς πρὸς αὑτὴν διάλογος ἄνευ φωνῆς γιγνόμενος τοῦτ' αὐτὸ ἡμῖν ἐπωνομάσθη, διάνοια;
ΘΕΑΙ. Πάνυ μὲν οὖν.
ΞΕ. Τὸ δέ γ' ἀπ' ἐκείνης ῥεῦμα διὰ τοῦ στόματος ἰὸν μετὰ φθόγγου κέκληται λόγος;
ΘΕΑΙ. Ἀληθῆ.

Aristoteles spricht in den Analytica Post. I 10 p. 76 b 24-27[10] vom ἔξω λόγος im Gegensatz zum ἐν τῇ ψυχῇ λόγος. Die Bezeichnungen ἐνδιάθετος und προφορικός aber sind aufgekommen, als die Akademie unter Karneades "mit den Stoikern heftig über die Frage stritt, ob auch bei Tieren ein λόγος, Sprache und Denken, anzuerkennen sei"[11]. In der Frage, welche von beiden Parteien die Bezeichnungen geprägt hat, ist Porphyr (*de abst.* III 2 p. 187,20 N.) der einzige Zeuge. Er schreibt die Erfindung der Stoa zu. Sein Zeugnis ist jedoch angezweifelt worden, da die diesem ansonsten sehr nahestehenden Ausführungen von Sextus

10) Vgl. dazu Dirlmeier, *Vom Monolog*, bes. p. 35.

11) Pohlenz, *Die Stoa* I 39.

Empiricus (*Pyrr. Hyp.* I 65) gerade in diesem Punkt abweichen und zu der Frage keine Stellung nehmen.[12] Zur Verbreitung der stoischen Unterscheidung im Mittelplatonismus s. Whittaker, *Platonic Philosophy* 96,51.

147,24 ἀκουσόμεθα
Dieses Wort ist hier nicht im 'akustischen' Sinn zu verstehen, sondern wie im Didaskalikos 14,3 p. 169,27 und bei Damaskios *in Phaed.* I (B) 31,4f p. 91 N.: νοῦν δὲ ἀκουστέον οὐ τὸν γνωστικὸν μόνον, ἀλλὰ καὶ τὸν ὀρεκτικὸν κτλ. Überliefert ist ἀκουσώμεθα (W, dazu VLVg). Erst Hiller, Freudenthal und Sturm haben sich durch ihre Codices VVg, die im allgemeinen besser waren als die vulgata, zu dieser schlechteren Lesart verleiten lassen. Das Medium von ἀκούειν außer im Futur ist dichterisch, das Futur ist hier zum Ausdruck eines Urteils das Passende (vgl. φήσομεν 148,16), während der Konjunktiv eher für Angaben über das Fortschreiten der Erörterung paßt, vgl. σκεψώμεθα 147,17, ἴδωμεν 148,20, λέγωμεν 149,2, Stellen, auf die sich seinerseits zu Unrecht Hiller 327f beruft. Das Richtige haben die späteren codd. A und BC sowie, von B ausgehend, alle Editoren bis hin zu den genannten.

147,25 κατὰ διέξοδον - κατ' ἐρώτησιν καὶ ἀπόκρισιν
Diese der Sache nach auf Sokrates zurückgehende und von Platon ausgiebig verwendete Unterscheidung ist von der Stoa aufgegriffen und zur festen Charakteristik von Rhetorik und Dialektik verwendet worden. Über Gemeinsamkeiten und Unterschiede des Platonikers Xenokrates (fr. 13 Heinze) und der Stoa (SVF II 294) in den Anschauungen über Rhetorik und Dialektik berichtet uns Sextus Empiricus, *adv. math.* II 6f. Danach besteht nach beiden die Dialektik in συντομία und im λαμβάνειν καὶ διδόναι λόγον, die Rhetorik im λέγειν ἐν μήκει καὶ διεξόδῳ θεωρούμενον. Auch der Peripatos der Kaiserzeit bedient sich dieser Unterscheidung: Alexander von Aphrodisias (*in Top.* 5,7-13[13]) un-

12) Vgl. Pohlenz, *Die Stoa* II 21, und zu der ganzen Problematik Urs Dierauer, *Tier und Mensch im Denken der Antike. Studien zur Tierpsychologie, Anthropologie und Ethik*, Amsterdam 1977, bes. p. 268-272.

13) Der Passus wird zitiert in der Suda δ 930 s.v. διεξοδικούς. Daß die Dialektik mehr ins Allgemeine, die Rhetorik mehr ins Spezielle geht, ist

terrichtet uns über die Unterschiede, die zwischen den beiden Künsten bestehen, indem der Dialektik zukomme μὴ διεξοδικοὺς ποιεῖσθαι τοὺς λόγους, ἀλλ' ἐν ἐρωτήσει καὶ ἀποκρίσει (ἀπὸ γὰρ τούτου καὶ ὅλον τὸ ὄνομα αὐτῇ). Offenbar waren jene charakterisierenden Begriffe allgemeines Gedankengut der philosophischen Schulen der Zeit Albins.

147,24-26 καὶ ἐπεὶ - ἴδιον τοῦ διαλόγου ἐρωτήσεις καὶ ἀποκρίσεις
Der Hauptsatz ἴδιον κτλ. paßt nicht ganz logisch in den Gedankengang; besser wäre <ἀκουσόμεθα τούτου·> ἴδιον <γὰρ> κτλ. Jedoch ist dieser gedankliche Sprung durchaus noch im Rahmen des Normalen. Textverderbnis ist daher hier nicht anzunehmen.

148,1f ἡ φιλόσοφος, τουτέστι τὰ πρὸς τὴν φιλοσοφίαν
S.o. zu 147,19f.

148,3f <διότι> διαφόρων ἐν τοῖς λόγοις ὄντων τὸν βίον
διαφόρων steht prädikativ. Zu διάφορα vgl. c. 4 p. 149,4 und c. 5 p. 149,25, zu εἶναι ἐν c. 6 p. 150,37f. λόγοι sind die Werke Platons, vgl. c. 4 p. 149,17.

148,5-7 ἤθη des Philosophen und Sophisten
Die ἤθη, die Albin hier dem Philosophen und Sophisten beilegt, weisen fast alle einen engen, teils wörtlichen Bezug auf Platonstellen auf.

Als ποικίλη bezeichnet Platon im Soph. 223 C 2 ironisch die Sophistenkunst. Der abwertende Unterton aufgrund von Platons genereller Hochschätzung des Einen und Eindeutigen ist an dieser Stelle mitzuhören. In 226 A 6 ist der Sophist selbst ein ποικίλον θηρίον, das auf der Jagd nicht so leicht zu fassen sei (vgl. auch 234 B 4).

φιλόδοξοι stellt Sokrates am Ende des fünften Buchs der Politeia den wahrhaft lernbegierigen, philosophischen Männern gegenüber (480 A 6. 12, vgl. Soph. 233 C 1 - D 2). Die Wortfamilie hat seit Aristoteles[14] die Bedeutung 'ruhmliebend' (ἐφ' οἷς

eine Lehre, die sich bei Diogenes Laert. im Abschnitt über Platons Schriften III 54f wiederfindet.

14) Rhet. II 10 p. 1387 b 33, φιλοδοξεῖν ebd. b 35f. Vor Aristoteles kommt

γὰρ φιλοδοξοῦσι καὶ φιλοτιμοῦνται ἔργοις ἢ κτήμασι καὶ ὀρέγονται δόξης Rhet. II 10 p. 1387 b 35ff, vgl. z.B. Epiktet IV 4,42). An der Stelle in Platons Politeia jedoch wird von δόξα als Ruhm ganz abgesehen. φιλόδοξοι hat hier die Bedeutung 'meinungsliebend'.[15] In dem Zusammenhang der Stelle (V 475 Dff) werden solche Leute charakterisiert, die die Ideen leugnen und an die Vielheit der Erscheinungswelt glauben, folglich an relative Größen. Diesen Leuten wird das φιλοσόφους εἶναι abgesprochen, ihre φιλοδοξία ist eine Liebe zur Meinung über die Dinge aufgrund ihres Scheins. Daher ist ihre σοφία nur eine δοξοσοφία (Soph. 230 B 6). Erst später ist die Bedeutung des Wortes vorwiegend durch den Anschein der Person (Ruhm, Ruf der Weisheit) und nicht mehr durch den Schein der Sache (Scheinwahrheit) geprägt.[16] Es ist durchaus anzunehmen, daß Albin mit φιλόδοξον die gängige Bedeutung 'ruhmliebend' verband. Die Sophisten hatten es ja auf eine Präsentation ihrer Künste und auf die Vergrößerung ihres Ansehens abgesehen. Das bezeugt Albin auch im Didaskalikos 35 p. 189,11: (τοῦ φιλοσόφου) διαφέρει ὁ σοφιστὴς ... τῷ μᾶλλον νομίζεσθαι βούλεσθαι ἢ εἶναι καλὸς καὶ ἀγαθός.

Das Adjektiv <u>ἁπλοῦς</u> kann im Griechischen den Gegensatz zu Verschlagenheit und Falschheit des Charakters bezeichnen. Als einen ἁπλούστατος καὶ ἀληθέστατος stellt Hippias im kleineren Dialog dieses Namens (364 E 5-8, vgl. 369 C 3-5, 370 E 5-9) den Achill dem πολύτροπος Odysseus gegenüber; Sokrates allerdings bringt Hippias' Anschauungen von Verschlagenheit mächtig ins Wanken. Ähnlich ist der Gegensatz bei Aristophanes im Vers: οὐ γὰρ δόλων νῦν ἔργον, ἀλλ' ἁπλῶν τρόπων (Plut. 1158 = TrGF adesp. 63[a]) und der zwischen ἁπλοῦς und ἐπίβουλος bzw. ἄδικος

die Wortfamilie nur bei Platon vor, dort nur an den beiden angegebenen Stellen (φιλόδοξος).

15) Die Wörter des Stammes δόξα in 476 D, 477 B, besonders von 477 E an immer im Sinne von Meinung und im Gegensatz zu Wissen (γιγνώσκειν, ἐπιστήμη).

16) δόξα in Aristoteles Soph. El. 11 p. 171 b 27 meint wohl auch eher das Ansehen (der Person) als die Scheinwahrheit (der Sache): οἱ δὲ δόξης χάριν τῆς εἰς χρηματισμὸν (sc. φαινομένως συλλογιζόμενοι) σοφιστικοὶ (sc. δοκοῦσιν εἶναι).

in Xenophons Memorabilien III 1,6 und IV 2,16. Eine solche positiv gewertete charakterliche Offenheit und Aufrichtigkeit ist eine Eigenschaft, die Albin der Redekunst der Sophisten auch ohne Bezug auf eine bestimmte Platonstelle sinnvoll gegenüberstellen konnte - an Politikos 291 B 2 (πολυτρόποις θηρίοις, gemeint sind die Sophisten) muß er nicht gedacht haben. Damit gibt das Adjektiv ἁπλοῦς einen Gegensatz zu παλίμβολος (s.u.) ab. Möglicherweise bezieht es sich aber außerdem auf das schlichte Auftreten eines Philosophen im Gegensatz zu dem Drang nach Selbstvergrößerung eines Sophisten. Die einfache Aufmachung in der Kleidung der Philosophen wird uns etwa durch Lukians Spott nahegebracht (Pisc. 12: Parrhesiades findet auf der Suche nach der Φιλοσοφία wider Erwarten ein γύναιόν τι οὐχ ἁπλοϊκόν, εἰ καὶ ὅτι μάλιστα εἰς τὸ ἀφελὲς καὶ ἀκόσμητον ἑαυτὴν ἐπερρύθμιζεν; vgl. auch φιλαπλοϊκός ib. c. 20, s.u.).

Als Antithese zu φιλόδοξος ist das Wort φιλαλήθης gewählt.[17] Im Didaskalikos 1,2 p. 152,12f hat Albin einen Platonpassus (Staat VI 485 B 10 - D 5) z.T. wörtlich zur Charakterisierung des Philosophen übernommen, der von der Liebe des Philosophen zur Wahrheit handelt (τὸν ἄρα τῷ ὄντι φιλομαθῆ πάσης ἀληθείας δεῖ εὐθὺς ἐκ νέου ὅτι μάλιστα ὀρέγεσθαι D 3f); das Adjektiv des Prologs hat er dabei nicht benutzt.[18] Dieses kommt des öfteren in der philosophischen Literatur oder in Werken über Philosophen vor. Lukians Parrhesiades (im Piscator 20) rühmt sich, φιλαλήθης ... καὶ φιλόκαλος καὶ φιλαπλοϊκός zu sein (vgl. seinen Hermotimos c. 75). Seit Aristoteles wird das Adjektiv benutzt, um den menschlichen Charakter zu bezeichnen. Die Mitte zwischen ἀλαζονεία und εἰρωνεία, für die es keinen griechischen Begriff gebe (Nik. Eth. IV 13 p. 1127 a 14), kennzeichnet er mit ἀληθευτικός und φιλαλήθης (a 24. b 4). Auch Diodor (I 76,3) und Themistios (ἐν τρόπου φιλαληθείᾳ or. 15 p. 198 B) beziehen das Wort auf Charaktertypen. Durch Diogenes Laertios I 17 wissen wir, daß es Philosophen gab, die nach ihrem Anspruch (οἴησις), φιλαλήθεις zu sein, benannt wurden. Justin der Märtyrer läßt den Juden Tryphon, mit dem er sich in einen

17) Vgl. Plat. Soph. 233 C 10f δοξαστικὴν ἄρα τινὰ περὶ πάντων ἐπιστήμην ὁ σοφιστὴς ἡμῖν ἀλλ' οὐκ ἀλήθειαν ἔχων ἀναπέφανται.

18) S. dazu Whittaker, *Platonic Philosophy* 96f.

Dialog begibt, verschiedene Menschentypen unterscheiden: Dem φιλόλογος und σοφιστής stellt er den πρακτικός, φίλεργος und φιλαλήθης gegenüber (3,3 Archambault, vgl. Ps.-Clemens Romanus *Homil.* I 11,7 p. 29,5 R.-I.). Proklos erkennt dem platonischen Hermogenes ein ἦθος φιλομαθὲς καὶ φιλόλογον καὶ φιλάληθες zu und dem Timaios ein ἦθος ἥμερον καὶ φιλάληθες (*in Crat.* 11,12f, *in Tim.* I 19,8). Auch wird Platon selbst (Clemens Alex. *Strom.* V 78,2, t. II p. 377,27 St.) sowie auch Epikur (Athen. XIII 53 p. 588 A) als φιλαλήθης bezeichnet.

Der platonische Wortgebrauch von γενναῖος reicht von beißender Ironie gegenüber nur scheinbar edlen Leuten[19] bis zu ganz ernsthafter Charakterisierung von Philosophen.[20] Als erstrebenswert ist die κτῆσις γενναίων καὶ δικαίων ἠθῶν in den Nomoi (IV 705 B 5f) genannt. An derselben Stelle warnt Platon auch vor der Gefahr von παλίμβολα[21] ἤθη καὶ ἄπιστα ταῖς ψυχαῖς (A 5f) sowie, noch als Steigerung dessen, von ἤθη καὶ ποικίλα καὶ φαῦλα (704 D 7). Möglicherweise ist dieser Platonpassus der Ausgangspunkt für die Wahl der Worte γενναῖος, ποικίλος und παλίμβολος gewesen. Bei Albin hat letzteres Wort wegen des

19) Z.B. Polit. V 454 A 1 ἦ γενναία ... ἡ δύναμις τῆς ἀντιλογικῆς τέχνης, Soph. 231 B 7f ἡ γένει γενναία σοφιστική.

20) Z.B. Sokrates (Phaid. 116 C 5), Jünglinge, die später einmal Philosophenherrscher werden können (Polit. VII 535 B 1: γενναῖοι τὰ ἤθη), ein ἦθος, das φιλοσοφίᾳ ὁμιλοῦν ist (ebd. VI 496 B 2).

21) Platon gebraucht das Wort nur hier. Neben der auf Sklaven bezogenen Bedeutung (Menander *Sicyon.* 11 ed. Kassel) bezeichnet παλίμβολος jemanden, der, absichtlich oder ohne Vorsatz, seinen Sinn wandelt. Im schlechten Sinne kann das Wort einen hinterlistigen Charakter bezeichnen, der hinterher anders handelt, als er vorher erwarten ließ, vgl. Aischines 2,40 (neben κέρκωψ und παιπάλημα), Plutarch *Crass.* 21,1 (neben δολερός) und besonders Gregor von Korinth *ad Hermog.* c. 19 (= Arist. fr. 84 Rose[3]), wo in der Parallelüberlieferung (Sueton περὶ βλασφημιῶν 248 p. 62 Taill. und Suda ε 3718 s.v. Εὐρύβατος) πανοῦργος und πανουργότατος gebraucht ist. Vielleicht ist auch Hesych π 180 hierher zu rechnen: παλίμβολον κήρυκα· τὰ ἐναντία βουλευόμενον. οὐκ εὖ.γνωμονα γὰρ δηλοῖ (sic, vgl. Phot. *Lex.* s.v. παλίμβολος = Suda π 89). Hesych π 182 (vgl. Phot. und Suda ebd.) erklärt das Wort geradezu mit ἀδόκιμος, ἀνελεύθερος. Auf die wortverdrehende, hinterlistige Redekunst der Sophisten ist das Adjektiv daher leicht zu beziehen.

Bezugs auf die Sophisten eindeutig die Bedeutung 'hinterlistig, doppelzüngig' und steht damit in genauem Kontrast zu der einen Bedeutung von ἁπλοῦς. Nach der Erklärung Hesychs (π 182 ἀδόκιμος, ἀνελεύθερος) ist aber auch an den Gegensatz zu γενναῖος zu denken. Das wird noch deutlicher, wenn man die Worte, mit denen Albin im Didaskalikos den Philosophen charakterisiert, dagegenhält: δεῖ δὲ καὶ ἐλευθέριον εἶναι τῇ γνώμῃ τὸν μέλλοντα φιλοσοφεῖν (c. 1,3 p. 152,16f); er schließt sich hier an Platon, Staat VI 486 A 4-6, an.[22] Natürlich geben auch ἁπλοῦς und ποικίλος einen Gegensatz ab; im Neuplatonismus spricht Proklos (*in Remp.* I 49,26-30, vgl. 50,9-11. 22; 51,23f) von der Gefahr, in der der Jüngling stehe, wenn er sich mit Dichtung παντοδαπῶν ἠθῶν befasse und sich dadurch von der ἀρετή entferne: ἁπλοῦν γὰρ ἡ ἀρετὴ καὶ αὐτῷ τῷ θεῷ μάλιστα προσεοικός (I 49,26). Das Gegenteil der ἁπλότης sei ἡ ἐν τῇ πάσῃ ζωῇ ποικιλία (I 51,23f). Da auch γενναῖος und ποικίλος als gegensätzlich gelten können, was bei φιλαλήθης und φιλόδοξος schon stilistisch hervorsticht, weist die doppelte Begriffstrias einen mehrfach parallelisierenden Aufbau auf. Ähnliches begegnet im Prolog noch im Kap. 3 p. 148,26-28.

148,8 τῷ δὲ ἰδιωτικῷ †τὸ οἰκεῖον†

An sich interessant ist die Forderung der angemessenen Darstellung auch des Laien, jedoch enttäuscht neben den sorgfältig gegeneinandergestellten Triaden von Philosophen- und Sophisten-ἤθη die Inhaltslosigkeit der Satzaussage dieses Kolons. Das, was bezüglich ὕλη, ἠθοποιΐα und λέξις das "οἰκεῖον" sein soll (vgl. 147,28; 148,5. 10. 11), wird durch das ganze zweite Kapitel des Prologs hin bestimmt; nirgends bleibt Albin, wie etwa die Definition selbst (πρέπουσα ἠθοποιΐα), bei der bloßen formalen Forderung des Passenden stehen. Vielleicht reicht hier die Annahme einer Textverderbnis durch einen Abschreiber aus. Der richtige Text könnte lauten (wenn man sich nicht bei der Ergänzung von ἑκάστῳ hinter ἰδιωτικῷ beruhigen will - vgl. Arist. Rhet. III 7,6 p. 1408 a 26f ἡ ἁρμόττουσα ἑκάστῳ γένει καὶ ἕξει -, wobei der Ton auf ἑκάστῳ dem ganzen Glied ein anderes Ge-

22) Zur Wertlosigkeit dieser Parallele zwischen dem Prolog und dem Didaskalikos bei der Verfasseridentifizierung s. Whittakers nüchterne Feststellung, daß gängige Platonzitate diesbezüglich keine Argumente sein können, *Platonic Philosophy* 97.

wicht gäbe, vgl. im übrigen Prokl. *in remp.* I 15,8-11): τῷ δὲ ἰδιωτικῷ τὸ κοινόν, indem neben den markanten Gestalten wie Sokrates und etwa Gorgias der Laie als eine nicht auf eine Richtung festgelegte, weniger ausgeprägte Persönlichkeit 'allgemeinen' Charakters aufgefaßt würde. Zu dieser Gruppe ließen sich leicht manche Jünglinge in Platons Dialogen zählen, z.B. Hippokrates (im Protagoras), Lysis und Charmides.

Es könnte hier aber auch wieder der Epitomator gewirkt haben, indem er eine Ausführung Albins über die Charaktere der Laien durch das naheliegende, aber unpassende τὸ οἰκεῖον ersetzt hat. Mit einem ähnlichen Eingriff muß möglicherweise auch in Z. 2 gerechnet werden (s.o. zu 147,19f). Auf die ἤθη der Dialogteilnehmer und ihre angemessene Darstellung durch Platon wird auch von den Neuplatonikern hingewiesen; da bleibt es nicht bei den zwei von Albin eigens genannten Typen (vgl. den zehnten Traktat der unter dem Namen des Dionys von Halikarnaß überlieferten τέχνη ῥητορική, der aus dem ersten Jahrhundert der Kaiserzeit stammt, § 1-3, bes. II 360,18-23 Us.-Rad., sowie Proklos *in remp.* I 15,8-11 und 49,21; Hermeias *in Phaedr.* 1,1-5 unterscheidet die ἤθη der Sophisten und Jünglinge). - Erstaunlich ist, daß Freudenthal diese Verderbnis nicht moniert hat.

148,8-13

Zur antiken Kritik des platonischen Stils s. Friedrich Walsdorff, *Die antiken Urteile über Platons Stil,* Bonn 1927.[23]

148,8f φησὶ ... καὶ μάλα εἰκότως

Lobt mit diesen Worten a) Albin Platon, b) Albin den Verfasser der Definition oder c) der Epitomator Albin?

Zu a) Als Subjekt eines einfachen φησί kann Platon gelten, vgl. c. 1 p. 147,10, Didask. 34,1 p. 188,7 (weitere Stellen bei Whittaker, *Platonic Philosophy* 101). Zustimmung zu einer platonischen Lehre mit εἰκότως ist üblich, vgl. Didask. 14,1 p. 169,17. Aber es ist nicht vorstellbar, daß Albin die Definition Platon

23) Das Buch hat anscheinend nahezu Vollständigkeit erzielt. Wir können noch ergänzen Anthol. Palat. IX 188 (nach Dörrie, Grazer Beitr. 1, 1973, 89-109, wahrscheinlich von Antipater von Thessalonike); Galen, *Compendium Timaei Platonis* p. 34 Kr.-W.; Valerius Maximus VIII 7 ext. 3.

unterschieben wollte (woran wohl R.E. Witt, *Albinus* 110, dachte; dagegen hatte sich Freudenthal p. 148, Anm. ausgesprochen).

Zu b) Daß die Definition nicht von ihm selbst stammt, brauchte Albin nicht eigens hervorzuheben,[24] zumal wenn der Verfasser der Definition schon zu seiner Zeit nicht mehr bekannt, die Definition also anonym überliefert war. Eine Einführungsschrift hat nicht zur Aufgabe, wissenschaftsgeschichtlich den Forschungsstand zu präsentieren, sondern die für den Anfänger wichtigsten Ergebnisse vorzulegen. Auch die dihäretische Dialogordnung (Prol. c. 3) wird bei Albin und sonst ohne Hinweise auf ihren Urheber vorgestellt. Daß auch Diogenes Laertios III 48 und die anonymen Platonprolegomena § 14,3-8 den Verfasser der Definition nicht kennen, begünstigt die Annahme, daß er auch schon Albin unbekannt war. Die ganzen vier ersten Kapitel des Prologs gründen ja, wie Freudenthal p. 256-259 nachgewiesen hat, auf dieselbe Vorlage wie Diogenes Laert. III 48-62. In diesem Fall ist es nun aber, wie wir oben sagten, ganz natürlich, daß Albin die Definition vorstellt, ohne ein Wort darüber zu verlieren, weder daß sie nicht von ihm selbst noch von wem sie stammt. Sie ist eben akademisches Schulgut, das übermittelt wird. So liest sich auch Albins Prolog von Anfang an bis zu dem Punkt, wo zum erstenmal eine Kürzung des Epitomators für möglich gehalten werden muß (p. 148,2), ganz bruchlos und flüssig, ohne daß irgendeine Stelle den Anlaß zu dem Verdacht gäbe, daß hier eine Erwähnung des Verfassers der Definition gestanden haben könnte, bevor sie der Epitomator gestrichen hätte. Genau dies aber, daß eine solche Erwähnung vorausgegangen sein müsse, schließt Freudenthal p. 250 aus den Worten p. 148,8f. Unter der Voraussetzung, daß das Subjekt zu φησί der Verfasser der Definition ist, der nicht Albin sein soll, ist Freudenthals Schluß auch notwendig. Die flüssige, unverdächtige Gedankenführung des Prologs bis p. 148,2 sowie die Anonymität der Definitiobn bei Diogenes Laert. machen es aber wahrscheinlich, daß Freudenthals Voraussetzung falsch ist. Damit gelangen wir zur Möglichkeit

24) Er tut dies auch nicht mit dem Wort ἀκουσόμεθα (147,24), wie Freudenthal (p. 250) fälschlich meint. Dieses Wort bezieht sich ja gerade auf den Abschnitt zur Erläuterung der Definition, der (Freudenthal p. 265) von Albin selbst stammt.

c) Die auffälligen Worte stammen vom Epitomator, der damit in Albin den Verfasser der Definition zu loben glaubt. Zwar gibt der Prolog kein weiteres Beispiel dafür, daß sich der Epitomator neben Kürzungen und flickenden Einschiebseln auch noch eigene Ergänzungen erlaubt hätte. Aber verbunden mit der Schlußfolgerung, daß dieser Mann offenbar an Rhetorik besonders interessiert war, ist diese Möglichkeit doch befriedigender als Freudenthals Lösung. Durch den Versuch, etwas zu heilen, was des Heilens gar nicht wert ist, laufen wir bei der Möglichkeit b) nur Gefahr, etwas anderes zu zerstören, das in Wirklichkeit heil ist.

148,10 τὸ οἰκεῖον μέτρον
Vgl. Aristoteles, der in der Entwicklungsgeschichte der Tragödie (Poet. 4 p. 1449 a 23f) den Jambus als τὸ οἰκεῖον μέτρον dieser Dichtungsart bezeichnet.

148,10f τῇ λεγομένῃ ἱστορίᾳ
In einer Reihe mit literarischen Gattungen ist ἱστορία als "Geschichtsschreibung" unmißverständlich (ἱστορία als Forschung allgemein c. 5 p. 150,11, sonst noch p. 149,28f). λεγόμενος benutzt Albin aber auch noch einmal bei einem Wort, das einer solchen erklärenden Hervorhebung eigentlich nicht bedarf (τῇ λεγομένῃ θεολογίᾳ c. 5 p. 150,11f). Am Ende des zweiten Kapitels schließt Albin der Definition des διάλογος die Abwehr eines falschen Gebrauchs dieses Begriffs an. Er scheint sich für Sprache und ihren richtigen Gebrauch besonders zu interessieren; dies tut er auch im Didaskalikos, wo er den Gesetzen der Sprache und Platons Lehre vom richtigen Wortgebrauch nachgeht (c. 1 p. 152,7-9; c. 6,10f p. 159,34-160,34). Zum Ausdruck dieses Interesses ist das Adjektiv λεγόμενος genau das Richtige.

148,11 πλάσμα
"Stil", vgl. Proklos, *Chrestomathie* § 4, mit Severyns zur Stelle.

148,12 σύνθεσιν
"Rhythmische Fügung der Wörter", vgl. Arist. Poet. 6 p. 1449 b 35 und das Werk des Dionys von Halik. περὶ συνθέσεως ὀνομάτων.

148,12 τὸ εὔχαρι, τὸ ἀπέριττον, τὸ ἀνενδεές
Vgl. das Stilurteil Olympiodors über die Dialoge des Aristoteles (*Prolegomena logicae*, CAG XII 1 p. 11,14f): ἐν δὲ τοῖς διαλογικοῖς (*sc.* ἐστιν) ὡραῖος, μεστὸς χαρίτων, οὐκ ἐνδεής, ποικίλος ἐν ταῖς μιμήσεσιν.

148,13 λεγόμενος λόγος
"Gesprochene Rede" als Oberbegriff zu Dialog und zusammenhängender Rede.

148,15f λέγοιτο οὗτος. τὸ παρὰ τῷ Θουκυδίδῃ λεγόμενον τῶν δυνάμεων εἰδοποιεῖν κτλ.
Das störende τῶν δυνάμεων würden wir gern hinter ἐνδεὴς ὧν τούτων versetzen (Z. 14), um dem Pronomen ein Beziehungswort zu geben, wenn δύναμις im Sinne von "Bestimmung, Eigenschaft, differentia specifica" belegt wäre, was jedoch nicht nachzuweisen war. Ohne die beiden Worte geht nämlich auch der Satz Z. 15ff auf: "Dasjenige, von dem gesagt wird, es forme bei Thukydides die Eigenart der Dialoge" oder "dasjenige, von dem bei Thukydides gesagt wird, usw." Denn nicht nur die letztere Alternative läßt sich vertreten, wenn nämlich der Melierdialog gemeint ist und eine Umschreibung der dialogischen Redeform (ὁ λόγος ᾧ προκαλεῖσθε τρόπῳ V 88) in den Worten der athenischen Gesandten gesehen werden darf: καθ' ἕκαστον ... εὐθὺς ὑπολαμβάνοντες (im Gegensatz zu ξυνεχεῖ ῥήσει und ἑνὶ λόγῳ), sowie auch in denen der Melier: διδάσκειν ἀλλήλους (V 85f). Überdies ist der Melierdialog ja durch die direkte, dramatische Form durch den Autor selbst klar als Dialog gekennzeichnet. Ebenso trifft auch die andere Alternative zu, daß im Werk des Thukydides der Melierdialog sowie die Verhandlungen zwischen den Gesandten von Plataä und dem Spartanerkönig Archidamos im dritten Kriegsjahr (II 71-74) von der griechischen Literaturkritik als Dialoge bezeichnet worden sind: Hirzel (*Der Dialog* I 44,2) weist auf den Abschnitt bei Dionys von Halikarnaß *de Thucydide* hin, in dem der Rhetor zunächst über die διάλογοι und dann über die δημηγορίαι[25] bei Thukydides handelt (c. 34-51).

25) διάλογοι und δημηγορίαι c. 16 p. 349,3f. 12f u.ö.; διάλογος noch c. 37 und 41. Dieselben Begriffe gebraucht bezüglich Thukydides auch Hermogenes *de ideis* II p. 411,3f Rabe.

Mit διάλογοι bezeichnet er jene beiden Gespräche, die er eingehend bespricht (c. 36-41).

Es geht aber nun nicht an, die Worte τῶν δυνάμεων, da sie stören, einfach zu tilgen.[26] Auch Hermann hatte Skrupel, dies zu tun, da sie wahrscheinlich ein verstümmelter Rest des richtigen Textes sind. Die Möglichkeit ist zu erwägen, daß τὸ λεγόμενον (mit Infinitiv) nicht "von dem gesagt wird, daß" heißt, sondern (absolut) als "das Gesprochene, Rede" gebraucht ist. Schon bevor Hirzel auf die Erörterungen des Dionys aufmerksam gemacht hat, sah Hermann, gefolgt von Hiller, Sturm, Wilh. Schmid und Le Corre,[27] in Albins Worten eine Hindeutung auf den Melierdialog. Hiller (p. 329) schlug zwei alternative Ergänzungen vor und glaubte ihnen den Text des vom ihm herangezogenen Codex V zugrundelegen zu dürfen, der τῶν δυναμένων hat: ... λεγόμενον <ὑπὸ τῶν Ἀθηναίων καὶ Μηλίων, ἐνδεὲς ὂν> τῶν δυναμένων εἰδοποιεῖν κτλ. oder (mit der Änderung τὸν aus τὸ) τὸν παρὰ τῷ Θουκυδίδῃ (*sc.* λόγον) λεγόμενον <ὑπὸ τῶν Ἀθηναίων καὶ Μηλίων, ἐνδεᾶ ὄντα> τῶν δυναμένων κτλ.

Freudenthal, gefolgt von Invernizzi,[28] sah in Albins Worten eine vom Epitomator gekürzte Auseinandersetzung mit Thukydides' Darstellung des platäisch-spartanischen Gesprächs: Dieses "konnte man zur Noth einen Dialog nennen; mit mehr Recht aber bezeichnet es Albinos als δύο δημηγορίαι" (p. 255). In diesem Sinne änderte er die Eigennamen in Hillers Ergänzungsvorschlag ab, erklärte aber einschränkend, daß die prädikative Stellung des so entstandenen Gliedes ὑπὸ τῶν Πλαταιῶν καὶ τοῦ Ἀρχιδάμου anstößig sei. Daher beschränkte er sich in seinem Text auf eine Ergänzung, wie sie ähnlich schon Hermann gemacht und sogleich wieder verworfen hatte (*Platonis dialogi* VI p. XVI): λεγόμενον μὴ δυνάμενον εἰδοποιεῖν κτλ. (Hermann hatte λεγ. ὡς οὐ δυνάμενον εἰδ. erwogen.) Darüber hinaus nahm Freudenthal eine größere Lücke dort an, wo der Satz asyndetisch beginnt. In dieser Lücke hätten ursprünglich die näheren Aus-

26) So geschehen in Haslams Zitat dieser Stelle, *Plato* 36,10.

27) Hiller, *Die handschr. Überl.* 328, Sturm, *Biographisches über Plato ... und die Isagoge des Albinus* 35 Anm. h, W. Schmid, *Gesch. d. griech. Lit.* I 5,2,2 p. 177 Anm. 3, Le Corre, *Le prologue* 34 Anm. 2.

28) *Il Prologo* 358 Anm. 29.

führungen Albins gestanden (s. p. 255f). Denn es ist tatsächlich zu verwundern, warum Albin nicht mit ein paar Worten den gemeinten Passus bei Thukydides näher bezeichnet.

Stilistisch ist zu bemerken, daß δυναμένων ohne Verneinung nicht so überzeugend klingt wie mit einer solchen: Warum sollte ein tatsächliches εἰδοποιεῖν noch durch δύνασθαι modifiziert werden? In Freudenthals Fall aber, dem des verneinten εἰδοποιεῖν, ist die Einschaltung des δυναμένων ausdrucksvoll.

Wir kommen zu folgendem Ergebnis: Gemeint ist in dem Abschlußsatz des zweiten Kapitels der Melierdialog des Thukydides. Die Verhandlungen II 71-74 vertragen sich nicht mit Albins Worten δύο δημηγορίαι (148,17), da es mehrere in sich abgeschlossene Reden zweier Parteien zu mehreren Zeiten und an mehreren Orten sind. Und Freudenthals Ansicht, dem Melierdialog fehle keines der in Albins Kapitel 2 für den echten Dialog geforderten Requisiten, ist nicht haltbar. Argumentieren wir, was diese Requisiten angeht, zunächst mit Aussagen des Dionys. Sowohl die Angemessenheit der Argumente an die Personen als auch die λέξις lassen einiges zu wünschen übrig: In Kapitel 37 und 40 (λαβυρίνθων σκολιώτερα p. 392,25) führt Dionys Schwächen der Stilistik und Gedankenführung an und erklärt in Kapitel 38-41, Thukydides habe den Athenern Argumente in den Mund gelegt, die ihrer nicht würdig seien.[29] Seine Kritik faßt er zusammen (c. 41 p. 397,1-3): ἐν τούτῳ δὲ (sc. dem Melierdialog) οἱ φρονιμώτατοι τῶν Ἑλλήνων αἴσχιστα μὲν ἐνθυμήματα φέρουσιν, ἀηδεστάτῃ δ' αὐτὰ περιλαμβάνουσι λέξει. Albin nun wird im Melierdialog vielleicht nicht wie Dionys von Halikarnaß die πρέπουσα ἠθοποιΐα vermißt haben - wir wissen das nicht -, gewiß aber τὸ εὔχαρι und τὸ ἀνενδεές des Stils. Nun sagt Albin nicht, der Melierdialog sei ein schlechter Dialog, sondern gattungsmäßig gar kein Dialog. Daher müssen wir folgern, daß er ein völliges Fehlen der geforderten Stilistika konstatiert und aus diesem Grund den Ausschluß aus der Gattung Dialog ausgesprochen hat.

29) βασιλεῦσι γὰρ βαρβάροις ταῦτα πρὸς Ἕλληνας ἥρμοττε λέγειν· Ἀθηναίοις δὲ πρὸς τοὺς Ἕλληνας, οὓς ἠλευθέρωσαν ἀπὸ τῶν Μήδων, οὐκ ἦν προσήκοντα εἰρῆσθαι (c. 39 p. 391,12-15, vgl. auch c. 41 p. 395,22-396,21).

Mit dem von Platon stammenden (Prot. 336 B 1-3) und natürlich von Dionys benutzten Gegensatzpaar διάλογος – δημηγορία sind tatsächlich zwei Pole angegeben, zwischen denen der Melierdialog steht. Nach dem Rhetor ist er διάλογος, nach dem Platoniker erfüllt er die Gattungsmerkmale des Dialogs nicht, sondern kann als zwei Reden bezeichnet werden, wobei diese Reden nach einem bestimmten übereinstimmenden Grundplan (κατ' ἐνθύμησιν) ineinander verzahnt und ineinandergeschrieben sind (ἀντιγεγραμμέναι).

Sprachlich kommt der Text zwar ins Lot mit der Konjektur der jüngeren Codices "λέγοιτο. οὕτω τὸ" (Z. 15) statt "λέγοιτο οὗτος. τὸ" und mit Hermanns Konjektur ὡς οὐ δυνάμενον (vgl. 150,23), die wir wegen der Bestimmtheit, mit der Albin seine Kritik an diesem Thukydidesabschnitt vorträgt, derjenigen Freudenthals vorziehen: Die Mangelhaftigkeit des Dialogischen im Melierdialog ist Faktum, nicht Möglichkeit. Es bleibt indessen trotz allem Freudenthals Zweifel bestehen, ob anstelle von οὕτω nicht eine Lücke anzunehmen ist, in der Albin ursprünglich Näheres über den Melierdialog ausgesagt hat.

148,17 κατ' ἐνθύμησιν
"Planvoll, mit einer Konzeption". Beispiele aus dem zweiten Jahrh. n. Chr. bei LSJ s.v. II 2.

148,19 Kapitel 3
Albin stellt in diesem Kapitel seine Bearbeitung der dihäretischen Dialogordnung vor. Diese ist ein klassifizierendes System des platonischen Oeuvres, das wahrscheinlich aus den Jahrzehnten um Christi Geburt stammt und uns durch Diogenes Laertios III 49-51 erhalten ist, s.u. im systematischen Teil der Arbeit Kap. 2. Im sechsten Kapitel des Prologs benutzt Albin die acht Dialogtypen (χαρακτῆρες), die sich aus dieser Klassifizierung ergeben, um mit ihnen eine didaktische Anleitung zur Platonlektüre aufzubauen.

148,20 αὐτοῦ τοῦ κατὰ Πλάτωνα
Erst mit diesen Worten kommt Albin auf den platonischen Dialog im Speziellen zu sprechen. Wie schon die Thukydideskritik am Ende des vorigen Kapitels stellen diese Worte außer Zweifel, daß Albin die Definition als eine allgemeine Definition des

Dialogs auffaßt, nicht als eine solche des platonischen Dialogs speziell (s. Freudenthal p. 249). Ob die Definition selbst von ihrem Verfasser auch schon so gedacht war, ist sehr zu bezweifeln, vgl. unten das Kapitel 1 im systematischen Teil, bes. p. 96f.

148,21-25 τουτέστι περὶ τῶν χαρακτήρων ... περὶ μὲν οὖν τῶν χαρακτήρων ... περὶ τῶν ἀνωτάτω χαρακτήρων
Eine gewisse Nachlässigkeit des Ausdrucks unterläuft Albins ohnehin gelegentlich: Wiederholungen der Substantive scheut er nicht, wie die beiden letzten χαρακτήρων allein (148,23-25) schon beweisen. Ähnliches findet sich im Didaskalikos 10,5 p. 165,14-24. In Z. 23 des vorliegenden Passus wäre eine solche plump anmutende Ausdrucksweise jedoch leicht zu beheben, indem περὶ μὲν οὖν <πάντων> τῶν χαρακτήρων gelesen würde. Dadurch würden auch die Partikeln leichter verständlich. Man kommt aber auch ohne Ergänzung aus. Das οὖν oder μὲν οὖν ist in solchen Fällen üblich beim Übergang von einer Vorankündigung zur differenzierten Ausführung, vgl. c. 2 p. 147,22, c. 4 p. 149,8, c. 5 p. 149,31, c. 6 p. 150,30. Freudenthal p. 259f bringt aber eine weiterreichende Hypothese vor, indem er das τουτέστι für korrupt und den ganzen Passus für stark gekürzt erklärt. Er nimmt an, daß eine weitere Dialogunterscheidnung durch den Epitomator vollständig eliminiert worden sei: Albin habe ursprünglich auch die dramatische Dialogeinteilung (Diogenes Laertios III 50, s.u. Kap. 4 im systematischen Teil) erwähnt. Daher liest Freudenthal wie folgt: καὶ πρότερον statt τουτέστι (Z. 21), <ἔπειτα δὲ περὶ τοῦ τρόπου τῆς συνουσίας ᾧ ἐν τοῖς διαλόγοις ἐχρήσατο> hinter ἐστήσαντο (Z. 22) und <κατὰ δὲ τὸν[30] τῆς συνουσίας τρόπον διαφέρουσιν οἱ διάλογοι· οἱ μὲν γάρ εἰσι δραματικοί, οἱ δὲ διηγηματικοί, οἱ δὲ μικτοί ...> in der Fuge zwischen Kapitel 3 und 4. Den Terminus τρόπος συνουσίας hat Freudenthal aus den anonymen Platonprolegomena übernommen (§ 20,2). Dort wird so von der literarischen Darstellungstechnik im Sinne der dramatischen Dialogeinteilung gesprochen. Allerdings ist in derselben Schrift mit τρόπος τῆς συνουσίας gerade auch auf die inhaltlich orientierte dihäretische Dialogordnung Bezug genommen (§ 17,16).

30) Freudenthal καὶ δὲ κατὰ τόν, was sprachlich nicht haltbar ist, s. Denniston, *The Greek Particles* 199f: für καὶ δὲ nur Beispiele aus Homer.

Schon in sich überzeugt Freudenthals Ergänzung nicht: In ihr ist alles auf jenen aus dem Neuplatonismus genommenen Begriff abgestellt, wohingegen im Text des vierten Kapitels mit dem Terminus διαφορά auf den Schluß des dritten Kapitels, nach Freudenthal also auf die dramatische Dialogeinteilung, zurückverwiesen ist (149,1), gerade wie bei Diogenes Laertios III 51. Auch sind nicht alle Argumente zur Begründung dieser Ergänzung stichhaltig. Zudem muß gegen Freudenthals Hypothese, die er auf den Vergleich mit Diogenes Laert. III 50 stützt, und seinen Ergänzungsvorschlag eingewendet werden, daß Diogenes die dihäretische Dialogordnung mit unter die διαφοραὶ τοῦ διαλόγου (III 51) zählt und daß gerade bei ihm die Sätze über die dramatische Form der Dialoge (III 50) eher wie ein Einschub wirken, von dem nicht sicher ist, ob er zu der ihm und Albin gemeinsamen Quelle mit dazugehörte. Des weiteren gibt es keine Parallele dafür, daß der Epitomator einen Hauptpunkt in Albins Prolog je ganz eliminiert hätte. Der Text ist ohne die von Freudenthal gesetzten cruces zu drucken; auch wenn seine Hypothese nicht ganz von der Hand zu weisen ist und ein starker Zweifel am Text bestehen bleibt.

148,22 εἰς τοὺς ἀτόμους
Vgl. Plat. Phaidr. 277 B 7 (zitiert oben zu 147,6). Durch den Vergleich mit Diogenes Laert. III 49 erwarten wir eine vollständige Aufgliederung der obersten Gattungen bis in die untersten Arten. Wie es scheint, hat der Epitomator diese weggekürzt (Freudenthal 251 und 259).

148,23f τελεώτατα μετὰ ὑπογραφῆς
"Ganz vollständig (d.h. mit allen untersten Charakteren) in einem Abriß (d.h. ohne im einzelnen in die Tiefe zu gehen)". Mit Dunn, *The Organization* 184,11, können wir nichts Anstößiges an dieser Wendung finden (gegen Freudenthal 253f; die von ihm angeführte Platonstelle beweist nichts). Im Kap. 6 werden alle Charaktere, wenn auch nicht immer ausdrücklich, wieder herangezogen (gegen Freudenthal 251f).

148,24 ἐνθάδε
Es ist kaum glaublich, daß Albin hier einen Sprachgebrauch, der vielleicht der Stadt Smyrna eigen war, übernommen hätte (s. die

überlieferte Schreibweise ἔνθα δὲ): ἔνθα demonstrativ am Satzanfang ist auch im Martyrium des Smyrnäers Polykarp, des Zeitgenossen Albins, gebraucht (18,3 ἔνθα ὡς δυνατὸν κτλ.).

148,29 πραγμάτων ... προσώπων
Daß es Elemente der Rede gibt, die nicht die Sache selbst (πράγματα) betreffen, sondern lediglich der Wirkung auf das Auditorium dienen (πρὸς τὸν ἀκροατήν), ist schon Grundlage der aristotelischen Rhetorik (s. bes. III 1 p. 1404 a 5-12); Theophrast hat daraus zwei σχέσεις λόγου entwickelt, die eine πρὸς τοὺς ἀκροωμένους, zu der Poetik und Rhetorik gehörten, und die andere πρὸς τὰ πράγματα, die das eigentliche Medium des Philosophen sei (bei Ammonios *de interpr.* p. 65,31-66,10 Busse, p. 14 Aug. Mayer, vgl. Stroux p. 2).

148,30f τῷ μὲν φυσικῷ ὁ Τίμαιος, τῷ δὲ ἠθικῷ ἡ Ἀπολογία
Die in W vorliegende, von den jüngeren Handschriften korrigierte Korruptel beweist, daß mit diesen Worten in der mittelbaren oder unmittelbaren Vorlage von W fortlaufender Text (bis ὑπάγονται Z. 30) in einen tabellarischen Text überging. Der Abschreiber W (oder einer seiner Vorgänger) hat die Kopfzeile der Tabelle wie eine normale Zeile fortlaufenden Textes abzuschreiben begonnen; als er den Fehler bemerkte, hat er sich nicht mehr korrigieren wollen und die Tabellenform nicht übernommen, sondern in fortlaufenden Text umgewandelt; den Eintrag Τίμαιος der physischen Spalte hat er in seinem Codex dorthin gestellt, wo er gerade war, hinter ἠθικῷ.

148,31-37
Schwere Störung des Textes. Die Zuordnung der Dialoge zu den Charakteren ist ganz unsinnig, die Reihenfolge der letzteren unverständlich. Mit einer gewissen Berechtigung hat Freudenthal in seinem Textabdruck neben die Überlieferung den Text des Diogenes Laertios (III 50) gestellt (linke Spalte p. 324). Dieser steht Albin nicht nur im allgemeinen nahe, sondern in der Zuordnung der Dialoge zu den einzelnen Charakteren scheint Albin nach Freudenthals überzeugender Darstellung genau dasselbe System zu haben wie Diogenes (s.u. Appendix A p. 224ff); bei den in der Albinüberlieferung fehlenden Dialogen - Phaidros, Hipparch, Anterastai (Diog. Laert. ethisch); Kritias (politisch);

Theätet (peirastisch); die zweiten Alkibiades und Hippias - ist allerdings einschränkend anzumerken, daß sich über sie kein Urteil fällen läßt. Bei einigen von ihnen sind ja Abweichungen Albins gegenüber der dihäretischen Dialogordnung (Diogenes Laert. III 49f) denkbar, wie er auch in der Ableitung der unteren aus den oberen Charakteren (p. 148,26-28) und vielleicht auch in der Reihenfolge der unteren Charaktere einen eigenen Weg gegangen ist. Die Rekonstruktion des ganzen Systems, wie es Albin intendiert hat, haben Freudenthal und Schissel versucht, s. darüber unten in der Appendix A. Freudenthals Rekonstruktionsmodell ist von Schissel zu Recht (da er die Maieutik in den hyphegetischen Charakter zieht) zurückgewiesen worden. Schissels eigener Versuch gründet jedoch auf dem anstößigen καὶ αὐτοῦ in Kap. 6 (p. 151,6, s. dort) sowie auf einem textlichen Eingriff in Kap. 3, der nicht zu halten ist. Leider hat Schissels Modell in der jüngeren Literatur mehrfach Billigung gefunden. Wahrscheinlich müssen wir uns damit abfinden, daß aus dem Chaos der Zeilen 31-37 der originale Wortlaut und die Absicht Albins nicht mehr rekonstruierbar sind, s. auch unten Kap. 2 c im systematischen Teil.

148,32f ἐνδεικτικῷ

Aufgrund der schweren Beschädigung des ganzen Passus durch den Epitomator haben wir keine Bedenken, hier mit Freudenthal ΕΝΔΕΙΚΤ- an die Stelle des überlieferten ΕΛΕΓΚΤ- zu setzen; Diogenes Laertios hat ἐνδεικτικός (III 49). Unter Umständen hat der Epitomator gemeint, der Parmenides und der Protagoras seien durch besondere ἔλεγχοι ausgezeichnet. Nach Albin aber ist das elenktische Element dem peirastischen (s.u. zu 150,32f), dem logischen (151,9) und dem zetetischen Charakter insgesamt (148,28) eigen. Vielleicht handelt es sich hier auch nur um eine Verschreibung. Eine solche wird noch eher im Kapitel 6 vorliegen (p. 151,10f), wo ἐπιδεικτ- überliefert ist.

149,2 καὶ

"Und zwar", explikativ, s.o. zu 148,21-25.

149,4f οἱ μὲν γὰρ ἀπὸ τῶν Ἐπιστολῶν ἄρχονται

Die Entscheidung fällt zugunsten des γὰρ wegen dessen Erscheinen in Teilen beider Handschriftenklassen sowie in Rücksicht auf c. 5 p. 149,26 (die Fälle in 148,5 und 149,8 liegen etwas anders). Zu den verschiedenen antiken Lehren über die geeignete Anfangslektüre des jungen Platonikers s. Susemihl, *Über Thrasyllos* 569,12, und Kapitel 3 unten im systematischen Teil.

149,5f εἰσὶ δὲ οἵ ... διελόντες αὐτοὺς τάττουσι
Überliefert ist αὐτοὺς καὶ τάττουσι; syntaktisch ist entweder Hypotaxe mit οἵ (W) ohne καὶ oder Parataxe mit καὶ (W) und οἱ möglich. Zur Konjektur in L[1] (κατατάττουσι), zu der sich Usener, *Unser Platontext* 211, entschloß, ließ sich keine befriedigende Parallele finden (vielleicht besser διατάττουσι, vgl. Z. 16?). Dagegen ist τάττειν ganz normal, vgl. Xen. Mem. III 1,9, Sext. Emp. adv. math. II 7 (Z. 1f), τάξιν Albin, Prol. 4 p. 149,14. Die Formulierung εἰσὶ δὲ οἱ ... διελόντες erscheint uns so gestelzt, daß wir das καὶ athetieren und der eleganten Formulierung mit Relativsatz (vgl. Proklos *in Alcib. pr.* 12,1) den Vorzug geben.

149,7 περιέχουσαν
Vielleicht besser ⟨τὴν⟩ περιέχουσαν, vgl. Diog. Laert. III 57 (zitiert unten zu 149,13f).

149,8f καὶ ἀπαγγέλλεται
ἀπ- als Verschreibung von ἐπ- tritt unzählige Male auf; den umgekehrten Fall verzeichnet J. Kayser, *De veterum arte poetica* p. 14,4, vgl. Tractatus Coislinianus § 1 (bei Kayser ebd. p. 6). Deshalb sei hier eigens begründet, warum die überlieferte Wortform tatsächlich die richtige ist und nicht ἐπαγγέλλεται, das in älteren Editionen aufgrund des abhängigen Codex B hier zu finden ist; gleichzeitig ist das καί zu erklären. Da Sokrates während des Gesprächs mit Euthyphron die Klage gar nicht dargestellt (ἀπαγγέλλεσθαι) oder vorgelegt (ἐπαγγέλλεσθαι) bekommt, sondern sie selbst kurz skizziert (bes. 2 A - 3 E, weiter noch bis 5 C), liegt in τῷ Σωκράτει nicht ein indirektes Objekt vor, sondern entweder der Dativ des Zitats (wenn Sokrates förmlich als Autor seiner Erzählung gilt[31]) oder eher noch der dativus auctoris. Dieser kommt seit Homer (E 465) bis in späteste Zeit auch neben dem Präsens vor (Ps.-Longin *de subl.* 9,15 p. 14,8 R.,

31) S. dazu R. Kassel, ZPE 62 (1986) 37, und St. Radt, ZPE 64 (1986) 10-12.

Chorikios 32, or. 8 *apol. mim.* 12 p. 347,12 F.-R.). ἀπαγγέλλεται paßt besser als ἐπαγγ., da Sokrates erzählt und nicht offiziell die Klage vorlegt, vgl. Antiphon 1,11. Das καὶ soll andeuten, daß die Klage gegen Sokrates nicht der Hauptpunkt des Inhalts dieses Dialogs ist. Und tatsächlich betreffen die Inhaltsangaben, die Albin nach dem Gesichtspunkt der κοινὴ ὑπόθεσις der ersten Tetralogie formuliert, bei den drei anderen Dialogen viel stärker ihren ganzen Inhalt als gerade im Falle des Euthyphron. In dem καὶ legt Albin also eine Kritik daran nieder, den Euthyphron als Dialog um Sokrates' Prozeß zu etikettieren. Nach ihm wäre das Wesentliche dieses Dialogs wohl das Gespräch von 5 C bis 16 A über das ὅσιον. Auch in der dihäretischen Dialogordnung steht der Euthyphron als 'peirastisch' an einer anderen Stelle als die drei 'ethischen' Apologie, Kriton, Phaidon. Daß Albin eher dieser als der Tetralogienordnung zuneigt, geht also auch schon hier aus dem Wörtchen καί hervor.

149,13 Δερκυλλίδης καὶ Θράσυλλος
Letzterer ist wohl der Hofastronom des Tiberius, auf den ein Großteil des dialogtheoretischen Abschnitts bei Diogenes Laertios (III 56. 61) und Theon von Smyrna zurückgeht.[32] Zu Derkyllides, über dessen Lebenszeit kontroverse Meinungen vorliegen, s. C.W. Müller, *Die Kurzdialoge* 33,1, zu beiden Zeller, *Die Philosophie der Griechen* III 1 p. 632,2. Aus der Reihenfolge der Namen darf nicht auf die Priorität des Derkyllides geschlossen werden, vgl. Proklos *in Tim.* I 340,24, wo die ältere Person zuletzt genannt ist.

149,13 δοκοῦσι δέ μοι
Während Diogenes Laertios III 50 die Dialogeinteilung nach der dramatischen Form gegen die dihäretische Dialogordnung zurücksetzt (ἀλλ' ἐκεῖνοι μὲν τραγικῶς μᾶλλον ἢ φιλοσόφως τὴν διαφορὰν τῶν διαλόγων προσωνόμασαν) und anschließend in vollem Umfang die Tetralogienordnung vorlegt (III 57-61), wertet Albin die Tetralogien gegenüber der dihäretischen Ordnung ab; bei beiden Autoren wird diesem System ein besonderer philosophischer Rang zuerkannt.

32) Zu Thrasyll s. Christ, *Platonische Studien* 5f, zu Theon s.u. im syst. Teil Kap. 2b, p. 144.

Albin hat den Gesichtspunkt, nach dem die erste Tetralogie zusammengestellt ist (ihre ὑπόθεσις), richtig erfaßt (Z. 7-12); er erkennt in ihm einen vorherrschenden Bezug auf πρόσωπα und βίων περιστάσεις. Ähnliches sagt auch Diogenes Laert. III 57: πρώτην μὲν οὖν τετραλογίαν τίθησι τὴν[33] κοινὴν ὑπόθεσιν ἔχουσαν· παραδεῖξαι γὰρ βούλεται, ὁποῖος ἂν εἴη ὁ τοῦ φιλοσόφου βίος. Über die stärkere und schwächere Gewichtung der Proömien der Platodialoge bei den älteren Exegeten unterrichtet uns Proklos (*in Parm.* 658,33-659,8). Unter die τὴν χρείαν αὐτῶν εἰς καθηκόντων ὑπογραφὰς ἀναπέμποντες mag der Urheber der Tetralogien gerechnet sein (659,3f). Wie auch Severus (Prokl. *in Tim.* I 204,17) und der anonyme Verfasser des Theätetkommentars (col. 4,17-27), beides Mittelplatoniker, gehört Albin offensichtlich zu der Richtung, die die Bedeutung der Proömien gar nicht hoch einstufte, vgl. Praechter, *Rez. zum Anonymen Kommentar zum Theätet* p. 539 (Nachdruck p. 306)

149,15 χρήσιμον
Vgl. Theons von Smyrna Werk τὰ κατὰ τὸ μαθηματικὸν χρήσιμα εἰς τὴν Πλάτωνος ἀνάγνωσιν.

149,17 τῆς κατὰ σοφίαν
Vgl. den Titel des Eudoros διαίρεσις τοῦ κατὰ φιλοσοφίαν λόγου.

149,19 κύκλου
Vgl. Olympiodor *in Alcib. pr.* 103,12f σφαίρᾳ γὰρ ἀναλογεῖ ὁ νοῦς, ἕκαστον σημεῖον ποιούσῃ καὶ ἀρχὴν καὶ πέρας. Der Vergleich der platonischen Schriften mit einem Kreis ist einer der schönsten Gedanken, die uns Albin im Prolog vermittelt.

149,21 Kapitel 5
Albin skizziert in diesem Kapitel einen Lektüreplan, der mit der Lektüreordnung des sechsten Kapitels nicht vereinbar ist (s.u.

33) Gelegentlich wird der Artikel falsch bezogen: Samuel Petitus, *Miscell.* IV 2, Paris 1630 p. 16 (Komma vor τὴν); Dunn, *The Organization* 78f, hält es zu Unrecht für möglich, daß τὴν zu ὑπόθεσιν gehöre, und zieht diesbezüglich den unzulässigen Vergleich mit Albin Prol. 4 p. 149,6f (p. 114,103). Stilistisch vgl. z.B. Plat. Resp. VII 534 B 3f.

zu 150,13-15). Dieser Bruch in der Darstellung berechtigt aber nicht zu Giustas (unbeantwortet gebliebener) Frage, ob das sechste Kapitel vielleicht gar nicht von Albin stamme, sondern eine Zugabe des Epitomators aus anderer Quelle sei (*Ἀλβίνου Ἐπιτομή* 183). Diese Frage ist vielleicht aus dem Bemühen erwachsen, die allgemein akzeptierte These Freudenthals von der Verfasserschaft des Didaskalikos zu erschüttern. Denn unter den Berührungspunkten des Prologs mit dieser Schrift wögen, so Giusta, die des sechsten Kapitels noch am schwersten. Der Bezug der Dialogcharaktere auf Kapitel 3 stellt indessen die Echtheit des sechsten Kapitels außer Zweifel. Da die Lektüreordnung des sechsten Kapitels die Platondialoge mittels ihrer Charaktere vollständig erfaßt und in eine feste Folge bringt, während der in Kapitel 5 vorliegende Plan nur vier Dialoge vorsieht, andere Möglichkeiten aber zuläßt, ist Freudenthals Annahme berechtigt (p. 252f. 274f), der Unterschied dieser beiden Lektürepläne sei in der Alternative begründet, ob ein Schüler sich der platonischen Schule endgültig anschließen wolle oder nicht.[34] Für Laien in der Philosophie waren die Dialoge des Kapitels 5 vorgesehen.

Über die philosophische Bildung von Rhetoren und Vertretern anderer Berufe in der Kaiserzeit, speziell dem zweiten Jahrhundert n.Chr., und über das Renommee, das sie aufgrund ihrer philosophischen Bildung hatten, unterrichtet A.D. Nock in den Prolegomena zu seiner Ausgabe des Sallustios (p. XVII-XXVII). Albins Lehrplan des fünften Kapitels macht keine allzu großen Konzessionen an den Laien, der doch auch nach dem vierten Dialog immer noch Anfänger in der Philosophie sein dürfte. Nicht alle dieser Schüler Albins werden den Kurs bis zum Ende des Timaios durchgehalten haben. Es ist aber anzuerkennen, daß die den Laien besonders anziehenden ethischen Fragen stark berücksichtigt und in den Dialogen Phaidon-Staat-Timaios die Hauptpunkte platonischer Philosophie berührt sind. Mit dem Ersten Alkibiades ist zudem ein geschickter Anfangspunkt gefunden.

34) Ähnlich fassen auch Alberti, *Über des Albinos Isagoge* 85, und Mazzarelli, *L'autore* 626, diesen Unterschied auf.

149,21 ὁπωσοῦν καὶ ὡς ἔτυχεν
Albin liebt diese abundante Ausdrucksweise, vgl. c. 6 p. 151,12f, Didask. c. 7,10 p. 160,5.

149,26-30 φύσις, ἡλικία, προαίρεσις, ἕξις, ὕλη
Typisch peripatetisches Vokabular. Über die φύσις des μέλλων θεωρεῖν τὰ θεῖα καὶ ἀνθρώπινα, also die εὐφυΐα des φιλόσοφος, klärt Albin im Didaskalikos c. 1,2-4 (p. 152,7-26) in engem Anschluß an Platons Staat auf (VI 485 B - 487 A, VII 535 A - 536 A). S. dazu Whittaker, *Platonic Philosophy* 106f. - Locus classicus für die Anschauung, Philosophie sei auf ein bestimmtes jugendliches Alter zu beschränken, ist der Gorgias 484 Cff. Selbst zu dieser Anschauung, die von einem doch nur sehr bedingt als Freund der Philosophie zu bezeichnenden Mann vertreten wird, steht noch in krassem Widerspruch die Indifferenz der Sophisten gegenüber φύσις, ἡλικία und Gelderwerb des Lernenden, wie es im Euthydem 304 C erklärt wird. - Zur Erreichung der ὁμοίωσις θεῷ sind nach Albin, Didask. 28,4 p. 182,2-12 eine angemessene φύσις und insbesondere die theoretische Unterweisung nötig. Zudem wird eigens eine Einweihung (s.u. zu 149,9) genannt. Diese umfaßt das "Quadrivium" inclusive Gymnastik. - Auch von Proklos *in Parm.* 926,9-927,36, wird der ἀκροατὴς ἀξιόχρεως bestimmt. Ihn kennzeichnen die Eigenschaften εὐφυΐα, προθυμία und ἐμπειρία.

149,28f ἱστορία
Mazzarelli (*L'autore* 631,126) weist auf den Gegensatz hin, den Plutarch (*de virt. mor.* 1 p. 440 E) bei der Rekapitulation von Lehren anderer Philosophen (ἐπιδραμεῖν τὰ τῶν ἑτέρων) nennt: Einerseits gibt es die bloße Wissensabsicht (ἱστορίας ἕνεκα), andrerseits den Zweck der Vergewisserung des eigenen Standpunkts durch die Auseinandersetzung mit jenen (σαφέστερα γενέσθαι τὰ οἰκεῖα καὶ βεβαιότερα προεκτεθέντων ἐκείνων). Ähnlich wird der bei Albin vorliegende Gegensatz zwischen φιλοσοφία und ἱστορία aufzufassen sein, wobei aber ἱστορία nicht auf die sachbezogene Forschung auf philosophiegeschichtlichem Gebiet wie bei Plutarch eingeschränkt werden muß, sondern jede Forschung meinen wird, die nicht die ethische und wissenschaftliche Vervollkommnung zum Philosophen, also die ὁμοίωσις θεῷ und die Schau der göttlichen Dinge zum Ziel hat (s. 150,8-10).

149,29 ἀμαθής
"Nicht eingeweiht", s. Festugière, *L'ordre de lecture* 282,11.

149,30 κατὰ τὴν ὕλην
Freudenthal hat, mit Festugières Mißbilligung (ebd. 282), κατὰ τὴν ὕλην in κατὰ τὴν σχολήν geändert (p. 254). ὕλη kann aber wohl ungezwungen als "die äußeren Mittel" verstanden werden, "ob jemand in der Lage sich befinde und hinlängliche Muße habe, mit der Philosophie sich beschäftigen zu können, oder ob Staatsverhältnisse ihm diese Muße rauben" (Suckow, *Die wissenschaftliche ... Form* 16,2). Etwas zu eng bestimmt Festugière die Bedeutung von ὕλη als "le temps dont on dispose".

149,30 ἐνευσχολῶν
Überlieferung und Editionen s. im app. crit. Suckow ist hier als einziger auf dem richtigen Weg, indem er aus inhaltlichen Gründen das Verb ἐνασχολῶν (so der ihm vorliegende Text der vulgata) ändert, gegen das sich auch sprachliche Zweifel anführen lassen, s. das Zitat aus Suckow, das oben zu 149,30 angeführt ist. Die Philosophie setzt σχολή voraus und wird durch ἀσχολία behindert, vgl. Plat. Phaid. 66 B 3 - E 4. Der Gegensatz zwischen philosophischer und politischer Betätigung wird auch deutlich aus einem Wort Galens über einen Philosophen, der in Pergamon lehrte und wie Albin aus der Schule des Gajus stammte (*de an. morb.* I 8, Scr. min. I 31,24-32,5 Marqu.):

> ὑποπληρώσας δὲ τετταρεσκαιδέκατον ἔτος, ἤκουον φιλοσόφων πολιτῶν, ἐπὶ πλεῖστον μὲν Στωϊκοῦ Φιλοπάτορος μαθητοῦ, βραχὺν δέ τινα χρόνον καὶ Πλατωνικοῦ μαθητοῦ Γαΐου, διὰ τὸ μὴ σχολάζειν αὐτὸν εἰς πολιτικὴν ἀσχολίαν ἑλκόμενον ὑπὸ τῶν πολιτῶν, ὅτι μόνος αὐτοῖς ἐφαίνετο δίκαιός τε καὶ χρημάτων εἶναι κρείττων, εὐπρόσιτός τε καὶ πρᾷος.

Vgl. auch Philon von Larissa *ap. Stob.* II 41,18-25 W. Das Verb ἐνασχολεῖσθαι, auf das die Korrektur in W hinzudeuten scheint, ist erst im sechsten Jahrhundert bezeugt; für das Aktiv in intransitiver Bedeutung fehlt überhaupt jeglicher Beleg.[35] Insgesamt liegen ἀσχολεῖν und seine Komposita (ἀπ-, κατ-, προσ-,

35) Zu vernachlässigen ist wohl die ganz zweifelhafte Konjektur, die im Thesaurus Linguae Graecae s.v. ἐναισχύνομαι zu Hesychs *Lexikon* s.v. κυπτάζειν angeführt ist (Latte aber: "ενασχημονειν ?").

συν-, ὑπ-) bis zum zweiten Jahrhundert n.Chr. intransitiv immer nur im Medium vor, mit wenigen Ausnahmen bei ἀσχολεῖν selbst und einer v.l. περιασχολεῖ (s. LSJ s.vv.). Dagegen sind εὐσχολεῖν und seine Komposita (ἐν-, προσ-) immer aktiv und intransitiv belegt, vgl. hier insbesondere Ps.-Lukian, *Amores* 35: ἀλλὰ τὰ μὲν παλαιὰ τῶν ἐπιτηδευμάτων ἀναγκαῖα νομίζωμεν, ἃ δὲ αὖθις ἐνευσχολήσας τοῖς λογισμοῖς ὁ βίος ἐπεξεῦρεν, ὡς ἐκείνων ἀμείνω τιμητέον. Daß -ευσχολεῖν mit -ασχολεῖν leicht verwechselt werden konnte, beweisen bei LSJ s.v. προσευσχολεῖν angeführte Stellen; die Verwechselung von α und ευ ist überhaupt oft zu beobachten, vgl. Eur. Kykl. 292 und F.I. Bast in seiner *Commentatio palaeographica* p. 983 (in G.H. Schaefers Ausgabe des Gregor von Korinth, Leipzig 1811).

149,31 τῶν <πολιτικῶν> περιστάσεων
Konjektur Fischers, vgl. Z. 35.

149,35 Ἀλκιβιάδου
Mit dem Ersten Alkibiades sollte nach der Auffassung der Neuplatoniker seit Jamblich die Lektüre Platons begonnen werden, s. die anon. Platonproleg. § 26,10-34, vgl. auch Proklos *in Alcib. pr.* 6,3-9; 11,3 und Olympiodor *in Alcib. pr.* 10,18-11,6 (s.u. Kap. 3 im systematischen Teil p. 170). Auch schon im Mittelplatonismus läßt sich, wie wir sehen, gelegentlich diese Meinung finden.

149,36 πρὸς τὸ <πρὸς ἑαυτὸν> τραπῆναι
Freundenthals Konjektur billigt Festugière, *L'ordre de lecture* 282,15. Vgl. etwa Jamblich bei Proklos *in Alcib. pr.* 14,4: σκοπός des Dialogs ἐπιστρέψαι πρὸς ἑαυτὸν ἕκαστον ἡμῶν.

149,37 <ὡς δὲ δύνασθαι>
Vgl. 150,9 ὡς δύνασθαι; Freudenthal schon <ὡς δὲ>.

150,1. 3f τίς ἐστιν ὁ φιλόσοφος
Der Philosoph ist derjenige, der mit froher Erwartung dem Tod als der Trennung der Seele vom Körper (64 C 4f) entgegensieht und sein Leben danach ausrichtet, s. Plat. Phaid. 61 B 8 - C 9, 64 E 8 - 65 A 2 u.ö. Der Phaidon handelt, um Hermann Gauss zu zitieren (*Handkomm.* II 2 p. 21), im Grunde "vom Charakter

des wahren Philosophen", während die Unsterblichkeitsbeweise "nicht das zentrale Anliegen" dieses Dialogs sind.

150,1. 4 ἐπιτήδευσις
Das Substantiv bezieht sich auf die Stelle Plat. Phaid. 64 A 4-6: κινδυνεύουσι γὰρ ὅσοι τυγχάνουσιν ὀρθῶς ἁπτόμενοι φιλοσοφίας λεληθέναι τοὺς ἄλλους ὅτι οὐδὲν ἄλλο αὐτοὶ ἐπιτηδεύουσιν ἢ ἀποθνῄσκειν τε καὶ τεθνάναι. (ἐπιτηδεύειν Z. 9 wiederholt, 67 B 9f ἡ πολλὴ πραγματεία, 67 D 8 μελέτημα.)

150,2. 4 ὑποθέσει
"Das von Sokrates ausgesprochene Streben des Weisen, sich über die beengenden Schranken der Verbindung mit dem Leibe zu erheben, hat die Überzeugung von der Ewigkeit und Selbständigkeit der Seele zu seiner Voraussetzung," Hermann Bonitz, *Platonische Studien*, 3. Aufl. Berlin 1886 p. 301 (Hinweis Freudenthals 268). Man vergleiche Phaid. 63 B 5 - C 4, 67 B 7 εἰ ταῦτα ἀληθῆ und den Einwand des Kebes 69 E 6, mit dem von der Frage τίς ἐστιν ὁ φιλόσοφος auf die Erörterung der ὑπόθεσις übergegangen wird.

150,2 ὁ παρ' αὐτῷ λόγος
"Seine Rede" (Freudenthal 304).

150,3-10 Φαίδωνι - Πολιτείᾳ - Τιμαίῳ
Das Paar Politeia-Timaios ist an die erste Tetralogie angeschlossen bei al-Farabi (s.u. Kap. 3 im systemat. Teil p. 170,7) und bei Ibn Abi Uṣaybiʿa, der in einem vielleicht[36] auf Theon von Smyrna zurückgehenden Verzeichnis der Tetralogien in der ersten 'Tetralogie' die Dialoge Apologie - Phaidon - Politeia - Timaios und weitere Schriften führt.

150,4 ἥ γε
Die Konjektur von Cod. E ist am wahrscheinlichsten, da Albin die ἐπιτήδευσις schon in Z. 1 durch die prädikative Voranstellung des αὐτοῦ besonders betont hat. Daß die Partikel γε ein häufig benutztes Wort wie in der Kommentatorenliteratur überhaupt, so

36) Dunn, *The Organization* 127, Lippert, *Studien* 45-49, A. Müller, *Die griechischen Philosophen* Anm. 14 p. 42.

auch im Prolog ist, beobachtet Diels, *Anonymer Kommentar* p. XXXIV. Fischers Konjektur ἡ <αὐτοῦ> ist zu pedantisch.

150,5 αὐτῆς
Es geht im Phaidon um die ἐπιτήδευσις des Philosophen, wie Albin feststellt, und der Phaidon handelt speziell περὶ ψυχῆς, wie der alte, oft allein angeführte Nebentitel lautet. Auf beide Feminina läßt sich das Pronomen sinnvoll beziehen.

150,6 δεήσει
Das Futur, eine Konjektur Hermanns (in der praefatio p. XVII), ist hier zweifellos richtig, vgl. die Parallelen in Kap. 5 und in Kap. 6 von 150,31 an.

150,10 ὁμοιωθῆναι αὐτοῖς
Das eigentliche Ziel des Platonikers Albin. Vgl. c. 6 p. 151,4 und ausführlich das 28. Kapitel des Didaskalikos, wo Albin auf Plat. Theait. 176 B 1, Resp. X 613 B 1 und weitere Platonstellen verweist. Zur Geschichte der ὁμοῖωσις-Lehre s. H. Merki, *Ὁμοίωσις θεῷ. Von der platonischen Angleichung an Gott zur Gottähnlichkeit bei Gregor von Nyssa,* Diss. Freiburg (Schweiz) 1952.

150,10f τῇ περὶ τὴν φύσιν ἱστορίᾳ
Vgl. Plat. Phaid. 96 A 7f: τῆς σοφίας ἣν δὴ καλοῦσι περὶ φύσεως ἱστορίαν.

150,12 διατάξει
Bei Platon und Aristoteles ist διάταξις nur selten und ausschließlich in kosmologischen Zusammenhängen gebraucht, Albin hat das Wort aber auch c. 4 p. 149,16 zur Bezeichnung der Anordnung von Dialogen.

150,12 ἀντοψόμεθα
Die einzige bekannte Parallele für ἀνθορᾶν mit einfachem Akkusativ ist ein dichterisches ἀντιβλέπειν und wird auch angezweifelt (Menander fr. 598, Naber fügt πρὸς ein, Körte "fort. recte"). πρὸς wäre bei Albin wünschenswert (vgl. Theophr. *de sensu* 18 πρὸς τὸν Ἥλιον, Proklos *in Parm.* 710,28 und mit ἀντωπεῖν *in Tim.* I 19,6). Im Didaskalikos sagt Albin ἀποβλέπουσα πρὸς τὰ νοητά (c. 14,3 p. 169,33f). Freudenthals κατοψόμεθα hat hohe

Wahrscheinlichkeit für sich, vgl. Plat. Alkib. I 134 D 8 und Phaidr. 248 A 4. C 3, ein Passus, der auch für die ὁμοίωσις θεῷ-Lehre in Anspruch genommen wird (Didask. c. 28,3 p. 181,32f). Dennoch zögern wir, uns mit dieser Konjektur der Gefahr auszusetzen, eventuell einen seltenen Sprachgebrauch zu beseitigen. αὔτ' ὀψόμεθα (Hermann, praef., und Festugiere) geht auf eine Konjektur von E zurück und ist nur eine Notlösung.

150,13 Kapitel 6
Im sechsten Kapitel stellt Albin mit Hilfe der Charaktere aus Kapitel 3 eine Lektüreordnung vor, in der alle Dialoge Platons erfaßt und auf fünf Stufen verteilt sind. Zunächst werden diese fünf Stufen und ihre Aufgaben oder Ziele im Dienste der Ausbildung zum Philosophen skizziert. Dabei wird gelegentlich eine Begründung (οὐδὲ γὰρ κτλ. 150,18-20), eine Erläuterung (Teile der Philosophie 150,24f) oder das Mittel zum Erreichen dieser Ziele (150,26f) beigefügt. In diesen Zugaben handelt es sich immer um Platonzitate oder, bei der erwähnten Erläuterung, um einen Gemeinplatz der Philosophiegeschichte, sodaß sie der Eingliederung von Albins Stufengang in die akademische Tradition dienen. Nach dieser generellen Skizzierung folgt ein zweiter Durchgang durch die fünf Stufen (150,30ff, Kapitel 6 b), in dem Albin den einzelnen Stufen die Dialogcharaktere zuweist. Nun ist *jeder* Stufe eine Erläuterung beigegeben. Das Verfahren, zunächst eine allgemeine Skizze zu geben, die dann in einem zweiten Durchgang mit Beispielen oder konkreten Erläuterungen weiter ausgeführt wird, benutzte Albin schon in den Kapiteln 1 und 2 (die Definition und ihre Erläuterung), 3 (wo der Epitomator einen Teil der ersten Aufzählung der Charaktere weggenommen haben mag), 4 (erste Tetralogie p. 149,7-12) und 5 (die σχέσεις nach vier Gesichtspunkten und ein Beispiel für eine bestimmte Kombination von σχέσεις). Auch im Didaskalikos folgt Albin diesem Prinzip der Gedankenführung (s.u. Kap. 2a im systematischen Teil p. 111).

Ein besonderes Merkmal des Stufengangs von Kapitel 6 hat in der Literatur schon zu divergierenden Urteilen geführt: Man könnte den Gang durch die fünf Stufen des philosophischen Unterrichts einen Bogen nennen, der in den beiden ersten Stufen aufsteigt (Peirastik und Maieutik), in der dritten seinen Scheitelpunkt erreicht (Physik, Theologie, Ethik und Politik als eigentliche Dogmen Platons) und von der vierten Stufe an leicht (Logik), dann stärker (endeiktische und anatreptische Dialoge) wieder abfällt. Die beiden ersten Stufen dienen der Vorbereitung (vgl. 150,23 προκατεσκευασμένης τῆς ψυχῆς), die beiden letzten der Sicherung des Erreichten; dabei beginnt der Bogen, wie er schließt, mit negativ geprägten Lehrstufen, nämlich der Nichtwissen entlarvenden Peirastik und der Sophisten abwehrenden Agonistik (um den aus Kap. 3 und Diogenes Laert. III 49 bekannten Oberbegriff zum endeiktischen und anatreptischen Charakter zu gebrauchen). Zwischen diesen beiden negativen Enden des Bogens und seinem Höhepunkt stehen jeweils die positiv wirkenden Künste Maieutik und Logik (wobei die Logik auch für negative Widerlegungen zu gebrauchen ist, p. 151,9): Erstere weckt verborgen vorhandenes Wissen, letztere lehrt die das Wissen bindenden Methoden. Den Sinn dieser Anordnung der fünf Stufen hat Freudenthal verkannt, indem er in seinem Befremden über die Stellung der Logik hinter Physik und Ethik (im weiten Sinne) sowie über die der Agonistik am Schluß des Ganzen den gesamten Stufengang als ungeschickt disponiert auffaßte (p. 267). Freudenthal hatte wohl Beispiele vor Augen, wo der Gang zur Philosophie oder die Lektüre der platonischen Dialoge als linear ansteigend dargestellt ist, etwa beginnend mit Platons eigenem Erziehungsplan im Staat VI und VII über die Tetralogienordnung (die auch mit Einleitungsdialogen beginnt und in den Hauptwerken ihren krönenden Abschluß hat) bis hin zu Jamblichs Lektürekanon (Anon. Platonproleg. § 26).

Schissel entdeckte nun aber das Vorbild dieses bogenförmigen philosophischen Systems: Philon von Larissa entwickelt (*ap. Stob.* II 7,2 p. 39,19-41,25 W., aus Areios Didymos) eine Einteilung der Ethik (διαίρεσις ἠθικοῦ τόπου) aufgrund des Vergleichs des Philosophen mit dem Arzt (ἐοικέναι δή φησι τὸν φιλόσοφον ἰατρῷ p. 39,24f). In vier Stufen (wegen der großen Bedeutung der beiden Teile der vierten Stufe zählt Philon insgesamt fünf Stufen) und einer weiteren als Anhang (Nr. 6) beschreibt er die Gebiete der Ethik in einer zu durchlaufenden Reihe. 1) In der Protreptik wird a) positiv die Darstellung des Nutzens, b) negativ die Widerlegung der Gegner der Philosophie angegriffen. 2) In einer Art Therapie wendet sich der Philosoph dem περὶ ἀγαθῶν καὶ κακῶν τόπος zu. Er beseitigt a) negativ das Übel der ψευδῶς γεγενημέναι δόξαι und bringt b) positiv die ὑγιῶς ἔχουσαι δόξαι dem Schüler bei. Diese entsprechen den παρασκευαστικὰ τῆς ὑγιείας des Arztes (p. 40,14). Der Höhepunkt dieses Gangs liegt 3) im περὶ τελῶν λόγος: Wie es dem Arzt um die ὑγίεια geht, so ist das Ziel des Philosophen die εὐδαιμονία. Im περὶ βίων λόγος (4: ὁ ἴδιος περὶ βίων λόγος = über das Privatleben, 5: ὁ κοινὸς π. β. λ. = über die Politik) geschieht die φυλακὴ τοῦ τέλους (p. 41,7), d.h. die Sicherung des auf Stufe 3 Gewonnenen. Der als Anhang gegebene ὑποθετικὸς λόγος (Stufe 6) stellt ὑποθῆκαι (Lebensregeln, Weisheiten) für diejenigen zusammen, die sich aus welchen Gründen auch immer nicht auf die Tiefen der Philosophie einlassen können (οἱ μέσως διακείμενοι ἄνθρωποι p. 41,19).

Drei Berührungspunkte gibt es zwischen Albins Prolog und Philons διαίρεσις ἠθικοῦ τόπου: erstens die Berücksichtigung dessen, der für die Philosophie keine freie Zeit hat (Albin Prol. 4 p. 149,30f), zweitens den Vergleich des Philosophen mit dem Arzt, der bei Albin (Prol. 6 p. 150,18-20) ganz auf ein Platonzitat abgestellt ist (Soph. 230 C), und drittens die bogenförmige Abfolge der Stufen des jeweiligen Systems. Diese letztere Ähnlichkeit geht bis in Einzelheiten hinein. Bei Albin feht zwar ganz die protreptische Stufe: Protreptik ist in den meisten maieutischen Dialogen, aber auch dem Charmides mitenthalten. Dafür folgt Albin Philon aber in der Abfolge: negative (peirastische) Stufe 1 (~ Philons negative Therapie 2 a), dann die positive Stufe 2 (Maieutik, ~ Philons positive Therapie 2 b), sodann, nach der Vorbereitung (προκατεσκευασμένης τῆς ψυχῆς), der Scheitelpunkt der eigentlichen Dogmen auf Stufe 3 (~ Philons περὶ τελῶν λόγος 3) und nach diesem der Abstieg, eingeleitet durch die Bindung der eigentlichen Dogmen in Stufe 4 (vgl. auch den Wortlaut: ἵνα τις βεβαίως ἔχῃ τοῦ προκειμένου σκοποῦ 150,27f, καθ' ἃ τελειοῦται schon 150,24; ~ Philons φυλακὴ τοῦ τέλους durch den περὶ βίων λόγος 4 und 5); dieser Bindung läßt Albin in Symmetrie zum Anfang noch die Agonistik folgen. Aufgrund dieser Ähnlichkeit der beiden Systeme steht außer Zweifel, daß Albin das des Philon direkt oder mittelbar gekannt haben muß.[37] Die bogenförmige Stufenfolge des sechsten Kapi-

37) Vgl. Schissel, *Marinos von Neapolis* 36. Schissel geht, wie Theiler in seiner Rezension p. 310 richtig bemerkt, in dem behaupteten Ausmaß der

tels des Prologs hat hier ihre Quelle, auch wenn die Charaktere von Platondialogen mit den Gebieten der Ethik unmittelbar nichts zu tun haben.

150,13-15 καὶ ἐν κεφαλαίῳ ... †τῇ κατὰ Πλάτωνα διδασκαλίᾳ τῷ τὰ Πλάτωνος αἱρουμένῳ†
ἐν κεφαλαίῳ paßt gut auf das knappe, das Wichtigste kurz darstellende Kapitel 6. Freudenthal (p. 251-253) stößt sich zu Recht an dem καί, das wir, wenn seine Vermutung über den Sinn der Phrase τῷ τὰ Πλάτωνος αἱρουμένῳ richtig ist,[38] eher vor dieser Phrase erwarten würden: Nachdem der Lektüreplan für denjenigen, der sich mit Platon nur kürzere Zeit beschäftigen will, vorgestellt ist (Kap. 5, s.o. zu 149,21), führt Kap. 6 'auch für den, der sich der platonischen Schule ganz anschließen will' eine 'geeignete Lektüreordnung in knapper Form' vor. Verwunderlich ist auch das τῇ κατὰ Πλάτωνα διδασκαλίᾳ: als ob die Ordnung des Kapitels 5 Platons Lehre nicht entsprochen hätte. Zusammen mit der umständlichen Doppelung der Dativkonstruktionen und von Platons Namen entsteht insgesamt das Bild einer vom Epitomator zusammengestrichenen längeren Ausführung Albins, die den Zweck des Lektüreplans von Kapitel 5 und denjenigen von Kap. 6 nebeneinander dargestellt hat. Zwischen den Kapiteln ist also mit Freudenthal eine Lücke anzusetzen.

150,17-20. 30-33 Stufe 1
Die erste Stufe in Albins Lehrgang ist wie Philons Stufe 2 a (s.o. zu 150,13) negativ bestimmt. Durch die Methode der Peirastik wird der Schüler von falschen Meinungen befreit.

150,18 ὑπολήψεων
Genitivus partitivus. ὑπόληψις ist bei Aristoteles gelegentlich (*de anima* III 6 p. 427 b 25) Oberbegriff zu ἐπιστήμη, δόξα, φρόνησις, oft aber mit δόξα identisch (s. die Kommentare). Das Wort wird

Abhängigkeit Albins von Philon zu weit. Theilers Äußerung, jener habe diesen direkt überhaupt nicht kennen müssen, klingt allerdings wiederum zu skeptisch.

38) Ihr schließt sich an Alline, *Histoire du texte* 132.

später auch besonders vom Epikureismus und der Stoa gebraucht.

150,18-20 οὐδὲ γὰρ - ἐκβάλοι
Hier liegt das zweite Platonzitat größeren Umfangs im Prolog vor, wieder leicht abweichend von unserem Platontext (Soph. 230 C 4-7). Stärkste Abweichung in εἰ μὴ + Opt. statt πρὶν ἂν + Konj. Die Platonstelle paßt gut in den Zusammenhang: Von solchen Leuten, auf die peirastische Reden gerichtet sind, spricht auch Platon im Sophistes 230 A-D, nämlich οἳ οἴονταί τι λέγειν περί τινος λέγοντες μηδέν.

150,21-23. 33-35 Stufe 2
Einige der hier benutzten Ausdrücke stammen direkt aus entsprechenden platonischen Partien: ἐπεγείρειν (Men. 86 A 7f: ἀληθεῖς δόξαι, αἳ ἐρωτήσει ἐγερθεῖσαι ἐπιστῆμαι γίγνονται im Zusammenhang mit der Wiedererinnerungslehre, die im Platonismus mit der maieutioschen Methode verknüpft wird), ἐγείρειν und εἰς φῶς (Theät. 151 A 8f ταύτην δὲ τὴν ὠδῖνα ἐγείρειν τε καὶ ἀποπαύειν ἡ ἐμὴ τέχνη δύναται, 157 D 1 ἕως ἂν εἰς φῶς τὸ σὸν δόγμα συνεξαγάγω); eine solche Ausdrucksweise war zu Albins Zeit sehr verbreitet, s. Whittaker, *Platonic Philosophy* 95. Über den Begriff φυσικαὶ ἔννοιαι, den Albin auch im Didaskalikos benutzt (c. 4 p. 155,23. 28; 156,17f, c. 5 p. 158,3, vgl. u.a. auch den anon. Theätetkomm. col. 47.44f), über seinen Ursprung in der Stoa und Gebrauch im Platonismus s. Whittaker ebd. 115. Auch Proklos beschreibt die Maieutik noch mit ähnlichen Worten, vgl. *in Alcib. pr.* 12,8-10; 28,4-6 (κάθαρσις); 171,13-18.

150,23-25. 35-151,4 Stufe 3
Der Höhepunkt des Lehrgangs unterrichtet über die physischen, theologischen und ethisch-politischen Lehren Platons.

150,24 τὰ οἰκεῖα ἐμποιεῖν δόγματα
Ob hier wie Z. 25 οἰκεῖα als 'eigentlich', d.h. wahr, oder als 'angemessen', d.h. geziemend, oder aber als 'der Seele eigen' oder schließlich als 'Platon eigen' aufzufassen ist, darüber gehen die Auffassungen auseinander: 'convenientes doctrinae' Winckler, ihm folgend Dübner, Mullach, Schissel ("gehörig"); 'der Seele eigen' Sukkow und Le Corre; 'Platon eigen' Alberti p. 90, vgl.

Anon. Platonproleg. § 13,4. Mit "quegli insegnamenti particolari" und "gli insegnamenti veri e propri" trifft Invernizzi wohl das Richtige, ihm schließt sich Mazzarelli, *L'autore* 616, an. Gemeint ist, daß nach der Vorbereitung (προκατεσκευασμένης τῆς ψυχῆς) nun die eigentlichen Lehren Platons kommen, die Lehren im eigentlichen Sinne. Mit dem folgenden Satz (ταῦτα δέ ἐστι κτλ.) ist dann aber auch klargestellt, daß Albin, der peripatetischen Tradition folgend, in der Logik (Stufe 4) nicht mehr die eigentlichen Lehren Platons erkennt und diese Disziplin nur als Organon der Philosophie einstuft.

150,25 φυσικὰ καὶ θεολογικὰ καὶ τὰ ἠθικὰ καὶ πολιτικά
Den Artikel hat Fischer gestrichen (ihm folgt Freudenthal p. 256) und Beck vor φυσικὰ versetzt. Möglicherweise wird der Text eher durch einen zusätzlichen Artikel vor φυσικὰ als durch Athetese des vorhandenen verbessert, vgl. 151,1, wo der letzte Artikel zwei Adjektive als Paar zusammenfaßt.

150,25-28; 151,4-9 Stufe 4
Die vierte Stufe ist getragen von dem berühmten Menon-Zitat (98 A 3-5 ἕως ἄν τις αὐτὰς [sc. τὰς ἀληθεῖς δόξας] δήσῃ αἰτίας λογισμῷ). Wie aus den Finalsätzen hervorgeht, ist die Logik nur Organon der Philosophie. Eine leichte Inkonsequenz besteht zwischen dem a-Teil und dem b-Teil von Albins Ausführungen. Nach jenem sollen mit den hier zu lesenden Dialogen die δόγματα, die auf der vorigen Stufe erworben wurden, in der Seele festgebunden werden; nach dem b-Teil aber sind sie bereits gebunden (τὰ δεθέντα) und müssen jetzt noch ἄφυκτα gemacht werden. Wie in den Ausführungen zur Stufe 3, so führt Albin auch hier die Unterdisziplinen der Logik an (s. zu 151,8).

150,26 ἀναπόδραστα
Das Adjektiv liegt hier in einer sonst nur noch bei Hesych α 4512 und in der Συναγωγὴ λέξεων χρησίμων (Phot. α 1607 = Suda α 2028 = Lex. Bachm. p. 84,21) belegten Bedeutung vor. Normalerweise (seit Aristoteles) hat es passive Bedeutung ("unentrinnbar, unausweichlich"), hier aber bedeutet es "was nicht entkommen kann". Im b-Teil dieser Stufe ist das Wort ersetzt durch ἄφυκτα (151,5). Dieses ältere Wort ist ebenfalls im passiven Sinn (seit Solon) gut belegt, während aktive Belege spärlich sind (Aristophanes, Septuaginta, Aeneas Tacticus sowie die oben

genannten antiken Erklärungen von ἀναπόδραστος). Das Phänomen, daß Verbaladjektive auf -τος mit Alpha privativum, die seit klassischer Zeit passiv belegt sind, später aktivisch vorkommen, teilen diese beiden Wörter z.B. mit ἀκάθαρτος (aktiv Aretaeus im 2. Jahrh. n.Chr.) und ἀδόξαστος, s. LSJ s.vv. Beispiele einer solchen Wortbildung aus dem 2. Jahrhundert n.Chr. ohne vorhergehenden passiven Beleg sind ἀμέθεκτος und ἀνενέργητος, s. LSJ s.vv.[39]

150,27 βεβαίως ἔχῃ
Hätte ἔχηται (Klasse β) sich als das Richtige erwiesen, läge hier ein Trennfehler in W gegen die Klasse β vor. Dies ist aber nicht der Fall. Sprachlich wäre das Medium natürlich möglich (vgl. Anon. Platonproleg. § 15,48f); dann wäre der Ton auf dem Verb und Objekt, und das Adverb stünde ergänzend daneben. Zwei Stellen bei Platon und in einem Pseudoplatonicum legen aber eine besondere Betonung des βεβαίως nahe. Diese stellt sich bei Albin nur mit ἔχῃ ein. Plat. Polit. 309 C 5-8 (nach θείῳ συναρμοσαμένῳ C2) τὴν τῶν καλῶν καὶ δικαίων πέρι ... ὄντως οὖσαν ἀληθῆ δόξαν μετὰ βεβαιώσεως, ὁπόταν ἐν ψυχαῖς ἐγγίγνηται, θείαν φημὶ ἐν δαιμονίῳ γίγνεσθαι γένει. Epist. II 313 B 6f ἔπειτα αὐτοῦ τὰς ἀποδείξεις ὡς ἔχων βεβαίως οὐ κατέδησας, ἀλλ' ᾄττει σοι κτλ. Vgl. noch Proklos *in Alcib. pr.* 5,1 τοῖς τῆς αἰτίας λογισμοῖς βεβαίως καταδεθεῖσαν. Das in W fehlende Jota und nachfolgende τοῦ hat ἔχηται in Kl. β in einer Art von Dittographie begünstigt.

150,28-30; 151,9-14 Stufe 5
Die letzte Stufe dient der Sicherung vor dem schlechten Einfluß der Sophisten. Damit kehrt der Lehrgang Albins quasi bogenförmig wieder auf das Ausgangsniveau zurück. Stufe 1 hatte, negativ wirkend, falsche Vorurteile der Schüler beseitigt. Ähnlich gibt Stufe 5 die Mittel an die Hand, im Gespräch mit Sophisten nicht durch deren falsche Meinungen und Trugschlüsse eingefangen und von der Philosophie abgebracht zu werden. Der Unterschied zwischen der vorletzten und der letzten Stufe entspricht wohl ungefähr demjenigen zwischen Aristoteles' Analytik und den Sophistikoi Elenchoi. Der Platoniker hat nicht nur die

39) S. auch Kayser, *De veterum arte poetica* 9, und Haslam, *Plato* 36,8 (mit Kritik an LSJ), zu ἀμίμητος.

reine Logik zu erlernen, sondern muß auch mit den Mitteln der παραλογισταί vertraut sein. Er muß ἀπαραλόγιστος sein. Daß diese Disziplin nicht zur eigentlichen Philosophie zählt, aber dennoch im Rahmen der Dialektik gelernt werden muß, sagt Albin im Didaskalikos 3,2 p. 153,31f: καὶ προσέτι τὰ σοφίσματα· ὅπερ προηγούμενον μὲν οὐκ ἂν εἴη τῷ φιλοσόφῳ, ἀναγκαῖον δέ (vgl. c. 6,9 p. 159,30-34 mit einem Verweis auf Platons Euthydem).

150,32f τὸ ἐλεγκτικὸν καὶ τὸ λεγόμενον καθαρτικόν
Vgl. Platons Worte im Umkreis des zitierten Satzes Soph. 230 C 4. D 1-3 und später Proklos' Bestimmungen: ἐλέγχου δὲ (sc. δεῖ) εἰς τὴν κάθαρσιν τῆς ἀγνοίας τῆς διπλῆς (*in Alcib. pr.* 8,17f), πειραστικὴ (so Westerink; codd. und entspr. Wilhelm παραστατικὴ) κατ' ἀλήθειαν οὖσα καθαρτικὴ τῆς διπλῆς ἀμαθίας (*in Parm.* 654,2f).

150,37 εἴ γε ἐν τούτοις
εἴ γε braucht nicht mehr zu heißen als 'indem' (sonst öfters ἐπεί, vgl. Didask. p. 176,33). An dieser Stelle schwingt aber vielleicht auch die einschränkende Bedeutung des γε noch mit (vgl. ebd. 184,14) 'wenigstens': "sofern jedenfalls". Die Worte ἐν τούτοις zwingen nicht zu der Annahme, daß in hyphegetischen Dialogen nur die p. 151,1f genannten δόγματα (Physik, Theologie, Ethik, Politik) enthalten sind. Von Ausschließlichkeit ist keine Rede. Wenn auch die logischen Lehren nicht zu den οἰκεῖα δόγματα, καθ' ἃ τελειοῦται (sc. ἡ ψυχή) zählen (150,24), so werden sie doch mit derselben Methode, nämlich der hyphegetischen, gelehrt wie diese οἰκεῖα δόγματα. Daß die logischen Lehren auch in hyphegetischen Dialogen enthalten sind, klingt beiläufig in den Worten ὄντος αὐτοῦ καὶ ζητητικοῦ (nach der Korrektur Freudenthals, s.u. zu 151,6) an und ist wohl von Albin vor dem Eingriff des Epitomators in der Mitte des dritten Kapitels gesagt worden.

151,1 τὰ φυσικὰ <καὶ θεολογικὰ>
Daß Albin auf die Erwähnung der Theologie entsprechend dem a-Teil (150,25) jetzt verzichtet hätte, zumal doch der Vertreter des φυσικὸς χαρακτήρ, der Timaios, viel θεολογία enthält (c. 5 p. 150,8-12), ist nicht anzunehmen; Freudenthals Ergänzung (p. 256) ist zwingend.

151,1f τὰ ἠθικὰ καὶ τὰ πολιτικὰ καὶ οἰκονομικά

Eine Zusammenfassung der πολιτικὰ καὶ οἰκονομικά, die durch die Stellung des Artikels vielleicht suggeriert wird,[40] erscheint sinnvoll vor dem Hintergrund, daß das dihäretische Dialogsystem keinen ökonomischen Charakter führt, sondern in der praktischen Untergattung nur eine ethische und eine politische Art. Die peripatetische Einteilung der Philosophie, die Diogenes Laertios V 28 mitteilt und die mit der dihäretischen Dialogordnung aufs engste verwandt ist, erläutert zum πρακτικὸς λόγος: καὶ τοῦ πρακτικοῦ τόν τε ἠθικὸν καὶ πολιτικόν, οὗ τά τε περὶ πόλιν καὶ τὰ περὶ οἶκον ὑπογεγράφθω. Mit der Artikellosigkeit von οἰκονομικά ist der Bezug der 3. Stufe des Lehrgangs auf die Dialogordnung des dritten Kapitels noch einmal nahegelegt. Im Didaskalikos hingegen, wo Albin nicht primär die dihäretische Dialogordnung im Auge hat, erwähnt er die Ethik, Ökonomik und Politik als Unterdisziplinen der praktischen Philosophie gleichmäßig (c. 3,3 p. 153,32-36; die Behandlung der Ökonomik unterbleibt dann allerdings), wie er auch (gemäß Aristoteles, s. Zeller II 2, 4. Aufl., p. 176-179) die Theorie in die drei Teile θεολογικόν, φυσικόν, μαθηματικόν gliedert (c. 3,4 p. 153,36-154,4, c. 7,1 p. 160,36-161,8). Wie die anderen Mittelplatoniker die Philosophie einteilen, zitiert Mazzarelli, *L'autore* 632-636.

151,2-4 τὸν θεωρητικὸν βίον ... τὸν πρακτικὸν βίον

Diese Unterscheidung des Aristoteles (bes. Polit. VIII 2 p. 1324 a 15. 27f. 40) ist im Peripatos zur Grundlage der Einteilung der Philosophie geworden und folglich auch in Diogenes Laertios V 28 sowie in der dihäretischen Dialogordnung präsent. Ausführlich beschäftigt sich Albin auch im Didaskalikos (c. 2 p. 152,27ff u.ö.) mit ihr, vgl. Invernizzis Anmerkung zur Stelle (II 77,2).

151,4 ὁμοιωθῆναι θεῷ

S. zu 150,10.

151,5 ἄφυκτα

S. zu 150,26.

40) S. aber Kassel zu Arist. Rhet. I 3 p. 1354 b 23.

151,6 ὄντος αὐτοῦ καὶ ζητητικοῦ
Überliefert ist ὄντος καὶ αὐτοῦ ζητητικοῦ.
1) Daß auch der logische Charakter zetetisch sei, ist eine Aussage, die hier befremdlich klingt,[41] da Albin noch gar nicht gesagt hat, welcher Charakter denn außerdem schon zetetisch ist.[42] Erst Diogenes Laertios III 49f liefert einen Anhalt: Es sind die Charaktere, die bei Albin im sechsten Kapitel auf der ersten, zweiten und dann noch fünften Stufe stehen, und der logische Charakter zählt bei Diogenes gar nicht zur Zetetik.
2) Daher widersprechen die vier zitierten Worte der bei Diogenes überlieferten dihäretischen Dialogordnung.
3) Albin sagt in Kapitel 3 (148,26-28), daß die ἀπόδειξις τοῦ ἀληθοῦς dem hyphegetischen Charakter und der ἔλεγχος τοῦ ψεύδους dem zetetischen angehöre. Diese beiden Funktionen greift er im sechsten Kapitel (151,8f) auf; hier sind sie nun beide zugleich dem logischen Charakter als einem *zetetischen* zugeordnet. Freudenthal[43] und Schissel sahen hierin einen Widerspruch.

Auf den ersten Blick muß diese Verschiedenheit in der Behandlung der ἀπόδειξις zwar nicht notwendig einen Widerspruch bedeuten. Denn im dritten Kapitel ist von dem Beweis und der Widerlegung selbst, im sechsten aber von den Methoden, die ihnen dienen, die Rede. Warum sollte, was in beiden Hauptcharakteren angewendet wird, nicht im zetetischen Charakter allein methodisch dargestellt und eingeübt werden können? Diesen Standpunkt vertritt Mazzarelli.[44] Wir glauben aber, daß er hier zu spitzfindig denkt. Die größte Abweichung, die sich Albin bei der Bearbeitung der überlieferten Dihäresenordnung erlaubt hat, betrifft gerade den logischen Aspekt der Philosophie: ἀπόδειξις und ἔλεγχος sind auf der mittleren Ebene der dihäretischen

41) Freudenthal 263 "ohnehin anstößig".

42) Der Epitomator ist für diese Ungereimtheit schlecht zur Verantwortung zu ziehen, da das ganze Kapitel 6 außer am Anfang nirgendwo den Eindruck von Kürzungen erweckt.

43) P. 263. Ersten Anstoß hat daran genommen Suckow, *Die wissenschaftliche ... Form* 22. Über den verfehlten Versuch Schissels, den Widerspruch zu heilen, s.u. Appendix A.

44) *L'autore* 616,42.

Ordnung noch nicht zu finden und erst von Albin hier eingeführt worden (Kap. 3). In Kap. 6 bestätigt sich, daß Albin die Logik im Werk Platons neu bewertet: In den Dihäresen war sie hyphegetisch, hier ist sie offenbar zetetisch. Es ist nun das Naheliegendste, daß der Aufwand, den Albin mit dem logischen Bereich in Kap. 3 treibt, sich auch in der Einordnung der logischen Dialoge auswirkt, und es ist unbefriedigend, mit Mazzarelli zu denken, daß zwischen der Besinnung auf Logisches in der neugefaßten Dihäresenordnung und der Stellung des logischen Charakters innerhalb dieser Ordnung keine Verbindung bestehen sollte. Was man erwarten sollte, ist eine Mittelstellung des logischen Charakters zwischen beiden Hauptcharakteren, wie es Freudenthal vorgeschlagen hat. Freudenthal änderte aufgrund der genannten Anstöße den Text in ὄντος αὐτοῦ καὶ ζητητικοῦ. Mit dieser Änderung löst sich gleichzeitig die erste und dritte Schwierigkeit, und die Differenz zwischen Albin und Diogenes (Punkt 2) wird in einer Weise verdeutlicht, die im Einklang steht mit der schon in Kap. 3 spürbaren Abweichung Albins von Diogenes.[45]

- Zu 1) Nachdem auf Stufe 3 (150,36) ausdrücklich vom hyphegetischen Charakter die Rede war, ist die Aussage: "der logische Charakter ist auch zetetisch" unmittelbar verständlich: Er ist schon hyphegetisch und zudem zetetisch, ihm kommt bei Albin eine "Doppelstellung"[46] zu. Allerdings erwartet man über diesen komplizierteren Sachverhalt mehr Worte Albins (vielleicht einfach ὄντος αὐτοῦ καὶ ⟨ὑφηγητικοῦ καὶ⟩ ζητητικοῦ?). Deren gegebener Ort ist aber eher in Kapitel 3, und dort könnte eine solche Erklärung auch tatsächlich gestanden haben neben der höchst wahrscheinlich vom Epitomator stark gekürzten bzw. gestrichenen Ableitung der höheren in die untersten Charaktere (148,25-29). Die Scheidung des hyphegetischen vom zetetischen Charakter wird im Neuplatonismus ohnehin um einen μικτὸς

45) Die Textänderung in ὄντος καὶ αὐτοῦ <u>ὑφηγητικοῦ</u> wäre philosophiegeschichtlich folgenschwer, da sie Albin die originelle Zugehörigkeit der Logik zur Zetesis ganz nehmen würde; sie könnte nur die erste der beiden genannten Ungereimtheiten beseitigen, ließe also die Abweichung des dritten Kapitels von Diogenes Laert. III 49 unerklärt.

46) Freudenthal 263.

τρόπος erweitert (Anon. Platonproleg. § 17,19); Freudenthals Konjektur bedeutet nicht mehr - aber auch nicht weniger - als eine Vorverlagerung dieser Erweiterung auf drei Teile aus dem sechsten in das zweite Jahrhundert nach Christus.

- Zu 2) Ein Unterschied zwischen Diogenes Laertios III 49 und Albin war schon in Kapitel 3 zu bemerken: Die beiden ἀνωτάτω χαρακτῆρες spalten sich in der dihäretischen Dialogordnung, die Diogenes original zu zitieren scheint, in je zwei Zweige auf, während ihnen von Albin je drei Funktionen zugewiesen werden. Wie letztere mit den acht Charakteren zusammenhängen, das hat der Epitomator wohl weggestrichen. Durch Freudenthals Konjektur wird der Unterschied zwischen Albin und der dihäretischen Dialogordnung faßlicher: Wir können schließen, daß der λογικὸς χαρακτήρ beiden ἀνωτάτω χαρακτῆρες diente, indem nach Albin die beweisenden logischen Methoden bei der Hyphegese und die widerlegenden bei der Zetesis zur Anwendung kommen.

- Zu 3) Der Satz δι' ὧν τὰ μὲν ἀληθῆ ἀποδείκνυται, τὰ δὲ ψευδῆ ἐλέγχεται (151,8f) bezieht sich wohl in erster Linie nur auf die Syllogistik (151,8) und erst durch sie indirekt auch auf die gesamte Logik. Auch im Didaskalikos (6,4 p. 158,23-27) zählen die apodeiktischen Syllogismen zur Hyphegese, die elenktischen (§ 3 Z. 16) zur Zetesis. Mit der Annahme, die durch Freudenthals Konjektur möglich wird, daß der logische Charakter eine Mittelstellung einnimmt, wird der Widerspruch zwischen Kap. 3 und 6 aufgehoben und die Grundlage für ein Verständnis der beiden Triaden des dritten Kapitels (148,26-28) geschaffen.

Mithin ist gezeigt, daß Albin die dihäretische Dialogeinteilung umgearbeitet hat. Wie sie sich bei Theon von Smyrna und bis zu Proklos und den anonymen Platonprolegomena noch weiter entwickelt, werden wir im systematischen Teil in Kapitel 2 darstellen. Zu Bedeutung und Inhalt der einzelnen χαρακτῆρες s. dort Kap. 2 a.

151,8 πρὸς

Dies eine der für die Recensio der Codices wichtigen Stellen: Bedeutet die Variante πρός γε in Familie β einen Trennfehler in W (πρὸς) gegenüber β? Die Frage lautet also: Ist πρὸς korrupt und gleichzeitig πρός γε so gut, daß es nicht von πρὸς abhängig sein kann? Die Überlegenheit von πρός γε gegenüber πρὸς kann zwar nicht erwiesen werden, da πρὸς nicht weniger gutes Griechisch ist (vgl. Themistios *or.* 26 p. 319 A). Aber Freudenthal konjizierte προσέτι, vielleicht von der Häufigkeit dieses Ausdrucks im Didaskalikos (vgl. besonders die Stelle p. 156,28) geleitet, und sah dieses Wort als das Ursprüngliche an. Ist πρός γε vielleicht ein Rest des Richtigen, also nicht von πρὸς abhängig? Ist letzteres nur eine 'Verschlimmbesserung' aus einem zugrundeliegenden korrupten πρός γε in der gemeinsamen Quelle von W und β? Wir glauben mit Diels, *Anonymer Kommentar* XXVII 3, daß sich dies nicht behaupten läßt. Albins Stil im Didaskalikos und im Prolog ist zwar generell übereinstimmend, aber es gibt doch auch Abweichungen.[47] Auf einer so dünnen Basis läßt sich kein Trennfehler erweisen.

151,8 ἀναλυτικάς
Freudenthals Ergänzung hinter diesem Wort <καὶ ἐπαγωγικάς> (vgl. Didaskalikos 3,2 p. 153,26f [mit der Ergänzung Prantls <καὶ τὸ ἀναλυτικόν> hinter ὁριστικὸν]; außerdem c. 5,1 p. 156,21-29) beruht auf der Voraussetzung, daß Albin der Verfasser des Didaskalikos ist und dessen Text für den des Prologs ein entsprechendes Gewicht hat. Diejenigen, die den Didaskalikos einem Alkinoos zuweisen, führen ins Feld, daß nicht diese Schrift die richtigen Parallelen zur Prologstelle liefere, sondern Stellen u.a. aus Cicero (*de fin.* IV 4,8) und Ammonios (*in Porphyrii Isagogen* CAG IV 3 p. 34,17-20), die die Logik auf Definition, Dihärese, Analyse und Syllogismus (ἀπόδειξις) beschränken (Giusta, *Ἀλβίνου Ἐπιτομή* 184-186, ders. *Due capitoli* 177f). Einen interessanten Mittelweg geht Mazzarelli. Er erklärt (bei der Annahme der Verfasseridentität) die Verschiedenheit der Texte aus der Verschiedenheit der Zielsetzungen, unter denen die beiden Schriften verfaßt sind (*L'autore* p. 636f): Da der Prolog keine Schrift sei, die die Einteilung der Philosophie und ihrer Unterdisziplinen verfolge, sondern die Einteilung und Anordnung der platonischen Dialoge, dürfe man von ihm nicht die vollständige systematische Aufzählung aller fünf Methoden der Logik erwarten, wie sie sein Verfasser im Didaskalikos gebe. Im Prolog komme es vielmehr auf die Funktion der Dialogtypen in der didaktisch geordneten Platonlektüre an. Die Induktion sei die

47) Ein Beispiel unten in Kapitel 5 des system. Teils, p. 216.

Domäne der maieutischen Dialoge (c. 6 p. 150,33-35, vgl. Didask. 5,7 p. 157,37-158,3); daher sei sie bei der Nennung des logischen Typs nicht von Belang. Wir schließen uns Mazzarelli an.

151,9f πρὸς δὲ τούτοις ἐπεὶ δεῖ καὶ
Diese Überleitung zur fünften Stufe nimmt sich nach dem sonst üblichen ἵνα δὲ (150,33. 35; 151,4f) besonders gewichtig aus und dient der Abtrennung des weniger wichtigen (Stufe 5) von dem traditionell wesentlichen (Stufe 4) Hilfsmittel der Philosophie.

151.10f ἐνδεικτικοῦ
Freudenthals Konjektur stützt sich auf Diogenes Laertios III 49f, s.o. zu 148,32f.

151,13f κακουργοῦσι περὶ τοὺς λόγους
Gorgiaszitat (Rede des Kallikles 483 A 2-4: ὃ δὴ καὶ σὺ τοῦτο τὸ σοφὸν κατανενοηκὼς κακουργεῖς ἐν τοῖς λόγοις, ἐὰν μέν τις κατὰ νόμον λέγῃ, κατὰ φύσιν ὑπερωτῶν κτλ.). An den anatreptischen Dialogen übt der Platoniker die Kunst der täuschenden Argumentation, die dort nicht nur die Sophisten, sondern auch Sokrates gegen diese einsetzt.

151,14
Der Prolog endet im Codex W mit einem + hinter dem letzten Wort und einer verzierten Strichellinie unter dem Text. Der Untertitel τέλος τοῦ προλόγου,[48] den VA aufweisen, ist also nicht authentisch; interessant aber ist, daß auch die Abschreiber VA das Wort πρόλογος als den Titel des Werks angesehen haben.

48) Schneider merkt diese Unterschrift ausdrücklich für A an. Daß sie auch V habe, geht negativ aus Freudenthals app. crit. hervor.

TEIL B

ZUR DIALOGTHEORIE DES PLATONISMUS

Kapitel 1
Die Definition des Dialogs

Die zahlreichen, das frühe und mittlere Werk durchziehenden Hinweise Platons zur rechten Art des philosophischen Gesprächs, verbunden mit seinen Ansichten über die Möglichkeiten des geschriebenen Worts, haben vom Altertum bis heute zu immer neuen Versuchen angeregt, Platons schriftstellerische Tätigkeit einzuordnen und aus seinem eigenen Geist heraus zu bewerten. διὰ τί εἰς τὸ συγγράφειν ἦλθεν und διὰ τί τὸ διαλογικὸν εἶδος τῆς λογογραφίας ἐπετήδευσε, fragt schon ein neuplatonischer Autor.[1] Und es gibt wohl keinen namhaften Platoniker unseres Jahrhunderts, der nicht Stellung genommen hätte zum Verhältnis von Philosophie und Schriftlichkeit, Dialog und Dialektik.[2] Die Diskussion um die ungeschriebene Lehre hat dem neuen Antrieb gegeben.

Platon hat uns seine Ansichten über das philosophische Gespräch in erster Linie in praktischen Beispielen überliefert. Durch die ausdrücklichen Bemerkungen des Sokrates und des Fremden aus Elea legt er aber auch selbst das Fundament zu einer Theorie. Vorschriften wie die Forderung der ὁμολογία, daß nämlich ein Gesprächsführer nicht außerhalb jener Grenzen argumentieren dürfe, in denen der Antwortende noch heimisch sei (Men. 75 D 5-7 mit den Emendationen προομολογῇ von Gedike und ἐρωτῶν von Thompson, Soph. 243 A 6 - B 1), sind für das improvisierte Gespräch gleichermaßen gültig wie für den schriftlich fixierten Dialog. Wir haben es uns nun nicht zur Aufgabe gemacht, alle derartigen Worte Platons zusammenzustellen oder gar, mit jenen Gelehrten wetteifernd, zu interpretieren. Wir beschränken uns in diesem und den weiteren Kapiteln auf wenige Spezialfragen und in ihrem Zusammenhang auf diejenigen Aussagen, die Platon im Hinblick auf den literarischen

1) Anon. Platonproleg. § 28,5f.

2) Ich verweise hier nur auf die Autoren J. Stenzel, P. Friedländer, H. Gundert und Th.A. Szlezák, zuletzt dazu noch Ernst Heitsch, Hermes 117 (1989) 278-287 (zum Phaidros, gegen Szlezák).

Dialog gemacht hat und deren Nachwirkung im Platonismus direkt greifbar ist.

Nach Walter Müri[3] liegt am Ende des Thrasymachosbuchs der Politeia der erste Fall vor, in dem ein platonischer Dialog als Dialog auch bezeichnet worden ist (I 354 B 9). Dem Philosophen war vom Ende der mittleren Schaffenszeit an offenbar immer weniger daran gelegen, seine Dialoge als dichterische Kunstwerke formal auszugestalten. Die unrealistische, wenig reizvolle Gesprächsführung in den Gesetzen zeugt davon,[4] aber auch die Weise einiger Selbstzitate, in denen die Figuren geradezu aus ihrer Rolle fallen (Pol. 284 B 7. 286 B 10).[5] Dem schließt sich der genannte Gebrauch des Wortes διάλογος an, folgt doch unmittelbar darauf in ähnlicher Weise der Terminus προοίμιον (357 A 2).

Platon bildet als substantivischen Begriff zum Verb διαλέγεσθαι das Wort διάλογος. Müri hat den Punkt in Platons Werk gezeigt, in dem διάλογος der ständigen Weiterentwicklung des Begriffs διαλέγεσθαι nicht mehr folgt und neuen Wortbildungen Platz macht: In διάλεκτος und διαλεκτική betont Platon den philosophischen Sinn des διαλέγεσθαι, der Erörterung zum Erwerb von Erkenntnis, während διάλογος auf der Stufe des Gesprächs als philosophischer Methode stehenbleibt.[6] Als "stillen Dialogos der Seele mit sich selbst" bestimmt er anschaulich und in definitorischer Einprägsamkeit die διάνοια, Verstandestätigkeit.[7] Der Zweck des διαλέγεσθαι ist genauso weit von dem der

3) *Das Wort Dialektik* 162,2. Zur Bedeutung des Wortes διαλέγεσθαι (z.b. Ilias Λ407) s. auch B. Snell, Gnomon 1931 p. 82, Anm. 4.

4) Im Sophistes entschuldigt sich Platon für eine solche Gesprächsweise, die einer ἐπίδειξις πρὸς ἕτερον oder einem λόγος συχνὸς καθ' αὑτόν mehr gleiche als einem κατὰ σμικρὸν ἔπος πρὸς ἔπος ποιεῖσθαι τὴν συνουσίαν (217 C 1 - 218 A 9).

5) Dramatische Ironie liegt vor im Theätet 173 C 4, worauf die anon. Platonproleg. § 15,11 offenbar schon anspielen.

6) Müri, *Das Wort Dialektik* 160f.

7) ὁ ... ἐντὸς τῆς ψυχῆς πρὸς αὑτὴν διάλογος ἄνευ φωνῆς γιγνόμενος τοῦτ' αὐτὸ ἡμῖν ἐπωνομάσθη, διάνοια Soph. 263 E 4f, vgl. 264 A 9, Theaet. 189 E 4 - 190 A 7. 206 D 1-5. 208 C 5, Phileb. 38 E 1 - 39 C 5. Dirlmeier, *Vom Monolog* 33f gibt einige Belege für die Nachwirkung dieser Definition.

Eristik entfernt[8] wie die Methode des Dialogs von der der δημηγορίαι.[9] Das Grundprinzip des διαλέγεσθαι ist das λόγον τε δοῦναι καὶ δέξασθαι[10] oder ἐρωτᾶν καὶ ἀποκρίνεσθαι.

An solche Grundgedanken sei nur erinnert. Im weiteren Laufe der antiken Philosophiegeschichte wurden die Begriffe διαλεκτική und ῥητορική definiert,[11] besonders von der Stoa. Die Bestimmung des διάλογος gehörte mit zum festen Inventar der Rhetorik.[12] Auch den Lexikographen verdanken wir derartige

8) Theaet. 167 E 1 - 168 A 2. Bezeichnenderweise ist hier wieder das Wort ἐνδείκνυσθαι verwendet, s.u. p. 79ff.

9) Prot. 336 B 1-3 und öfter in diesem Dialog.

10) Prot. 336 C 1, vgl. 338 D 5 und öfter.

11) Auf Aristoteles' Weise, den Begriff Dialektik neu zu füllen, geht Müri im genannten Aufsatz p. 168 ein, s. natürlich auch Bonitz, *Index* 183 a 25ff. Das Platonbuch des Diog. Laert. stellt der Definition des Dialogs eine solche der Dialektik gegenüber: διαλεκτικὴ δ' ἐστὶ τέχνη λόγων, δι' ἧς ἀνασκευάζομέν τι ἢ κατασκευάζομεν ἐξ ἐρωτήσεως καὶ ἀποκρίσεως τῶν προσδιαλεγομένων (III 48). Der διαλεκτικὸς λόγος wird an späterer Stelle (III 87) als ein solcher bestimmt, ὃν κατὰ βραχὺ ἐρωτῶντες καὶ ἀποκρινόμενοι τοῖς ἐρωτῶσι (*sc.* διαλέγονται). In der Stoa ist διαλεκτική (*dialectica*) die Wissenschaft des εὖ oder ὀρθῶς διαλέγεσθαι (bzw. λέγειν Alex. Aphrod. SVF II 124): SVF II 48. 131 (p. 41,32f); *dialectica sollertia disputandi* (Augustinus SVF II 106). ῥητορική (*eloquentia, oratio*) ist die ἐπιστήμη des εὖ (*recte*: Quintilian inst. II 15,34 = SVF II 292) λέγειν (*bene dicere*): SVF II 48. 292-294; III 267, Albin, Didaskal. 6,8 p. 159,25f. Nach Epikur tragen διαλογισμοί zum Ziel der Philosophie bei: Ἐπίκουρος ... ἔλεγε τὴν φιλοσοφίαν ἐνέργειαν εἶναι λόγοις καὶ διαλογισμοῖς τὸν εὐδαίμονα βίον περιποιοῦσαν (fr. 219 Us.). Unsere Aufzählung beansprucht keine Vollständigkeit. Zur Etymologie von διαλέγεσθαι s. Hirzel, *Der Dialog* I 2-7.

12) Auch hier seien nur Beispiele gegeben. Nach Ps.-Hermogenes (περὶ μεθ. δειν. p. 455,1 R.) besteht der Dialog aus ethischen und wissenschaftlichen Redeteilen. Mit ersteren sind offenbar die Partien gemeint, die der Charakterzeichnung der Personen dienen, mit letzteren die sachbezogenen Erörterungen: διαλόγου πλοκὴ ἠθικοὶ λόγοι καὶ ζητητικοί, vgl. Wilh. Schmid, Atticismus I 219,4. Gregorios der Metropolit von Korinth bestimmt den Dialog im Kommentar zu der Stelle bei Ps.-Hermogenes als κατὰ πεῦσιν καὶ ἀπόκρισιν συγγραφή (VII 2 p. 1343,6f Walz). Seine ἠθικοὶ λόγοι sind οἱ τὸ

Definitionen.[13]

Die platonische Schule hatte ein natürliches Interesse, das literarische Genre, dessen sich der Meister mit solcher dichterischer Kunst und Vielfalt bediente,[14] in eine Definition zu fassen. So ist uns denn auch eine Definition erhalten, deren Urheber wir aber nicht mehr bestimmen können. In ihr wurden nicht einfachhin die Eigenschaften des Dialogs erfaßt, die ausreichen, um ihn in seiner literarischen Form von anderen literarischen Erzeugnissen zu unterscheiden. Dann hätte man einfach 'Prosagespräche' oder 'Erzählungen von Gesprächen in Prosa' sagen können.[15] Die aufgezählten Merkmale des Dialogs dienen nicht in erster Linie negativ der Abgrenzung von anderen Formen,

ἦθος ῥυθμίζοντες, ὥσπερ οἱ τοῦ Πλουτάρχου, οἱ τοῦ μεγάλου Βασιλείου· ζητητικοὶ δὲ οἱ ζήτησιν ἔχοντες περὶ μεγάλων τινῶν καὶ τῆς τῶν πολλῶν διανοίας ἀπῳκισμένων (ebd. 1347,7-10).

13) Im Anschluß an Platon ist im späten 1. oder frühen 2. Jahrh. n.Chr. der διαλεγόμενος bestimmt als ὁ διδοὺς λόγον καὶ λαμβάνων und vom λαλῶν, λέγων und φάσκων geschieden (in der Quelle des sogenannten Ammonios, *de adfinium vocab. differ.* Nr. 145 Nickau). An anderer Stelle ist διαλέγεσθαι mit ausdrücklichem Bezug auf Platons Sophistes (wo aber?) τὸ ἀμείβεσθαι καὶ λόγον ἀντὶ λόγου ἀποδοῦναι πρὸς τὸν διαλεγόμενον (ebd. Nr. 293). Nach anderen soll es aber τὸ ἀμειβόμενον τοὺς λόγους κατ' ἐρώτησιν καὶ ἀπόκρισιν ποιεῖσθαι sein, indem es mit dem λέγειν, nicht aber mit dem λαλεῖν, in der Sorgfalt (ἐπιμέλεια) des Sprechens übereinstimme (ebd.). Isidor von Sevilla (7. Jahrh.): *Dialogus est conlatio duorum vel plurimorum quem Latini sermonem dicunt* (Etym. VI 8,2). Der lateinische Begriff für den Komödiendialog ist auch *diverbium* (Livius VII 2,10, Petron 64,2, Diomedes p. 491,20 Keil).

14) Über die 'Erfindung' des Dialogs unterrichten Diogenes Laertios, Athenaios und ein anonymer Papyrus (bes. fr. 1) unter Berufung auf Aristoteles περὶ ποιητῶν fr. 72 Rose^3, s.o. Einleitung p. 15ff.

15) Wenn etwas darauf angekommen wäre, den Dialog von Sophrons Mimen abzugrenzen - wovon in der Definition sowie bei Albin im Prolog kein Reflex vorhanden ist -, hätte ein kurzer Hinweis auf den philosophischeren, grundsätzlicheren Inhalt der Dialoge ausgereicht. Gleichwohl ist denkbar, daß die Mimen den Anlaß zu der Frage gegeben haben, was denn eigentlich ein platonischer Dialog sei, vgl. die Testimonien, die zu Albin, Prol. 1 p. 147,20 angeführt sind.

sondern positiv der Erfassung der wesentlichen Charakteristika des platonischen Dialogs. Insofern geben sie eine Wesensbestimmung nicht so sehr des Dialogs im allgemeinen, als vielmehr seiner bedeutendsten Ausprägung.[16] Die hervorgehobenen Charakteristika sind zu sehen in der Entscheidung für die Gesprächsform nicht gleicher Gesprächsteilnehmer, sondern eines Fragenden und eines oder mehrerer Antwortender; mit seinen Fragen weckt ersterer kritisches Bewußtsein oder vergewissert sich der Plausibilität seiner Ausführungen, während letztere seine Schüler oder Gegner sind. Des weiteren spielt die Themenweite des platonischen Dialogs eine entscheidende Rolle: Es geht um Dinge der Polis und um Philosophie bzw. um die praktische und theoretische Disziplin der Philosophie.[17] Wahre Meisterschaft hat Platon in der treffenden Personenzeichnung errungen, die ihn den dramatischen Dichtern gleichstellt.[18] Die stilistische Ausarbeitung der Dialoge ist ein vierter Punkt, den der Verfasser der Definition in die definitorische Charakteristik von Platons Werk aufnimmt.

Diese Definition begegnet uns ein erstes Mal in Albins Prolog (c. 1 p. 147,18-21). Fast gleichlautend (nur der Gegenstandsbereich ist unwesentlich anders ausgedrückt) hat sie Diogenes Laertios III 48:[19]

> ἔστι δὲ διάλογος <λόγος> ἐξ ἐρωτήσεως καὶ ἀποκρίσεως συγκείμενος περί τινος τῶν φιλοσοφουμένων καὶ πολιτικῶν μετὰ

16) Gegen Hirzel, *Der Dialog* I 6,1, der der Definition vorwirft, nur ein Ideal des Dialogs zu zeichnen, - und seinerseits das Ideal des Dialogs, dessen Wesensbestimmung er p. 7 gibt (s.u. p. 99), in dem platonischen erkennt.

17) S. den Kommentar zu 147,19f.

18) Aristoteles fr. 73 Rose^3 φησὶ δ' Ἀριστοτέλης τὴν τῶν λόγων ἰδέαν αὐτοῦ (*sc.* Πλάτωνος) μεταξὺ ποιήματος εἶναι καὶ πεζοῦ λόγου (= Diog. Laert. III 37).

19) In dieser Form (vom Wort διάλογος an) liegt die Definition identisch und mit dem hier ergänzten λόγος (Stephanus) in der Suda *s.v.* διαλεκτική (II 62,23-26 Adler; aus Diog. Laert.) vor. Der Ausfall von λόγος bei Diog. Laert. war noch nicht eingetreten in dem Text, der dem Exzerpt der Suda zugrunde liegt.

τῆς πρεπούσης ἠθοποιίας τῶν παραλαμβανομένων προσώπων καὶ τῆς κατὰ τὴν λέξιν κατασκευῆς.

Daß Diogenes' Abschnitt "Werke" im Platonbuch und Albins Prolog auf dieselbe gemeinsame Quelle zurückgehen, hat Freudenthal erwiesen.[20] In der Anordnung und Darbietung macht Albins Text insgesamt den originelleren Eindruck.[21] Das zeigt sich auch bei der Definition. Um sie zu legitimieren, schickt Albin erst eine ausführliche Begründung voraus (Kap. 1), die den Anfang der ersten Erosrede des Sokrates im Phaidros zitiert (237 BC). Demzufolge muß jeder Erörterung zunächst die Frage, was das zu Erörternde eigentlich sei, vorausgehen.

Albin geht auch durch die Erläuterung der knappen Definition über Diogenes hinaus (Kap. 2). Er zerteilt die Definition in die oben umrissenen vier Abschnitte, zitiert Stück um Stück (p. 147,26f. 27f, p. 148, 2f. 8f) und macht zu jedem Abschnitt Angaben darüber, wie die verwendeten Begriffe zu verstehen seien oder inwiefern sie zur Definition beitrügen.

Das erste Stück (λόγος ἐξ ἐρωτήσεως καὶ ἀποκρίσεως συγκείμενος) erläutert Albin durch die Anwendung der stoischen Begriffe, mit denen λόγος in innere und geäußerte Rede geschieden wird; der Dialog gehöre der geäußerten Rede an (λόγος προφορικός) und in ihr wiederum dem Teil, der nicht (wie in der Rhetorik) zusammenhängend vorgebracht werde, sondern (wie in der Dialektik) aus Frage und Antwort bestehe. Der Begriff Dialog ist mithin mittels stoischer Terminologie dem der Dialektik angenähert. Daß der Dialog überhaupt die besondere und eigentliche philosophische Ausdrucksform ist, faßt Albins Zeitgenosse Lukian in Worte: ... Διάλογον, Φιλοσοφίας υἱὸν εἶναι λεγόμενον (*bis accus.* 28).

Mit den beiden Themen, die die Definition nennt (περί τινος τῶν πολιτικῶν καὶ φιλοσόφων), hat der Dialog nach Albin den ihm eigenen Gegenstandsbereich gefunden. Eine Analogie mit der Tragödie und der Dichtung allgemein, denen die Mythen

20) P. 256-258. 265f.

21) Dies soll nicht heißen, daß die Möglichkeit bestehe, Diogenes sei von Albin abhängig. Diese Möglichkeit hat Freudenthal überzeugend verworfen, s. bes. p. 259.

(s.o. Komm. zu 147,18-21) zugrundelägen, dient dazu, die Notwendigkeit eines solchen eigenen Bereichs plausibel zu machen.

Auch bei der passenden Charakterzeichnung der Personen des Dialogs (μετὰ τῆς πρεπούσης ἠθοποιίας τῶν παραλαμβανομένων προσώπων) verweist Albin, diesmal ohne Analogie, auf die Notwendigkeit, jeder Person den ihr eigenen Charakter zu geben. Albin unterscheidet drei Personentypen: den Philosophen, den Sophisten und den Laien. Ersterer besitzt ein edles, einfaches, aufrichtiges und wahrheitsliebendes Wesen, der Sophist ist in der Argumentation ungreifbar und hinterlistig und hat es ganz auf die Vergrößerung seines Ruhmes abgesehen; eine Charakterisierung des Laien ist uns nicht überliefert.

Bei der Angabe des Stils (καὶ τῆς κατὰ τὴν λέξιν κατασκευῆς) steuert Albin wieder Analogien bei: Tragödie und Komödie haben ihr Metrum (das wesentlich über den zu verwendenden Sprachstil entscheidet) und die Geschichtsschreibung auch ihren eigenen Stil. Der besondere Stil des Dialogs wird nicht nur abstrakt gefordert, sondern auch inhaltlich konkretisiert: Es ist ein gefälliges Attisch, das weder überfließend noch zu knapp sein soll.

Die Nichterfüllung der Forderungen der Definition bringt nach Albin den Ausschluß aus der Klasse der rechtmäßig so bezeichneten Dialoge mit sich.[22] Dies erläutert Albin an einem Beispiel aus Thukydides' Geschichtswerk; gemeint ist höchst wahrscheinlich der Melierdialog. Er ist nicht Dialog im oben angegebenen Sinne, sondern vielmehr eine sorgfältige Gegenein-

22) Auch in dem anonymen isagogischen Papyrus von Oxyrhynchus wird eine Begriffseingrenzung nicht des Dialogs, aber des 'dramatischen' Dialogs unternommen: So seien Platons Werke zu bezeichnen, und mit dem 'dramatischen Dialog' seien die Mimen Sophrons eng verwandt, da sie Platons Muster seien. Nicht aber gehöre der Dialog des Alexamenos von Teos (oder Styra) dazu, s.o. "Einleitung" p. 15ff. - Auch in einer Begriffsbestimmung von *disputatio* im 12. Jahrh. wird die *disputatio legitima*, die sich eng an die gerade bekanntgewordene Topik des Aristoteles anschließt, streng von *disputationes extra formam* geschieden. Hier geht es allerdings um Argumentationsformen. Zur Geschichte der *disputatio* im Mittelalter s. Martin Grabmann, *Die Geschichte der scholastischen Methode*, 2. Bd., Freiburg/Br. 1911 p. 16-21, das zitierte Beispiel auf p. 20.

anderstellung und Ineinanderschreibung zweier Volksreden (δύο δημηγορίας κατ' ἐνθύμησιν ἀλλήλαις ἀντιγεγραμμένας p. 148,17f), sozusagen zwei miteinander verzahnte Volksreden.

Von all dem sagt uns Diogenes Laertios nichts; er gibt rein die Definition. Diese wird ein drittes Mal zitiert in den anonymen Platonprolegomena, den Vorlesungsunterlagen eines Olympiodorschülers, vielleicht des Elias.[23] Der dritte Hauptabschnitt dieser Schrift, der, nach Leben und Lehre Platons, dessen Schriften allgemein vorstellt (§§ 13-27), nimmt seinen Weg zunächst von grundsätzlichen zu immer spezielleren Fragen der literarischen Form, in der Platon seine philosophische Lehre darlegt. So befaßt sich der § 13 mit der Aporie, warum Platon, der im Phaidros die ἄψυχα συγγράμματα (§ 13,6) verwerfe, selber ein schriftliches Erbe hinterlassen habe. Die beiden folgenden Paragraphen gehen der Frage nach, warum Platon sich gerade der dialogischen Form der Schriftstellerei zugewandt habe. Von § 16 an werden in der anonymen Abhandlung Einzelfragen des platonischen Dialogs behandelt: seine Bestandteile (§ 16f), seine Titel (§ 18), die Unterteilung des einzelnen Dialogs in Abschnitte (§ 19), die Darstellungstechnik der platonischen Dialoge im Hinblick auf die Authentizität des Erzählten (§ 20),[24] Jamblichs Skopostheorie (§ 21-23), Einteilungen des platonischen Werks nach chronologischen,[25] kompositorischen (Tetralogientheorie) und didaktischen Gesichtspunkten (§ 24-26), endlich die verschiedenen Erörterungsmethoden, die Platon anwendet (§ 27).

Die Stelle aus Platons Phaidros, die bei Albin die Frage nach dem Wesen und der Definition des Dialogs motivierte, finden wir auch in den anonymen Platonprolegomena wieder zitiert. Jedoch ist sie hier eingebaut in die Fragestellung, worauf jeder einzelne Dialog eigentlich ziele und nach welchen Kriterien dieser σκοπός gesucht werden solle (§ 21,1-7). Die Frage nach dem Skopos wird mithin bestimmt als Frage danach, περὶ οὗ ἂν ᾖ ἡ βουλή eines jeden Dialogs (Plat. Phaidr. 237 C 1).

23) Westerink in seiner Ausgabe p. IXf und XXXII-L.

24) Dieser Paragraph wird uns unten, Kap. 4e, p. 204ff, beschäftigen.

25) Nach der Chronologie der vermuteten Abfassungszeit geordnet wurde auch der Dialog des Aischines bei Diogenes Laertios II 61, s. Moraux, *Les listes anciennes* 217.

Der Platz für die Definition des literarischen Dialogs hingegen findet sich in § 14, wo gesagt werden soll, τί ἐστιν διάλογος (§ 14,3). Dort heißt es (Z. 3-5):

> διάλογος τοίνυν ἐστὶν λόγος ἄνευ μέτρου ἐξ ἐρωτήσεως καὶ ἀποκρίσεως ποικίλων προσώπων συγκείμενος μετὰ τῆς προσηκούσης αὐτοῖς ἠθοποιΐας.

Dem fügt der Anonymus erklärend hinzu (Z. 5-8):

> τὸ δ' 'ἄνευ μέτρου' πρόσκειται διὰ τὸν κωμικὸν καὶ τραγικὸν λόγον ἔμμετρον ὄντα· σύγκειται γὰρ καὶ αὐτὸς ἐξ ἐρωτήσεως καὶ ἀποκρίσεως ποικίλων προσώπων μετὰ τῆς δεούσης ἠθοποιΐας.

Diese Fassung der Definition sticht in drei charakteristischen Punkten von der des Albin und Diogenes ab:

a) Die Bestimmung des Gegenstandsbereichs des Dialogs fehlt.

b) Das Vorhandensein von Personen im Dialog wird schon bei der Angabe der Frage-und-Antwort-Situation zum Ausdruck gebracht. Daher kann die entsprechende Bemerkung unter der Forderung der Ethopoiie wegfallen. Zusätzlich sind die Personen als ποικίλα πρόσωπα gekennzeichnet.

c) Der Punkt "sprachliche Beschaffenheit" wird ersetzt durch die Angabe ἄνευ μέτρου und rückt in dieser Form von der letzten an die zweite Stelle der Definitionsbestandteile direkt hinter den Gattungsbegriff.

Da es sich bei diesen Unterschieden nur in der Prosaforderung um eine Erweiterung, sonst aber um reine Umstellungen und Auslassungen handelt, ist außer Zweifel, daß alle drei Fassungen der Definition auf eine gemeinsame Urform zurückgehen. Zu fragen ist aber, ob der Anonymus von den beiden anderen Autoren unabhängig ist. Die Unterschiede der anonymen Fassung zu der bei Albin und Diogenes sind von sehr einheitlichem Charakter: In ποικίλων προσώπων verzichtet der Anonymus auf die ausdrückliche Angabe der Selbstverständlichkeit, daß es sich um verwendete (παραλαμβανόμενα) Personen handele, und sagt im übrigen mit kürzeren Worten mehr als Albin bzw. Diogenes. Er tut dies an der frühesten logisch dafür gegebenen Stelle und nicht wie die beiden quasi nachtragsweise. Auch die Worte ἄνευ μέτρου verbinden Kürze des Ausdrucks mit durchdachter Plazierung innerhalb der Definition; da ihre Funktion in der Einschränkung des Dialogs auf die Prosaliteratur liegt, ist ihr gegebener Platz direkt hinter dem übergeordneten Gattungsbegriff. Die entsprechende Formulierung bei Albin und Diogenes (μετὰ τῆς κατὰ τὴν λέξιν κατασκευῆς) scheint diesen Aspekt der sprachlichen Verfassung vorauszusetzen, ohne aber auf ihn einzugehen; sie soll einen eigenen Bestandteil der Definition mit der Angabe eines ganzen Merkmalsbereichs ausmachen, während in diesem Punkt der Anonymus nur ein spezielles artbestimmendes Merkmal angibt.

Diese wenigen, aber charakteristischen Veränderungen, die ein offensichtlich selbständig arbeitender Geist an der anonym vorliegenden Fassung der Definition vorgenommen hat, machen aber kein Urteil darüber möglich, ob der Text nun von Diogenes, vom originalen oder vom epitomierten Albin abhängig ist oder ob er unabhängig von ihnen auf die ursprüngliche Definition zurückgeht. Den Ausschlag in dieser Frage kann auch eine Bemerkung Albins noch nicht geben, in der das Merkmal Prosa dem Dialog wie selbstverständlich beigelegt ist (c. 2, p. 148,9-12). Da Albin in der späteren antiken Literatur, soweit sie uns überliefert ist, nie in seinem Prolog oder sonst bezüglich Dialogtheorie zitiert wird und da auch ein entsprechendes Diogenes-Laertios-Zitat nicht nachweisbar ist, ist damit zu rechnen, daß auch die Definition des Dialogs in den anonymen Platonprolegomena nicht auf Albin oder Diogenes zurückgeht.

Die Form, in der die Dialogdefinition in den anonymen Prolegomena vorliegt, zeichnet sich gegenüber der Version Albin/Diogenes als die spürbar komprimiertere, terminologisch straffere aus. Wegen des Verzichts aber auf eine Gegenstandsbestimmung und auf besondere sprachliche Vorschriften jenseits der Prosaforderung muß diese Fassung in ihrem sachlichen Umfang als die weitere und weniger bestimmte bezeichnet werden. Sie macht zum erstenmal den Eindruck, daß der Prosadialog insgesamt nach seinen besonderen Merkmalen aus der Gesamtheit der Literatur ausgegrenzt werden soll. Der Dialog als literarische Einzelgattung ist jetzt nicht mehr an bestimmte Themen und Stilkriterien gebunden. Deutlich tritt zutage, daß auf andere Dialogautoren als Platon Rücksicht genommen wird. Schon Albin schloß ja Thukydides in seine Kritik des Dialogs ein (Prol. 2 p.

148,15); aber er nahm keinen Anstoß an der ihm vorliegenden Definition, in deren Gesichtskreis ein anderer Autor als Platon nicht zu liegen schien.[26] Der Anonymus nun ändert die Definition: Die Nähe von Philosophie und Rhetorik, die die stilistische Forderung widerspiegelt, war noch typisch für die letzten vorchristlichen Jahrhunderte - in der Definition des sechsten Jahrhunderts n.Chr. ist von ihr nichts mehr zu spüren. Auch die Einschränkung der Themen ist - offenbar angesichts von Lukian und anderen Dialogautoren - fallengelassen worden. Selbst die Beschränkung auf Prosaliteratur offenbart, daß offener über den Dialog nachgedacht wird, während in diesem Punkt die alte Definition aus beschränkterer Perspektive sprach und im Blick auf Platon die übrige Literatur vernachlässigte. Albin tat in seiner Erläuterung (Kap. 2) einen ersten Schritt auf die allgemein literarische Einordnung des Dialogs, indem er Analogien zum Drama und zur Geschichtsschreibung herstellte. Insbesondere die Nähe des Dialogs zum Drama ist eine wesentliche Bemerkung Albins, sie war aber offenbar schon Allgemeingut zu seiner Zeit, denn der Rhetor Aelius Aristides, den Albin in Smyrna kennengelernt haben kann, spricht beiläufig von Platons Werken als von "Dramen bzw. Dialogen": οὐ γὰρ ἐν ἄλλοις τισὶ δράμασιν ἢ λόγοις κτλ. (or. 2,164 p. 192,14 L.-B.).

Die Verwendung von Personen, also das mimetische Moment in Platons Dialogen, scheint in der neuplatonischen Dialogtheorie immer mehr Gewicht bekommen zu haben. Das zunehmende Interesse an der Mimesis hat dabei die Bestimmung der Art des Gesprächs (Frage und Antwort) zurücktreten lassen. Im Proömium des Kategorienkommentars von Ammonios, dem Sohn des Hermeias, finden wir die Unterscheidung von Aristoteles' Lehrvorträgen und Dialogen folgendermaßen (CAG IV 4 p. 4,14-17):

> καὶ πάλιν τῶν συνταγματικῶν τὰ μέν ἐστι διαλογικά, ὡς ὅσα δραματικῶς διεσκεύασται κατὰ πεῦσιν καὶ ἀπόκρισιν πλειόνων προσώπων, τὰ δὲ αὐτοπρόσωπα ὡς ὅσα γέγραφεν ὡς ἀφ' ἑαυτοῦ.

26) S. den Komm. zu 148,20.

Ammonios scheint von der Formulierung der alten Definition oder auch von den Definitionen der Rhetoren[27] beeinflußt; ob er derjenige ist, der die Definition neugefaßt hat, läßt sich nicht nachweisen. Sein Schüler Olympiodor aber gibt folgende Erklärung des Worts διάλογος (in Gorg. p. 1,5-7):

> Ἰστέον ὅτι ὁ διάλογος περιέχει διαλεγόμενα πρόσωπα, καὶ διὰ τοῦτο καὶ οἱ λόγοι Πλάτωνος διάλογοι προσαγορεύονται ὡς ἔχοντες πρόσωπα.

Von Frage und Antwort sieht er ganz ab.[28] Eine ähnliche Tendenz, daß nämlich Frage und Antwort nur noch als altes Überlieferungsgut mit übernommen wird, ist in den anonymen Platonprolegomena zu spüren. Ihr § 15 ist zwar nicht mehr mit der Definition befaßt, geht aber den αἰτίαι nach, δι' ἃς τοιούτῳ εἴδει συγγραφῆς ἐχρήσατο (*sc.* ὁ Πλάτων), also einer Frage, die auf das Wesen des Dialogs zurückgreifen muß (§ 15,1). In mehreren Hinsichten wird die Vielfalt und der mimetische Charakter der Dialogfiguren so ausgedeutet, daß dieses personale Element fünf von sieben angenommenen Gründen Platons für die Dialogform ausmacht (§ 15,2-29). μίμησις δ' ὁ διάλογος διαφόρων προσώπων (§ 15,18) hat geradezu definitorische Kürze. Nur der sechste und der siebte Grund gehen auf die Frage-und-Antwort-Form zurück: der sechste, indem die Dialogform als Mimesis der Dialektik ihren Wert habe - in diesem Sinne war schon die alte Definition formuliert worden -, der siebte aber, weil Fragen und Antworten zur Belebung des ganzen beitrügen, damit Platon nicht das Malheur des Aischines im Prozeß gegen Ktesiphon (III 192) passiere: Die Richter waren eingeschlafen.

Es ist kein Wunder, daß in einem Zeitalter, in dem man sich mit Dialogen wie dem Parmenides und dem Timaios so eifrig abmüht, auch in der Dialogtheorie die Lebendigkeit von Frage und Antwort nicht mehr im Vordergrund steht. Das war in den ersten Jahrhunderten nach Platon, in einer Zeit, als die Reihe der uns überlieferten Pseudoplatonica entstand, natürlich ganz anders gewesen.

27) S.o. p. 89, Anm. 12.

28) Anders in den Prolegomena zu den Kategorien, CAG XII 1 p. 7,4-6.

Das Kapitel soll nicht geschlossen werden, ohne zwei Gelehrte der letzten hundert Jahre zu Wort kommen zu lassen, die ebenfalls eine Wesensbestimmung des platonischen Dialogs unternommen haben. Rudolf Hirzel[29] hat ihr zwar allgemeine Form gegeben und eine Einschränkung auf Platon im Begriff des Dialogs an sich nicht gesucht; im literarhistorischen Rückblick läßt er aber keinen Zweifel daran, daß nur bei Platon der Begriff des Dialogs seine volle Gestalt angenommen habe:

> Der Dialog, als selbständiges Werk der Literatur, ist also streng genommen eine Erörterung in Gesprächsform. Es ist daher allerdings nur eine Art des Gesprächs, unterscheidet sich aber von allen anderen Gesprächen in der Literatur dadurch, dass in ihm mehr als irgendwo anders das Gespräch eine selbständige Bedeutung erlangt hat: denn die Gespräche des Dramas begleiten doch nur die Handlung und dienen ihr und in der Conversation der Mimen Sophrons sollten nur Personen und Situationen sich spiegeln, im vollkommenen Dialog dagegen erhebt sich das Gespräch zu eigenthümlichem Leben, neben dem auch die reichste Scenerie zum blossen Aussenwerk herabsinkt, und wird zu einem in sich geschlossenen Wesen, dem die Menschen und ihre Handlungen entbehrlich sind. Insofern kann man sagen, dass der Dialog den Höhepunkt des Gesprächs in der Literatur bezeichnet ...

Franz Dirlmeier[30] gibt aus philosophischem, nicht literarhistorischem Blickwinkel eine regelrechte Definition des Dialogs, die unter Berufung auf die früher genannten Platonstellen (Soph. 263 E, Theaet. 189 E), durch die Einbeziehung sprachlicher Momente sowie durch die Parallelisierung mit der Tragödie - ungewollt? - wieder in die Nähe Albins rückt; in der Hochschätzung der platonischen exempla der Gattung Dialog steht er mit Albin und Hirzel auf einer Linie.

> Wenn man die berühmt gewordene Definition, die Wilamowitz seinerzeit von der attischen Tragödie gegeben hat,

29) *Der Dialog* I 7.

30) *Vom Monolog* 35.

adaptieren wollte, so könnte man von dem platonischen Dialog folgende Begriffsbestimmung geben: "Der platonische Dialog ist ein in sich abgeschlossenes Gespräch der philosophischen Seele mit sich selbst, in hohe Sprachform gebracht und bestimmt, als Teil des akademischen Musenkultes in der Akademie durch einen der Platonfreunde oder den Meister selbst rezitativ aus der ursprünglichen Lautlosigkeit in die Hörbarkeit übergeführt und damit publiziert zu werden." Diese Objektivation seelischer Dialoge ist eine einmalige originale Schöpfung gewesen; sie ist nachgeahmt worden, aber das ist alles epigonal geraten.

Kapitel 2

DIE DIHÄRETISCHE DIALOGORDNUNG

a) Die ursprüngliche Fassung (Diog. Laert. III 49-51)

Diogenes Laertios teilt uns III 49-51 eine Ordnung der Platondialoge mit, die das platonische Werk mittels Dihäresen in Dialogtypen zergliedert. Diese Ordnung ist parallel überliefert in der Suda (δ 627) und an mancher anderen Stelle in der griechischen und arabischen Literatur wieder erwähnt; sie ist von den verschiedenen Platonikern des öfteren überarbeitet und umgestaltet worden. Über ihren Urheber wissen wir nichts. Die einzigen diesbezüglichen Angaben liefert Proklos, der von τῶν τοῦ Πλάτωνος ἐξηγητῶν τινες und τῶν Πλατωνικῶν τινες spricht.[1] Diogenes Laertios entnehmen wir, daß diese Ordnung schon dem Thrasyll bekannt war, denn in dessen Aufstellung der Tetralogien sind die Typen, zu denen jeder einzelne Dialog in der dihäretischen Ordnung gehört, dazugegeben (III 57-60). So hat man gelegentlich die Urheberschaft des Thrasyll für diese Ordnung einfach behauptet,[2] ist dabei aber auch auf Kritik gestoßen, sei's daß die Entstehung vor Thrasyll gelegt,[3] sei's daß die Urheberschaft des Thrasyll nur abgestritten wurde[4] oder auch die Frage ganz offengelassen wurde.[5]

Wir werden am Ende des Kapitels die Gründe vortragen, die für eine Datierung der Ordnung in den Zeitraum von 84 v.Chr. bis 36 n.Chr. sprechen. Bevor wir aber in die Fragen der Datierung eintreten, müssen wir uns die Ordnung erst selbst genauer ansehen. Ihr Ordnungsprinzip sind die aus der Platonlektüre

1) *In Alcib. pr.* 236,12, *in Remp.* I 15,20.

2) Yxem, Freudenthal (p. 266), Grote (*The Middle Platonists* 184. 305).

3) Christ, Susemihl, Dunn (der die zeitliche Priorität der Dihäresen vor den Tetralogien verficht).

4) C.F. Hermann (*Disputatio* 12).

5) Schleiermacher: "ohne Anzeige ihres Urhebers" (*Einleitung* 18), Zeller: "dem gleichen, zwischen Derkyllides [der nach Zeller vor Thrasyll lebte] und Albinus lebenden Schriftsteller entnommen" (II 1 p. 494,2).

(insbesondere aus dem Sophistes, Politikos, Phaidros) vertrauten Dihäresen.[6] Aus dem einen Dialog im allgemeinen werden zwei Hauptgattungen, vier Klassen und acht Arten durch konsequente dihäretische Zweiteilung des jeweils Vorgegebenen abgeleitet. Jede einzelne Stufe in diesem System heißt χαρακτήρ und ist durch ein spezifizierendes Prädikat bestimmt. Eine anschauliche Darstellung der dihäretischen Dialogordnung findet sich in Appendix D.

Die beiden Hauptgattungen

Die beiden Hauptgattungen heißen ὑφηγητικὸς χαρακτήρ und ζητητικὸς χαρακτήρ (unterweisender und fragender Typ). Jedem Platoniker, der lernen will, wie die Philosophie Platons im einzelnen inhaltlich bestimmt ist, drängt sich ja die Beobachtung auf, daß in manchen Dialogen eher Ergebnisse vorgelegt werden (etwa in den Gesetzen), in anderen eher die fiktive Handlung dominiert und die Methode der Wahrheitssuche unter Sokrates' Führung eingeübt wird. Zu letzteren gehören die aporetischen Dialoge. Daß Platons philosophische Größe und schriftstellerisches Talent sich weder mit diesen zwei Alternativen begnügte noch überhaupt derartiges je in steriler Reinheit durchgeführt hat, davon sind wir um so mehr überzeugt, je länger wir uns mit der dihäretischen Dialogordnung befassen. Ihr Schematismus läßt auf der Ebene der Gattungen nur jene zwei Varianten zu: Es gibt lehrende Dialoge, die Philosophie in ihren Ergebnissen verkünden, und auf der anderen Seite mit dem Fragen befaßte Dialoge, in denen die Methode dominiert, ohne zu endgültigen Ergebnissen führen zu müssen.

Platon selbst hat gelegentlich zwischen μαθήματα und ζητήματα bzw. μαθήσεις und ζητήσεις unterschieden. Im Laches (186 B - 187 A) führt er die folgende Differenzierung vor: Was man weiß, hat man entweder von einem Lehrer gelernt, oder man hat es selbst herausgefunden (186 E 5 - 187 A 8):

6) Dieses Grundprinzip stellt auch Alline, *Histoire du texte* 52, heraus, während die Philosophen des 19. Jahrhunderts diese Dialogordnung im allgemeinen nach ihrem inhaltlichen Ordnungsprinzip als "dialektische" bzw. "philosophische" benannten (Schleiermacher, *Einleitung* 18, Grote, *Plato ... A New Edition* I 292), damit nicht Proklos (s.u.), sondern Diogenes Laertios III 50 folgend.

καὶ πότερα μαθόντε παρά του ἐπίστασθον ἢ αὐτὼ ἐξευρόντε, καὶ εἰ μὲν μαθόντε, τίς ὁ διδάσκαλος ἑκατέρῳ καὶ τίνες ἄλλοι ὁμότεχνοι αὐτοῖς ... εἰ δ' αὐτοὶ εὕρεταὶ γεγονότε τοῦ τοιούτου, δότε παράδειγμα τίνων ἤδη ἄλλων ἐπιμεληθέντες ἐκ φαύλων καλούς τε κἀγαθοὺς ἐποιήσατε.

Der Menon hebt neben dem Unterschied zwischen Selbstfinden (αὐτὸν ἀνευρεῖν 81 D 3) und sogenanntem Lernen, das in Wirklichkeit Wiedererinnern sei (μάθησις, ἀνάμνησις 81 E 4), die Bedeutung des unermüdlichen ζητεῖν bei der Wahrheitsfindung hervor (81 C 9 - E 2). Immer wieder im Werk Platons taucht diese Unterscheidung auf.[7] Besonders hat sie der Verfasser des Ersten Alkibiades (106 D 4 - E 3. 109 D 1 - 110 D 8) aufgegriffen, systematisiert und weitergeführt: Wie das Mittel zum Lernen (μαθεῖν) die Lehrer sind, so ist das Mittel dazu, selbst zu finden (αὐτὸν ἐξευρεῖν), das Forschen (ζητεῖν); Grundvoraussetzung aber ist die Einsicht, noch nicht zu wissen (106 D 4 - E 3):

ΣΩ. Οὐκοῦν ταῦτα μόνον οἶσθα, ἃ παρ' ἄλλων ἔμαθες ἢ αὐτὸς ἐξηῦρες;
ΑΛ. Ποῖα γὰρ ἄλλα;
ΣΩ. Ἔστιν οὖν ὅπως ἄν ποτε ἔμαθές τι ἢ ἐξηῦρες μήτε μανθάνειν ἐθέλων μήτ' αὐτὸς ζητεῖν;
ΑΛ. Οὐκ ἔστιν.
ΣΩ. Τί δέ; ἠθέλησας ἂν ζητῆσαι ἢ μαθεῖν ἃ ἐπίστασθαι ᾤου;
ΑΛ. Οὐ δῆτα.
ΣΩ. Ἃ ἄρα νῦν τυγχάνεις ἐπιστάμενος, ἦν χρόνος ὅτε οὐχ ἡγοῦ εἰδέναι;
ΑΛ. Ἀνάγκη.

Proklos[8] erläutert in seinem Kommentar zu den Seiten 109 D - 110 B des Ersten Alkibiades diese platonische διαίρεσις und

7) Z.B. Krat. 438 A 8f, 439 B 4-8, Polit. X 618 C 2.

8) *In Alcib. pr.* 235,1 - 236,18. Mehrfach noch gehen Proklos (z.B. ib. 176,7-181,3) und Olympiodor (*in Alcib. pr.* 11,8-23; 63,12-64,14; 67,24-68,14) auf diese platonische Unterscheidung ein. Auch dem anonymen Kommentator des Theätet (2. Jahrh. n.Chr.) ist sie anläßlich seiner Erläuterung von Maieutik und Wiedererinnerung selbstverständlich (col. 56,15-17).

erklärt mit ihr die oberste Scheidung der dihäretischen Dialogordnung (p. 236,10-18):

> δύο δὴ οὖν αὗται πρὸς τὴν μάθησιν καὶ τὴν εὕρεσιν ὁδοί, μία μὲν ἡ ζήτησις, μία δὲ ἡ διδασκαλία. διὸ καὶ τῶν τοῦ Πλάτωνος ἐξηγητῶν τινες τοὺς διαλόγους διεῖλον εἴς τε τοὺς διδασκαλικοὺς καὶ τοὺς ζητητικούς, ἐντεῦθεν λαβόντες τὴν ἀφορμὴν τῆς τοιαύτης διαιρέσεως. πάλιν τοίνυν ἀπὸ τῆς εὑρέσεως ἄνεισιν ὁ λόγος ἐπὶ τὴν ἁπλῆν ἄγνοιαν. οὐθεὶς γὰρ ἂν ὁρμήσειε ζητεῖν ὅ γε οἴεται γινώσκειν· δεῖ δὴ οὖν ἄρξαι τὴν ἁπλῆν ἄγνοιαν τῆς ζητήσεως· ἡ γὰρ ζήτησις ὄρεξίς ἐστι γνώσεως ἐν οἷς οἰόμεθα ἀγνοεῖν. ἀπὸ δὲ τῆς ἁπλῆς ἀγνοίας ἀνάγκη τὸν χρόνον γνωρίσαι καθ' ὃν ᾠόμεθα μὴ εἰδέναι.

Der Begriff ζητητικὸς χαρακτήρ lehnt sich terminologisch also an Platon an. Zur - unbestimmten - Abfassungszeit des Ersten Alkibiades hat sich die Akademie offenbar besonders mit jener platonischen διαίρεσις beschäftigt.

Die Begriffe des Lehrens sind in dem Dialogsystem durch ὑφηγεῖσθαι vertreten. Eine Nähe zwischen Lehrer und Führer (ἡγεμών) ist zwar schon im Werk Platons zu spüren;[9] jedoch ist das Vorkommen des Adjektivs ὑφηγητικός erst im zweiten nachchristlichen Jahrhundert gesichert. Das Adjektiv ist da sogleich mit der speziellen Bedeutung behaftet, die seit klassischer Zeit schon mit ὑφηγεῖσθαι und seit der Kaiserzeit mit dem Substantiv ὑφηγητής verbunden wurde: "unterweisend, lehrend". Die Belege von ὑφηγητικός[10] machen es wahrscheinlich, daß das Adjektiv

9) Vgl. Lys. 214 A 2, Polit. V 467 D 7. X 595 C 1f. 600 A 9. [Menex.] 240 D 5.

10) Neben den Hauptzeugnissen für die dihäretische Dialogordnung (Albin. Prol. 3 p. 148,25f. Diog. Laert. III 49) sind auch noch weitere Belege auf diese oder eine ähnliche Dialogordnung bezogen: Albin. Didask. 6,4 p. 158,24 und Proklos *in Remp.* I 15,20f (u.ö.) mit ὑφηγητικός sowie anon. Platonproleg. § 17,16 mit ὑφηγη<u>μα</u>τικός. Unter den frühen Belegstellen beziehen sich nur die aus Pollux (IV 42), Galen (*Quod animi mores corporis temperamenta sequantur* 11 p. 73,4 Müller) und dem Tractatus Coislinianus § 1 nicht auf Dialoge, außerdem die übrigen Belege der Form ὑφηγηματικός, die seit Syrian ebenfalls immer in der Bedeutung "unterweisend, erklärend" vorliegt, s. LSJ s.vv.

für die Klassifizierung der platonischen Dialoge eigens geprägt worden ist.

Die hyphegetische Gattung

Die weitere Untergliederung der hyphegetischen Gattung orientiert sich folgerichtig an der sachlichen Einteilung der Philosophie als Wissenschaft. Dabei ist bemerkenswerterweise eine Einteilung zugrunde gelegt, die aus peripatetischer Sphäre stammt. Es ist nahezu dieselbe, die bei Diogenes Laertios in der Doxographie des Aristoteles vorliegt (V 28). Die einzigen Unterschiede bestehen darin, daß in der Dialogordnung die Reihenfolge von Praxis und Theorie vertauscht ist und eine weitere Differenzierung der Politik in Politik (im engeren Sinne) und Ökonomie fehlt. Sonst aber sind, nach Diogenes Laertios, ὁ κατὰ φιλοσοφίαν λόγος gemäß Aristoteles (V 28) und die Aufgliederung des ὑφηγητικὸς χαρακτήρ platonischer Dialoge (III 49) identisch. Beide Einteilungen scheinen in ihren einfachen Dihäresen der Logik einen ebenbürtigen Rang neben der Physik einzuräumen. Dies ist aber im Aristotelismus ganz ausgeschlossen, und Diogenes sagt auch sofort, wie er die Stellung der Logik verstanden wissen will (V 28): ... καὶ λογικόν, οὗ τὸ λογικὸν οὐχ ὡς ὅλου μέρος, ἀλλ' ὡς ὄργανον προσηκριβωμένον (ὡς[...]μέρος B, ὁλομερῶς PF; προηκρ. Düring).

Eine solche Zusatzerklärung ist bezüglich des logischen Charakters der Dialogordnung nicht überliefert. Bedenkt man, daß auch schon in der peripatetischen Einteilung der philosophischen Wissenschaft die Stellung der Logik (Dialektik) neben der Physik eigentlich einen akademischen Fremdkörper darstellt, so ergibt sich für die dihäretische Dialogordnung, daß die 'Beiordnung' von Physik und Logik auf das Konto platonischer Tradition geht. Paul Moraux[11] stellte das heraus und wies in diesem Zusammenhang auf den Unterschied hin, der zwischen dem platonischen und aristotelischen Begriff der Dialektik liegt. Erst in der Bearbeitung der Dihäresen durch Albin scheint der Rang des logischen Charakters wieder eingeschränkt worden zu sein.[12]

11) *L'exposé* 9. Instruktiv ist die Stelle bei Ammonios (CAG IV 6 p. 10,24 - 11,21), die Moraux anführt.

12) S.o. Kommentar zum Prolog 151,6.

Die Grundgliederung des Systems in Lehre - Übung - Streit nach Aristoteles

Platon malt in seinen Dialogen Bilder der damaligen Gesprächskultur. Aristoteles entwirft in seinem Organon eine Theorie dazu. Die Theorie ist auf die einzelnen Gemälde angewendet, indem in der dihäretischen Dialogordnung zwischen einem gymnastischen und einem agonistischen Charakter unterschieden wird. Die Begriffe γυμναστική und ἀγωνιστική können hier durchaus noch akademischer Tradition entstammen, spielen sie in der bilderreichen Sprache Platons doch keine geringe Rolle.[13] Die beiden Charaktere repräsentieren jedoch zwei der drei Gesprächssituationen, die Aristoteles in der Topik und den Sophistikoi Elenchoi unterscheidet. Diese sind das Streitgespräch, in dem es um Sieg und Niederlage im Wortgefecht geht (ἀγωνιστικαὶ διατριβαί[14]), und das sogenannte dialektische Gespräch, das um die Ergründung eines Sachverhalts bemüht ist und dabei noch auf der Stufe des Übens und Versuchens steht (διαλεκτικαὶ σύνοδοι[15]); die dritte Art ist das Lehrgespräch, in dem der Lehrer dem Schüler die Ergebnisse seiner Wissenschaft mitteilt.[16] Dem entsprechen in der Metaphysik[17] drei Wissenschaften (bzw. Scheinwissenschaften):

> οἱ γὰρ διαλεκτικοὶ καὶ σοφισταὶ τὸ αὐτὸ μὲν ὑποδύονται σχῆμα τῷ φιλοσόφῳ· ἡ γὰρ σοφιστικὴ φαινομένη μόνον σοφία ἐστί, καὶ οἱ διαλεκτικοὶ διαλέγονται περὶ ἁπάντων, κοινὸν δὲ πᾶσι τὸ ὄν ἐστιν, διαλέγονται δὲ περὶ τούτων δῆλον ὅτι διὰ τὸ τῆς φιλοσοφίας ταῦτα εἶναι οἰκεῖα. περὶ μὲν γὰρ τὸ αὐτὸ γένος στρέφεται ἡ σοφιστικὴ καὶ ἡ διαλεκτικὴ τῇ φιλοσοφίᾳ, ἀλλὰ διαφέρει τῆς μὲν τῷ τρόπῳ τῆς δυνάμεως, τῆς δὲ τοῦ

13) Leg. VIII 829 Bf. 830 A-D. VI 764 Cf, Resp. VI 503 Ef, Parm. 135 D, Prot. 335 A.

14) Soph. El. 16 p. 175 a 2, vgl. Top. VIII 5 p. 159 a 30-32.

15) Top. VIII 5 p. 159 a 32, vgl. γυμνασίας καὶ πείρας ἕνεκα ib. a 25, vgl. weiterhin Top. VIII 14 p. 163 a 29.

16) Top. VIII 5 p. 159 a 26-30, alle drei Arten auch c. 11 p. 161 a 21-28, die entsprechenden Syllogismen Top. I 1 p. 100 a 25 - 101 a 4. Vgl. zu dem ganzen Prantl, *Geschichte der Logik* I 100f.

17) Γ 2 p. 1004 b 17-26.

βίου τῇ προαιρέσει· ἔστι δὲ ἡ διαλεκτικὴ πειραστικὴ περὶ ὧν ἡ φιλοσοφία γνωριστική, ἡ δὲ σοφιστικὴ φαινομένη, οὖσα δ' οὔ.

So gibt es auch mehrere Arten von συλλογισμοί; die der διαλεκτικὴ σύνοδος zugewiesene Art scheidet sich dabei in den διαλεκτικός und den πειραστικὸς συλλογισμός (Soph. El. 2 p. 165 a 38 - b 11):

Ἔστι δὴ τῶν ἐν τῷ διαλέγεσθαι λόγων τέτταρα γένη, διδασκαλικοὶ καὶ διαλεκτικοὶ καὶ πειραστικοὶ καὶ ἐριστικοί· διδασκαλικοὶ μὲν οἱ ἐκ τῶν οἰκείων ἀρχῶν ἑκάστου μαθήματος καὶ οὐκ ἐκ τῶν τοῦ ἀποκρινομένου δοξῶν συλλογιζόμενοι (δεῖ γὰρ πιστεύειν τὸν μανθάνοντα), διαλεκτικοὶ δ' οἱ ἐκ τῶν ἐνδόξων συλλογιστικοὶ ἀντιφάσεως,[18] πειραστικοὶ δ' οἱ ἐκ τῶν δοκούντων τῷ ἀποκρινομένῳ καὶ ἀναγκαίων εἰδέναι τῷ προσποιουμένῳ ἔχειν τὴν ἐπιστήμην[19] (ὃν τρόπον δέ, διώρισται ἐν ἑτέροις), ἐριστικοὶ δ' οἱ ἐκ τῶν φαινομένων ἐνδόξων, μὴ ὄντων δέ, συλλογιστικοὶ ἢ φαινόμενοι συλλογιστικοί. περὶ μὲν οὖν τῶν ἀποδεικτικῶν ἐν τοῖς Ἀναλυτικοῖς εἴρηται, περὶ δὲ τῶν διαλεκτικῶν καὶ πειραστικῶν ἐν ἄλλοις· περὶ δὲ τῶν ἀγωνιστικῶν καὶ ἐριστικῶν νῦν λέγωμεν.

Die Peirastik gehört der Dialektik an. Ihr Hauptaugenmerk liegt auf der Entlarvung des Nicht-Wissens (Soph. El. 8 p. 169 b 20-29):

λέγω δὲ σοφιστικὸν ἔλεγχον καὶ συλλογισμὸν οὐ μόνον τὸν φαινόμενον συλλογισμὸν ἢ ἔλεγχον μὴ ὄντα δέ, ἀλλὰ καὶ τὸν ὄντα μὲν φαινόμενον δὲ οἰκεῖον τοῦ πράγματος. εἰσὶ δ' οὗτοι οἱ μὴ κατὰ τὸ πρᾶγμα ἐλέγχοντες καὶ δεικνύντες ἀγνοοῦντας, ὅπερ ἦν τῆς πειραστικῆς. ἔστι δ' ἡ πειραστικὴ μέρος τῆς διαλεκτικῆς· αὕτη δὲ δύναται συλλογίζεσθαι ψεῦδος δι' ἄγνοιαν τοῦ διδόντος τὸν λόγον. οἱ δὲ σοφιστικοὶ ἔλεγχοι, ἂν καὶ συλλογίζωνται τὴν ἀντίφασιν, οὐ ποιοῦσι δῆλον εἰ ἀγνοεῖ· καὶ γὰρ τὸν εἰδότα ἐμποδίζουσι τούτοις τοῖς λόγοις.

18) "... durch das Ziehen von Schlüssen einen Widerspruch aufzeigend".

19) Sc. συλλογιστικοὶ ἀντιφάσεως.

Deutlich werden auch in späterer Zeit die τέτταρα γένη συλλογισμῶν einer Dreiergruppe von Gesprächskünsten zugewiesen, vgl. etwa Alexander von Aphrodisias (*in anal. prior.* CAG II 1 p. 1,3-5): ἡ λογική τε καὶ συλλογιστικὴ πραγματεία ἡ νῦν ἡμῖν προκειμένη, ὑφ' ἣν ἥ τε ἀποδεικτικὴ καὶ ἡ διαλεκτική τε καὶ πειραστικὴ ἔτι τε καὶ ἡ σοφιστικὴ μέθοδος, ἔστι μὲν ἔργον φιλοσοφίας κτλ.

In den Streitgesprächen zahlt sich die γυμνασία, die der Dialektiker im dialektischen Gespräch gewonnen hat, dadurch aus, daß er wohlvorbereitet und nicht ἄπειρος dasteht.[20] Zu Beginn seiner Topiken formuliert Aristoteles einen dreifachen Zweck dieser πραγματεία (Kunst der Dialektik, dialektischen Argumentationskunst):

> Ἑπόμενον δ' ἂν εἴη τοῖς εἰρημένοις εἰπεῖν πρὸς πόσα τε καὶ τίνα χρήσιμος ἡ πραγματεία. ἔστι δὴ πρὸς τρία, πρὸς γυμνασίαν, πρὸς τὰς ἐντεύξεις, πρὸς τὰς κατὰ φιλοσοφίαν ἐπιστήμας.

Der Begriff ἔντευξις ist so neutral, daß darunter sowohl die dialektischen als auch die eristischen Gespräche gefaßt sein können, vgl. Metaphysik Γ 5 p. 1009 a 16-18. Es handelt sich hier also um eine Dreiheit von Anwendungsmöglichkeiten der dialektischen Kunst, die sich nicht voll deckt mit der Dreiheit möglicher Gesprächssituationen. γυμνασία erfüllt sich für den Dialektiker ja wohl auch schon beim stillen Rekapitulieren des in den Topiken Dargestellten, nicht nur im Übungsgespräch. Innerhalb der γυμνασία im dialektischen Gespräch weist Aristoteles die Induktion den jüngsten Schülern als Aufgabe zu und die Syllogistik den schon erfahreneren (Top. VIII 11 p. 164 a 12f): τὴν δὲ γυμνασίαν ἀποδοτέον τῶν μὲν ἐπακτικῶν πρὸς νέον, τῶν δὲ συλλογιστικῶν πρὸς ἔμπειρον.

Es ist offensichtlich, daß das Schema Lehre - Übung - Streit, wie es Aristoteles aus der gängigen Praxis seiner Zeit herausgebildet und theoretisch fundiert hat, der dihäretischen Ordnung der Platondialoge zugrundeliegt.[21] Seine Anwendung

20) Soph. El. 16 p. 175 a 12-14.

21) Dies hat auch Dunn, *The Organization* 13f, erkannt. Ältere Gelehrte hatten nur einen Teil des Richtigen gesehen, indem sie Aristoteles' πειρα-

erschöpft sich auch nicht in den beiden Untergattungen des zetetischen Charakters, sondern bezieht die ganze hyphegetische Gattung als Repräsentanten der διδασκαλικοὶ λόγοι mit ein. Da die Dialogordnung nur mit Dihäresen arbeitet, mußte die Dreiteilung des Aristoteles ersetzt werden durch eine Zweiteilung in Gattungen (ὑφηγητικός und ζητητικὸς χαρακτήρ) nebst einer weiteren Unterteilung in der einen Gattung (γυμναστικός und ἀγωνιστικὸς χαρακτήρ).

Es gibt über diese reine Beobachtung hinaus noch einen mittelplatonischen Zeugen, der ausdrücklich die Anwendung jener aristotelischen Trias in der dihäretischen Dialogordnung bestätigt. In dem sechsten Kapitel seines Didaskalikos befaßt sich Albin[22] mit dem Syllogismus. Nach der Klärung einiger begrifflicher Voraussetzungen im Paragraphen 1 und 2 (Arten von προτάσεις) geht er in den folgenden sechs Paragraphen darauf ein, wie Platon in seinem Werk Syllogismen verwendet. In leicht unsystematischer, aber sich natürlich ergebender Reihenfolge - das charakterisiert überhaupt des öfteren diese Schrift - be-

στικὴ und γνωριστική in dieser Dialogordnung repräsentiert fanden (Christ, *Platonische Studien* 457, vgl. auch Grote, *Plato ... A New Edition*, 263f). - Im Humanismus taucht eine Dreiteilung des platonischen Corpus bei Marsilio Ficino auf. Nach der Aufzählung aller Dialoge nebst kurzen Inhaltsstichpunkten folgt: Tres vero sunt Platonicorum species dialogorum. Aut enim sophistas confutat, aut adolescentes adhortatur, aut docet adultos (Kapitel "Libri Platonis" in *De Vita Platonis* p. 766 des ersten Bandes der *Opera omnia*, Basel 1576, Nachdr. Torino 1959). Daß Ficino auf mittel- oder neuplatonischen Schriften aufbaut, liegt nahe; es ist aber nicht zu sehen, auf welcher. In der Formulierung hat diese Stelle jedenfalls nichts Charakteristisches gemein mit Ficinos Übersetzung von Albin, Didask. c. 6,4 p. 158,23-27 (*Alcinoi Philosophi Platonici de doctrina Platonis liber* im Band 2 p. 1946-1962). Ficino kann seine Beobachtung natürlich auch aus sich gemacht haben. (Ich danke Herrn Prof. Clemens Zintzen für seinen Hinweis auf Ficino.)

22) Die Verkennung des Sachverhalts, daß die dihäretische Dialogordnung dem sechsten Kapitel des Didaskalikos schon zugrunde liegt, kann zu solchen Irrtümern führen, daß etwa der Inhalt von Kap. 6,4 als unabhängige Parallele für die eristisch-agonistische Einstufung zweier Dialoge des anatreptischen Charakters angeführt wird (Dunn, *The Organization* 36).

stimmt Albin zunächst (§ 3a) die verschiedenen Anwendungsweisen oder Funktionen, die bei Platon mit dem Syllogismus verbunden sein können, liefert dann erst (§ 3b) die Definition des Syllogismus, u.zw. mit geringer Abweichung wörtlich nach Aristoteles (Top. I 1 p. 100 a 25-27), und gibt schließlich (§ 3c), im Rückgriff auf die Bestimmungen der προτάσεις (§ 2), eine logische Aufgliederung des Syllogismus in drei Arten. Paragraph 4 führt die funktionsbestimmte Differenzierung (§ 3a) weiter aus, indem zu den verschiedenen Funktionen der Teil des platonischen Corpus genannt wird, zu dem sie jeweils gehören. Die Paragraphen 5 bis 8 exemplifizieren die logische Aufgliederung des Syllogismus (§ 3c) an platonischen Beispielsätzen. Dabei wird in einer Parenthese auch der Begriff ὅρος (Begriff, Term) definiert (§ 5 p. 158,31-33).

Nicht nur die Definition des Syllogismus, auch die Funktionsbestimmung von Syllogismen führt Albin in engem Anschluß an das erste Kapitel des ersten Buches der aristotelischen Topiken aus: Die Termini ἀπόδειξις, ἔνδοξοι und ἐριστικοὶ συλλογισμοί benutzt Aristoteles zwar auch an anderen Stellen (z.B. s.o. Soph. El. 2 p. 165 b 8-11), aber ausschließlich und allein gebraucht er sie nur in dem Passus, der sich direkt an die Definition des Syllogismus anschließt (Top. I 1 p. 100 a 27 - 101 a 4). Die Zuordnung der Syllogismen zu den platonischen Dialogen geschieht bei Albin offensichtlich unter Benutzung der dihäretischen Dialogordnung, wenn er auch nicht ausdrücklich von χαρακτῆρες spricht (c. 6,4 p. 158,23-27):

> χρῆται δὲ ὁ ἀνὴρ τοῖς μὲν ἀποδεικτικοῖς (sc. συλλογισμοῖς) ἐν τοῖς ὑφηγητικοῖς διαλόγοις, τοῖς δὲ ἐνδόξοις πρὸς τοὺς σοφιστάς τε καὶ νέους, τοῖς δὲ ἐριστικοῖς πρὸς τοὺς ἰδίως λεγομένους ἐριστικούς, οἷον Εὐθύδημον φέρε καὶ Ἱππίαν.

Mit σοφισταί scheinen Männer wie Euthyphron und Menon gemeint zu sein, da die eigentlichen Sophisten hier als ἐριστικοί angeführt sind. Auf den sophistischen Einfluß, unter dem die Protagonisten der peirastischen Dialoge Platons stehen, werden wir bei der Einzelbesprechung der peirastischen Dialoge zurückkommen. Mit νέοι sind sicherlich die Jünglinge gemeint, die besonders im maieutischen Charakter vorkommen (Lysis, Alkibiades u.a.).

Somit bestätigt diese Einteilung in Albins Didaskalikos genau die Beobachtung, daß die Differenzierung des Dialogs in hyphegetische, gymnastische und agonistische Charaktere in Anlehnung an Aristoteles' drei διατριβαί oder σύνοδοι vorgenommen wurde. Auf eine Divergenz in dem Didaskalikos-Kapitel bleibt hier noch hinzuweisen. Die Einteilung der platonischen Syllogismen nach Funktionen (§ 3a) und die Exemplifizierung dieser Einteilung durch Dialogcharaktere (§ 4) stimmen nicht ganz zusammen. In § 3 heißt es (p. 158,16f) ἐλέγχων μὲν διὰ ζητήσεως τὰ ψευδῆ, ἀποδεικνύων δὲ διά τινος διδασκαλίας τὰ ἀληθῆ. Hiervon nimmt § 4 die ἀπόδειξις begrifflich auf (ἀποδεικτικοῖς sc. συλλογισμοῖς p. 158,24); ὑφηγητικοὶ διάλογοι hat immerhin noch inhaltlichen Bezug auf διδασκαλία, und in den präpositionalen Wendungen mit πρός (p. 158,25f) klingt der ἔλεγχος wieder an. Das Bemerkenswerte ist aber, daß aus den zwei Anwendungsarten oder Funktionen des § 3 drei gleichgeordnete Dialogcharaktere in § 4 geworden sind. Um diese Divergenz auszugleichen, muß man annehmen, daß Albin zwischen den ἔνδοξοι und ἐριστικοὶ συλλογισμοί eine solche Nähe sieht, daß beide unter die Funktion des ἔλεγχος zusammengefaßt werden können. Dies paßt aber wieder ganz zu der dihäretischen Dialogordnung, in der die gymnastische und die agonistische Untergattung beide unter die zetetische Gattung fallen (vgl. Albins Worte ἐλέγχων μὲν διὰ ζητήσεως τὰ ψευδῆ!). Albin hat in § 3a erst den fundamentalen Unterschied zwischen apodeiktischen und elenktischen Syllogismen berücksichtigt und in § 4 beim Gang in die Details den Unterschied zwischen ἔνδοξοι und ἐριστικοὶ συλλογισμοί für wichtig genug befunden, um ihn jetzt nachzutragen.

Übrigens sei hier noch eine Anmerkung zur Methode Albins im Didaskalikos beigefügt. Bei allem Streben nach Systematik und Stringenz unterlaufen ihm doch mehrfach Brüche oder werden gelegentlich Begriffserklärungen ad hoc gegeben, anstatt sie systematisch an den Anfang oder das Ende eines Zusammenhangs zu stellen. Die vorab gegebene Einteilung der Syllogistik in Kapitel 3,2 (p. 153,27-32) steht mit der soeben besprochenen Dreiteilung (c. 6,4) nicht in Einklang, die Begriffe ὅρος (c. 6,5 p. 158,31-33), συλλογισμός (c. 6,3, s.o.), αἴσθησις (c. 4,4 p. 154,29-34), δόξα (c. 4,5 p. 154,35 - 155,17), νόησις (c. 4,6 p. 155,17-29) werden erläutert, wo sie gerade fallen, auch wenn dadurch ein Zusammenhang zerrissen wird. Weiterhin ist auch nicht daran zu zweifeln, daß der Paragraph 4 des sechsten Kapitels auf den Paragraphen 3a Bezug nimmt, nehmen doch auch die §§ 5-8 den § 3c wieder auf. Dieses Verfahren, eine allgemeine Einteilung (hier allerdings gleich zwei) vorauszuschicken (§ 3) und sie später (§§ 4-8) durch Beispiele zu erläutern, ist allgemein dem philosophischen Schrifttum zueigen und findet sich insbesondere bei Albin, nicht nur im Didaskalikos (vgl. die Kapitel 2 und 3), sondern auch im Prolog, u.zw. fast in seiner ganzen Länge (s. den Kommentar zu 150,13: Kapitel 6). Die Kapitel 3 und 6 des Prologs stehen nun aber dem Verfahren des sechsten Kapitels des Didaskalikos ganz besonders nahe: Die Prolog-Kapitel 3a und 6a geben eine allgemeine Einteilung bzw. Abfolge vor, die in den je zweiten Kapitelhälften durch die Zuweisung von Dialogcharakteren veranschaulicht werden.

Kommen wir zurück zur Syllogistik. Ihre Vierteilung, die in Albins Didaskalikos nur kurz vorgestellt wird (c. 3,2), findet bei Galen eine breitere Darstellung (*Plac. Hipp. Plat.* II 3,8-14; 8,2 = CMG V 4,1,2,1 p. 110,15 - 112,18; 156,27 - 158,2). Sie ist auch bei den späteren Aristoteleskommentatoren zu finden.[23] Galen führt die ἐπιστημονικὰ (oder ἀποδεικτικὰ) λήμματα auf Aristoteles' Analytica Posteriora zurück, die διαλεκτικὰ καὶ γυμναστικά auf die Topik, die ῥητορικά auf die Rhetorik und die σοφιστικά auf die Sophistikoi Elenchoi (p. 112,3-8 de Lacy). In der inhaltlichen Füllung dessen, was dialektisch und gymnastisch sei, bricht bei Galen ganz die platonische Schultradition durch, indem er solche Merkmale anführt, die die peirastischen Gespräche der Schulwirklichkeit oder der platonischen Dialoge kennzeichnen:

> ... ὅσοις μὲν ὁ διαλεκτικὸς εἰς τὸ γυμνάσασθαι χρῆται καὶ σοφιστὰς ἐξελέγξαι καὶ πεῖραν λαβεῖν κυήσεως μειρακίου καὶ μαιεύσασθαι καὶ προσαγαγεῖν ἐπί τινος εὕρεσιν ἀπορῆσαί τε ποιῆσαι, ταυτὶ μὲν ἅπαντα διαλεκτικά τε κάλει, εἰ βούλοιο,

23) So Prantl, *Geschichte der Logik* I 570. Nach Aristoteles ist die Rhetorik nicht neben, sondern innerhalb der Dialektik anzusiedeln, Rhet. I 2 p. 1356 a 30f (aber I 1 p. 1354 a 1).

καὶ γυμναστικὰ καὶ τοπικά, τῶν γὰρ ὀνομάτων οὐ φροντίζω, διορίζειν δὲ ταῦτα πειρῶ τῶν ἐπιστημονικῶν.[24]

Galen bezeichnet, unbeschadet der eigenen Gruppe von σοφιστικὰ λήμματα, schon im dialektischen Gespräch die Gesprächsgegner als σοφισταί, so wie es auch Albin im Didaskalikos tut (τοῖς δὲ ἐνδόξοις πρὸς τοὺς σοφιστάς τε καὶ νέους).

Die beiden gymnastischen Arten

In der dihäretischen Dialogordnung geschieht die inhaltliche Aufspaltung des gymnastischen und agonistischen Charakters in je zwei Arten mit dem 'peirastischen' Charakter noch anhand eines genuin aristotelischen Begriffs; der Rest ist aus platonischen Ressourcen genommen. Bei dem maieutischen Charakter leuchtet das unmittelbar ein. So deutlich es zu sein scheint, was mit maieutisch und was mit peirastisch gemeint ist, muß doch jetzt der Frage näher nachgegangen werden, aufgrund welcher Kriterien ein Dialog dem maieutischen oder peirastischen Charakter zugewiesen ist.

In den Topiken (VIII 11 p. 164 a 12f, s.o. p. 108) spricht, wie wir oben zitierten, Aristoteles über die Verteilung der induktiven Sätze und Syllogismen[25] auf die Jünglinge je nach ihrem Alter und Kenntnisstand. Nun dominieren in den fünf maieutischen Dialogen offensichtlich die Gespräche mit recht jungen Knaben (besonders im Lysis, Ausnahme Laches), während die πειραστικοὶ διάλογοι eher erfahrenere Gesprächspartner des Sokrates vorführen. Sind die Bemerkungen in den aristotelischen Topiken also auch in dieser Hinsicht auf die Dialogordnung zu übertragen? Dann müßte die Induktion im maieutischen Charakter, die Syllogistik im peirastischen vorherrschen. Diese Hypothese wird gestützt durch die Kombination einer Bemerkung, die Albin im Didaskalikos über den Nutzen der Induktion macht, mit einer

24) Im Kommentar zu p. 110,25-27 (σοφιστὰς ἐξελέγξαι) sollte statt auf das korrupte ἐλεγκτικῷ in Albins Prolog, Kap. 3 (p. 148,32f), besser auf p. 150,32 in Kap. 6 derselben Schrift verwiesen werden.

25) Über den Unterschied zwischen Induktion und Syllogismus s. Prantl, *Geschichte der Logik* I 318f und Kurt von Fritz, *Grundprobleme der Geschichte der antiken Wissenschaften*, Berlin, New York 1971 p. 623-676: "Die ΕΠΑΓΩΓΗ bei Aristoteles".

Ausführung im Prolog desselben Mittelplatonikers, den Zweck der maieutischen Dialoge im philosophischen Unterricht betreffend. Didaskalikos 5,7 p. 158,2f: χρησιμωτάτη δὲ ἡ ἐπαγωγὴ εἰς τὸ ἀνακινεῖν τὰς φυσικὰς ἐννοίας. Prolog 6 p. 150,33-35: ἵνα δέ τις τὰς φυσικὰς ἐννοίας εἰς φῶς προκαλέσαιτο, τοῖς τοῦ μαιευτικοῦ χαρακτῆρος διαλόγοις δεήσει ἐντυγχάνειν· τοῦτο γάρ ἐστιν αὐτῶν ἴδιον.[26]

Wenn Induktion und maieutische Dialoge dieselbe Wirkung erzielen, ist zu erwarten, daß erstere in letzteren stark vertreten sein wird.[27] Legt man nun aber die Beobachtungen von R. Robinson[28] zugrunde, so finden wir uns in dieser Erwartung enttäuscht: Für die in Platons frühem und mittlerem Werk[29] ohnehin selten angewandte Induktion gibt es gerade in den peirastischen Dialogen Charmides und Menon Beispiele; umgekehrt weisen innerhalb der maieutischen Dialoge die zentralen, erörternden Partien des Lysis keinen einzigen und des Laches nur einen nicht vollgültigen Fall einer Induktion auf. Lediglich der Erste Alkibiades, in Robinsons Untersuchung nicht berücksichtigt, weist Induktionen in größerer Anzahl auf.[30] Sollte sich an diesem einen, wenngleich für die Antike nicht unbedeutenden Dialog die ganze Unterscheidung aufgehängt haben, und sollten die vier anderen maieutischen Dialoge mit Willkür ihm zur Seite gestellt worden sein? Dieses Problem, das einen Teilaspekt dieser Dialoge, ihren logischen Stellenwert, betrifft, bliebe hier bestehen, wenn wir seine Lösung nicht wieder aus dem Didaskalikos Albins (c. 6,4 p. 158,25) nehmen könnten: Dort sind die Dialoge mit νέοι ohne Vorbehalt angeführt, wo von Platons Verwendung der Syllogismen die Rede ist, und es werden diese Dialoge mit den 'Sophistendialogen' (nach der dortigen Aus-

26) Die Verbindung zwischen ἔμφυτοι νοήσεις, ἀνάμνησις und Maieutik schon bei Plutarch, *Quaestt. Plat.* 1,4 p. 1000 E (vgl. dies mit Albin, Prol. 6 p. 150,21-23); zwischen φυσικαὶ ἔννοιαι, ἀνάμνησις und μαιευτικόν in dem anonymen Kommentar zum Theätet, col. 46,43-48,7. Zu dem ganzen Komplex s. Whittaker, *Platonic Philosophy* 115.

27) So auch Freudenthal 295.

28) *Plato's Earlier Dialectic*, 2. Aufl. Oxford 1953 p. 39-41.

29) Robinsons Untersuchungen schließen den Theätet noch mit ein (p. V); die beiden Alkibiades und den Theages hat er nicht berücksichtigt.

30) S. etwa Olympiodor *in Alcib. pr.* 212,19-26.

drucksweise, also wohl den peirastischen) in eine Reihe gestellt: τοῖς δὲ ἐνδόξοις (sc. συλλογισμοῖς χρῆται) πρὸς τοὺς σοφιστάς τε καὶ νέους. Man darf annehmen, daß wie für Albin, so auch schon für den Urheber der dihäretischen Dialogordnung die Unterschiede zwischen Induktion und Syllogismus bei der Konstituierung der beiden gymnastischen Charaktere keine Rolle gespielt haben. Die Scheidung der Maieutikoi von den Peirastikoi kann nun aber erklärt werden, wenn wir auf die Bedeutung dieser Worte selbst näher eingehen.

Mit 'maieutisch' ist selbstverständlich auf die sokratische Gesprächskunst verwiesen, wie sie Platon im Theätet entwickelt. Sokrates, der Sohn einer Hebamme (149 A 1), beherrscht die Kunst, Jünglinge, die mit guten Meinungen und Gesinnungen 'schwanger gehen', zur Hervorbringung dieser Meinungen zu führen (150 D); er selbst aber ist ἄγονος σοφίας (150 C 3). Er versteht sich auf die Auswahl geeigneter Jünglinge, auf die Wahl des für die 'Geburt' richtigen Zeitpunkts, auf die 'Wehen' und die Kriterien, die gegebenenfalls eine 'Abtreibung' geraten erscheinen lassen. Auch wirkt Sokrates als 'Freiwerber' für solche Jünglinge, die nicht 'schwanger' sind und daher eines anderen Umgangs bedürfen. Diese Hebammenkunst an der Seele von Jünglingen (150 B 6-9. C 2. 210 C 7f) sollten wir nun besonders in den als maieutisch bezeichneten Dialogen angewendet finden, während die πειραστικοὶ διάλογοι das Vorherrschen von prüfenden Reden in dem Sinne erwarten lassen, wie bei Aristoteles die πειραστική gegenüber den ἐπαγγελλόμενοί τι εἰδέναι skizziert ist.

Die unter dem πειραστικὸς χαρακτήρ aufgeführten platonischen Dialoge fügen sich unterschiedlich gut in die Bedeutungsbreite des Adjektivs. Leicht lassen sich der **Euthyphron** und der **Ion** als peirastisch, prüfend, erkennen. Euthyphron erhebt in seinem Beruf und in seinem augenblicklichen Handeln deutlich den Anspruch, über das ὅσιον Kenntnis zu besitzen. Mit Ion, dem Rhapsoden, verhält es sich ähnlich, er rühmt sich, von Sokrates dazu verlockt, der Fähigkeit κάλλιστα ἀνθρώπων λέγειν περὶ Ὁμήρου (530 C 8f). In beiden Dialogen weist Sokrates den Gesprächspartnern nach, daß ihnen die von ihnen beanspruchte Erkenntnis fehlt. So in die Enge getrieben, verabschiedet sich Euthyphron einfach am Ende des Dialogs, während Ion zu der von Sokrates ironisch gewährten Ausflucht greift, er sei θείᾳ δυνάμει Rhapsode und nicht τεχνικός.

Einen ähnlichen Schluß hat der **Menon**. Da die Untersuchung, ob ἀρετή lehrbar sei, nur ἐξ ὑποθέσεως geführt wurde - denn die Frage τί ποτ' ἔστιν ἡ ἀρετή wurde ausgeklammert -, konnte kein gesichertes Ergebnis erzielt werden. Vorläufig jedenfalls hält Sokrates ironisch fest, daß die ἀρετή dem Menschen durch θεία μοῖρα zukomme.

Die Begründung, warum der Menon gerade unter die peirastischen Dialoge gerechnet wird, fällt weniger leicht als bei den beiden zuvor genannten Dialogen mit ihren prätentiös auftretenden Titelfiguren. Der Menon ließe sich ohne weiteres unter die ethischen und, wegen der Demonstration der Wiedererinnerungslehre an dem Sklaven, ebenso leicht unter die maieutischen Dialoge einreihen.[31] Doch macht auch einiges die bei Diogenes Laertios vorliegende Zuordnung verständlich. Die Eröffnung des Dialogs verzichtet auf alle umrahmenden Plaudereien und geht wie in kaum einem anderen Dialog Platons gleich medias in res. Gerade eine solche Eröffnung stellt Menons an Sokrates gerichtete Eingangsfrage in ein besonders helles Licht. In dieser Frage, ob die Arete lehrbar oder durch Übung zu gewinnen sei, offenbart Menon seine naive Voreingenommenheit und seinen Mangel an kritischem Bewußtsein davon, mit welchen Voraussetzungen seine Frage schon belastet ist. Der Jüngling Menon steht in der Sphäre des Rhetors Gorgias. Sein Liebhaber ist Aristipp, ein Gorgias-Schüler (70 B); auch Menon selbst ist bereit, sich Gorgias' Lehren zueigen zu machen (71 D 1-3). Er behauptet, schon μυριάκις über die ἀρετή Reden geführt zu haben (80 B 2).

31) Die Verbindung zwischen Maieutik und Anamnesis zieht Platon im Theätet selbst nicht. Sie wird aber später hergestellt (als spätes Zeugnis z.B. Proklos *in Alcib. pr.* 28,16f ... τὸν δὲ διὰ τῆς μαιευτικῆς εἰς ἀνάμνησιν ἀνακινεῖ τῶν ἀϊδίων λόγων τῆς ψυχῆς). Zu dem Geflecht von Zusammenhängen zwischen dem ursprünglich stoischen, aber auch vom Platonismus übernommenen Begriff φυσικαὶ ἔννοιαι, der Wiedererinnerungslehre, dem Dialog Menon und der Maieutik s. Whittaker, *Platonic Philosophy* 115, bes. vgl. Albin, Prol. 6 p. 150,33-35, Cicero, Tusc. I 24,57. Nach Julius Stenzel ist der Menon ein zuhöchst maieutischer Dialog: "Dieser Dialog über das Lernen ist selbst ein Beweis maieutischen Lernens im höchsten Sinne." (*Platon der Erzieher*, Leipzig 1928 p. 163, Nachdruck Hamburg 1961.)

Daß er den ἐριστικὸς λόγος (80 E 2) von der Unmöglichkeit, nach Unbekanntem zu suchen, vorbringt, zeigt ihn tatsächlich als trotz seiner Jugend[32] schon gewandten Streiter sophistischen Zuschnitts. Nicht in einer zufälligen Situation improvisierend richtet Menon seine Frage an Sokrates (diese Situation hätte Platon als zum Verlauf der συνουσία dazugehörig uns nicht vorenthalten), sondern Menon verlangt von Sokrates die Stellungnahme zu der unter Sophisten diskutierten Frage nach der Lehrbarkeit der ἀρετή. Der Dialog Menon liefert also durchaus Anhaltspunkte dafür, ihn als ein widerlegend prüfendes Gespräch aufzufassen, in dem Sokrates der Titelfigur vordemonstriert, zu welchen widersprüchlichen und teils absurden Konsequenzen sie kommt, da sie entgegen ihrem forschen Auftreten keine Kenntnis von der Sache selbst hat, über die sie spricht.[33]

Im **Theätet** geht das Gespräch über den homo-mensura-Satz des Protagoras. Protagoras selbst tritt hier nicht auf, aber Theodoros von Kyrene, der Geometer, figuriert beinahe als der ἐπίτροπος des protagoreischen Satzes (164 E 4, vgl. 162 A 4-6). Zumeist aber unterredet sich Sokrates mit Theätet, dem Schüler Theodors, den sein Lehrer an seiner statt mit Sokrates ringen läßt (146 B 1-7, 162 A 4-8, 165 A 9f, bes. 162 B 5-7). Das ganze Gespräch ist die Vorführung der maieutischen Methode, die Sokrates von 148 E bis 151 D erklärt und auf die er immer wieder zu sprechen kommt (157 C 7ff, 160 E 2 - 161 B 6, 184 A 8), bis er zum Schluß das Ergebnis des Gesprächs in seiner Fruchtlosigkeit als "Windei" (Schleiermacher) bezeichnet. Hierin hat es die sokratische Maieutik, die Maieutik an der Seele von Männern, schwerer als die gynäkologische Hebammenkunst: Der Hebamme bleibt es erspart, noch zu beurteilen, ob es sich bei dem Geborenen nur um ein Abbild, ein ἀνεμιαῖον, das der weiteren Aufzucht nicht wert ist (150 B 9 - C 3, 210 B 8f), handelt oder um ein ἀληθινόν. So empfiehlt Sokrates schon zu Beginn der Unterredung dem Theätet (151 C 2-5, vgl. auch 161 A 1-4):

32) Men. 76 B 5, s. Bluck im Kommentar p. 122.

33) Bedingt als Argument für die peirastische Einordnung des Menon ist die Äußerung des Sokrates zu benutzen, die er über den Sklaven macht (84 A 6f): θαρραλέως ἀπεκρίνετο ὡς εἰδώς, καὶ οὐχ ἡγεῖτο ἀπορεῖν. Der ἐπαγγελλόμενος dieses Dialogs ist aber Menon, nicht ein namenloser Sklave; mit seiner Bemerkung hat Sokrates schon Menon selbst im Sinn.

καὶ ἐὰν ἄρα σκοπούμενός τι ὧν ἂν λέγῃς ἡγήσωμαι εἴδωλον καὶ μὴ ἀληθές, εἶτα ὑπεξαιρῶμαι καὶ ἀποβάλλω, μὴ ἀγρίαινε ὥσπερ αἱ πρωτοτόκοι περὶ τὰ παιδία. Zum Schluß belehrt er ihn, daß er durch die soeben durchgeführte ἐξέτασις und die Befreiung von den ἀνεμιαῖα um so leichter in der Folgezeit werde Gespräche führen können, σωφρόνως οὐκ οἰόμενος εἰδέναι ἃ μὴ οἶσθα (210 B 8 - C 4). Der ganze Theätet hätte also mit vollem Recht als maieutischer Dialog eingeordnet werden können. Daß die Anwendung der maieutischen Kunst Sokrates in diesem Dialog am meisten charakterisiere, stellt denn auch Proklos fest (*in Alcib. pr.* 28,4f: κατὰ τοῦτο μάλιστα χαρακτηρίζεται). Doch die Zuordnung zum peirastischen Charakter zeigt, daß der Urheber dieser Dialogeinteilung sein Augenmerk auf die widerlegende Prüfung des Satzes des Protagoras gelegt hat, mithin darauf, daß der Wissensanspruch dessen, der diesen Satz hier vertritt, zurückgewiesen wird. Da nun die Unterredner des Dialogs selbst keine Sophisten sind - Theodor selbst sagt, daß er sich aus dem Gebiet der ψιλοὶ λόγοι des Protagoras in die Geometrie zurückgezogen habe (165 A 1f) - und da infolgedessen der Dialog von Wortgefechten weit entfernt ist, wurde er auch nicht in die agonistische Untergattung, sondern als 'prüfender' Dialog in den peirastischen Charakter aufgenommen.

Äußerlich ähnlich ist dem Theätet der **Charmides**. Auch hier wird die Titelfigur dem Sokrates von einer dritten Person gerühmt, angekündigt und vorgestellt, und Sokrates führt die Unterredung nicht mit dem Patron, sondern zunächst mit dem Jüngling. Im Charmides ist es der Oligarch Kritias, der als älterer Vetter und Vormund des Charmides den Jüngling in die Unterredung mit Sokrates vorausschickt; auch als das Gespräch offensichtlich schon um Kritias' eigenen Ausspruch kreist, den Satz ὅτι σωφροσύνη ἂν εἴη τὸ τὰ ἑαυτοῦ πράττειν (161 B 6),[34] bleibt der Vormund noch eine Weile im Hintergrund des Gesprächs. Von 162 C an übernimmt er aber selbst den Part des ἀποκρινόμενος. Im weiteren Verlauf kommt Sokrates geradezu auf das Bewußtsein des Nichtwissenden von seinen Nicht-Wissen zu sprechen (167 A); ein solches Bewußtsein zu wecken, ist aber gerade ein Effekt peirastischer Gespräche.

34) Zu τὰ ἑαυτοῦ πράττειν als Definition anderer Tugenden s. Heindorf zu Charm. § 19 (161 B).

Im Charmides wird der vielleicht aus sophistischer Sphäre stammende[35] Satz des Kritias geprüft, wie im Theätet der des Protagoras. Beide Sätze werden als fertige dicta in den Dialogen zitiert und stellen die feste Doktrin ihrer Urheber dar. Insofern offenbaren sie wie die Eingangsfrage des Menon einen Anspruch, der von Sokrates kritisch geprüft und erschüttert wird. Keiner der Unterredner der fünf peirastischen Dialoge ist selbst Sophist im professionellen Sinne. Daher sind diese Dialoge nicht in die agonistische Untergattung eingeordnet. Aber da in allen fünf Dialogen eine Person in ihrem Handeln oder mehr noch durch die Pose des Wissens (προσποιούμενος ἔχειν τὴν ἐπιστήμην Arist. Soph. El. 2 p. 165 b 6) Sokrates zu kritischen Fragen provoziert, konnten sie als die Gruppe peirastischer Dialoge zusammengefaßt werden.

Die Differenz zwischen den peirastischen Dialogen, etwa dem Charmides, und dem **Laches**, der dem μαιευτικὸς χαρακτήρ angehört, ist sehr gering.[36] Der Gesprächsgang dieses letzteren Dialogs sei hier nachgezeichnet und die uns interessierenden Momente besonders hervorgehoben. Der greise Lysimachos, Sohn des Aristeides "des Gerechten", und der greise Melesias, Sohn des Politikers Thukydides, haben in der Sorge um die Erziehung ihrer Söhne Aristeides und Thukydides die beiden großen Strategen Nikias und Laches zu Rate gezogen. Ihre Frage ist es, ob der berühmte Fechtmeister Stesileos der richtige Lehrer für die Söhne werden könne. Das Kriterium für die Wahl von Nikias und Laches als Berater ist ihr Sachverstand, sie sind ἱκανοὶ γνῶναι, welche Erziehung dem Enkel eines berühmten Strategen gezieme (178 B 3, vgl. 181 B 5-7, 186 D 3). Laches, der große Stücke auf Sokrates hält, da er seine Tapferkeit bei der Flucht von Delion erfahren hat, der aber bislang nie die Gelegenheit hatte, ihn persönlich in einer Unterredung zu erleben (188 E 5, 194 A 7), zieht Sokrates als Sachverständigen männlicher Tugenden noch hinzu. Sokrates bittet beide Feldherren, ihr Votum für oder gegen die Erziehung bei dem ὁπλομάχης abzugeben, da er selbst weniger erfahren sei in derlei Dingen (181 D). Nikias plädiert pro, indem er den Übungswert der Hoploma-

35) Vgl. T.G. Tuckey, *Plato's Charmides*, Cambridge 1951 p. 20f (Nachdruck Amsterdam 1968).

36) Das merkt auch Dunn, *The Organization* 35, an.

chie herausstellt, Laches contra, da er denselben Fechtmeister nur zu gut schon aus dem Krieg kenne, wo er sich zum Amüsement beider kämpfenden Parteien mit seiner zur Schau getragenen Waffenkunst höchst lächerlich benommen habe (184 C 1): ἐπίφθονος γὰρ ἡ προσποίησις τῆς τοιαύτης ἐπιστήμης. Daß Lysimachos angesichts der Patt-Situation seine Entscheidung von Sokrates' Ausschlag abhängig machen will, gibt diesem die Gelegenheit, sich über einen reinen Mehrheitsentscheid zu empören und dagegen das Urteil des τεχνικός zu empfehlen. Da aber über die Hoplomachie um der Seele der Jünglinge willen beraten werde, sei im Fall der gegenwärtigen Unterredung derjenige der τεχνικώτατος, der sich am besten auf die ψυχαί verstehe (185 D 9 - E 6). Sokrates selbst behauptet nicht, in dieser Beziehung Fachmann zu sein. Aber er zieht aus der Bereitwilligkeit, mit der die Strategen ihr Votum abgaben, den Schluß, daß sie ihrerseits auch Erkenntnis περὶ ψυχῆς θεραπείαν besäßen (186 D 1-3): οὐ γὰρ ἄν ποτε ἀδεῶς ἀπεφαίνοντο περὶ ἐπιτηδευμάτων νέῳ χρηστῶν τε καὶ πονηρῶν, εἰ μὴ αὐτοῖς ἐπίστευον ἱκανῶς εἰδέναι. Ironisch führt er ihre Weisheit auf ihr höheres Alter und ihre größeren Mittel zurück, sich die Sophisten zu gewinnen, zu denen er selbst aus Geldmangel nie habe in die Lehre gehen können. Die Sophisten aber seien es, οἵπερ μόνοι ἐπηγγέλλοντό με οἷοί τε εἶναι ποιῆσαι καλόν τε κἀγαθόν (186 C 3f). Als methodische Voraussetzung gibt Sokrates seine Aufforderung an die beiden Strategen, darzulegen, aufgrund welcher Lehrer oder welcher Erziehungserfolge sie sich als τεχνικοὶ περὶ τῆς τῶν νέων τροφῆς ausweisen könnten (vgl. 186 E 5). Sokrates gibt bereits seinen Verdacht zu verstehen, daß die beiden wahrscheinlich mit diesem Gespräch erst Anfänger in der Paideia seien (εἰ γὰρ νῦν πρῶτον ἄρξεσθε παιδεύειν κτλ. 187 A 8f). Nikias sieht nun voraus, daß es zu einer für Sokrates bezeichnenden grundsätzlichen Erörterung über die rechte Lebensführung kommen werde (188 B 4 - C 1): ἐμοὶ μὲν οὖν οὐδὲν ἄηθες οὐδ' αὖ ἀηδὲς ὑπὸ Σωκράτους βασανίζεσθαι, ἀλλὰ καὶ πάλαι σχεδόν τι ἠπιστάμην ὅτι οὐ περὶ τῶν μειρακίων ἡμῖν ὁ λόγος ἔσοιτο Σωκράτους παρόντος, ἀλλὰ περὶ ἡμῶν αὐτῶν. Auch Laches erklärt sich gesprächsbereit, mit der besonderen Begründung, daß er von Sokrates glaube, seine Worte würden mit seinen Taten in harmonischer Weise zusammenstimmen; Σωκράτους δ' ἐγὼ τῶν μὲν λόγων οὐκ ἔμπειρός εἰμι, ἀλλὰ πρότερον, ὡς ἔοικε, τῶν ἔργων ἐπειράθην, καὶ ἐκεῖ αὐτὸν ηὗρον ἄξιον ὄντα λόγων καλῶν καὶ πάσης παρρησίας (188 E 5 - 189 A 1). Laches spricht gegenüber Sokrates als dem jüngeren väterlich und jovial seine Bereitschaft aus, von ihm zu lernen, und knüpft daran in ahnungslosem Selbstbewußtsein die Erwartung an, auch Sokrates solle gegebenenfalls Lehren von ihm annehmen (189 B 1-3): σοὶ οὖν, ὦ Σώκρατες, ἐγὼ ἐπαγγέλλομαι καὶ διδάσκειν καὶ ἐλέγχειν ἐμὲ ὅτι ἂν βούλῃ, καὶ μανθάνειν γε ὅτι αὖ ἐγὼ οἶδα. Sokrates gibt nun die Suche nach dem Sachverständigen bezüglich der Erziehzung der Seelen auf und schlägt einen Methodenwechsel vor (ἀλλ' οἶμαι καὶ ἡ τοιάδε σκέψις εἰς ταὐτὸν φέρει, σχεδὸν δέ τι καὶ μᾶλλον ἐξ ἀρχῆς ("gründlicher") εἴη ἄν 189 E 1-3) - diesen Wechsel nehmen die beiden Strategen dankbar an, führt er sie doch von dem allzu abstrakten Thema der Seele in bekanntere Gefilde zurück. Sokrates räsonniert: Wer wisse, welches Mittel einen Gegenstand besser mache und wie das Mittel anzuwenden sei, müsse notwendig auch das Mittel selbst kennen; wenn also die Beratung darüber gehe, wie die ἀρετή die Jünglinge ταῖς ψυχαῖς ἀμείνους ποιήσειε (190 B 4f), sei τὸ εἰδέναι ὅτι ποτ' ἔστιν ἀρετή notwendig gegeben (190 B 7f). Auf den hier in Betracht kommenden Teil der Tugend, die Tapferkeit (ἀνδρεία), wird die Untersuchung beschränkt, die nun endgültig, fast schon in der Mitte des ganzen Dialogs, beginnen kann. Wie immer in einem Gespräch mit Sokrates, kristallisiert sich kein anderer Fachmann für Fragen der Tapferkeit heraus als Sokrates selbst. Denn nicht nur die These, die Laches vorbringt, ἀνδρεία sei καρτερία τις τῆς ψυχῆς (192 B 9), wird als unzulänglich zurückgewiesen. Auch Nikias kommt mit seiner These nicht durch, obwohl er ausdrücklich (194 C 7ff) schon sokratisches Gedankengut mit einbezieht: ἀνδρεία sei ἡ τῶν δεινῶν καὶ θαρραλέων ἐπιστήμη καὶ ἐν πολέμῳ καὶ ἐν τοῖς ἄλλοις ἅπασιν (194 E 11f).

Bei allem Gezänk, das die beiden Feldherren noch miteinander austragen, sind sie sich doch am Ende darin einig, daß sie dem Lysimachos und Melesias Sokrates als den geeigneten Ratgeber περὶ τῆς παιδείας τῶν νεανίσκων empfehlen (200 C 2-8). Sokrates aber weist es von sich, wissend zu sein, und hebt abermals hervor, daß die ἀπορία alle Gesprächsteilnehmer ergriffen habe (200 E 5, vgl. 194 C 4). Dennoch kann Lysimachos Sokrates dazu bewegen, sich am nächsten Tage bei ihm zuhause einzufinden, damit er selbst im Verein mit den Jünglingen von

Sokrates lernen könne (201 B 6 - C 5).

Abgesehen von so manchem Ausspruch der Personen des Dialogs hat Platon auch schon durch die Konstellation von Verwandtschaftsverhältnissen und Berufen recht kräftig hervorgehoben, wie sehr den sogenannten Fachleuten die eigentliche, philosophische Erkenntnis ihrer τέχνη abgeht. Es ist die Frage, warum der Laches von den Späteren nicht als peirastischer Dialog bezeichnet wurde. Die Einsicht der konsultierten Feldherren am Ende des Gesprächs, daß sie zur Beantwortung der gestellten Fragen nicht in der Lage sind (200 C), scheidet als Kriterium aus, da dies im peirastischen Theätet ebenso der Fall war (210 B 8-10). Auch ihre Zugehörigkeit zu dem Wirkungskreis der Sophisten stellt den Laches mit den peirastischen Dialogen gleich. Schließlich daß in den Dialogen des maieutischen Charakters die Maieutik intensiver betrieben würde als in den peirastischen, kann angesichts des Theätet auch nicht überzeugen. Was den Laches von den πειραστικοὶ διάλογοι aber unterscheidet, sind die beiden Tatsachen, daß die Definitionsversuche von ἀνδρεία nicht als fertige Doktrinen tradiert werden, sondern sich im Gespräch ad hoc ergeben, mag auch der Definierende im Moment überzeugt sein, eine gute Antwort zu geben; weiterhin daß Nikias und Laches nicht von sich aus und ausdrücklich den Anspruch erheben, die Erziehungsfragen für die Söhne der beiden Greise regeln zu können, sondern im Gegenteil unvorbereitet mit diesem Gesprächsthema konfrontiert wurden (178 A 1-4). Lysimachos rechnet gleich am Anfang des Gesprächs sogar mit der Möglichkeit, daß die beiden Strategen ihre Aufmerksamkeit noch nie auf derartige Fragen gelenkt haben (179 A 8 - B 6). Dies zeigt an, daß die beiden in dieser Beziehung bislang wahrlich nicht als ἐπαγγελλόμενοι verschrieen sind.

Es kommt noch ein Merkmal hinzu. Sokrates sagt im Laches, der τεχνικός für die Erziehung der Jünglinge zu tapferen Männern sei derjenige, der über die Seele verständig ist. Auch dies also entlastet die Strategen von vornherein von der Erwartung ihrer Sachkompetenz. Wenn Sokrates hinterher (189 Dff) die Erörterung methodisch von der Definition der Tapferkeit und nicht von der Untersuchung περὶ ψυχῆς θεραπείαν her angehen läßt, also vom Gegenstand auf das Mittel der Erziehung ablenkt, nimmt er schon Rücksicht auf die bescheidenen Fähigkeiten der Strategen.

Vielleicht mag die Gewichtung der Argumente für oder gegen den Ausschluß des Laches aus den peirastischen Dialogen dem heutigen Platonleser nicht behagen. Es scheint aber das Kriterium, das den Urheber der dihäretischen Dialogordnung bewog, ungefähr bestimmt worden zu sein.

Die übrigen Dialoge, die wie der Laches dem maieutischen Charakter angehören, sind sämtlich Gespräche des Sokrates mit Jünglingen. Im **Theages** ist noch der Vater der Titelfigur am Gespräch beteiligt. Wenn in diesem kurzen Gespräch überhaupt von Maieutik die Rede sein kann, dann sogar von einer besonders positiven, denn Theages steuert jeweils rechtzeitig genau die Argumente bei, auf die Sokrates hinauszuwollen scheint, und am Ende der sachlichen Unterredung - auf Sokrates' Aufforderung hin, sich an die καλοὶ κἀγαθοί zu wenden, wenn er τὰ πολιτικά lernen wolle - bezeichnet der Jüngling Sokrates selbst als solchen und erwählt ihn zu seinem Lehrer.

Auch der **Erste Alkibiades** ist kein aporetischer Dialog, sondern die Bekehrung des Alkibiades zur Sokratesnachfolge. Daß die Titelfigur in dem Gespräch noch Jüngling und ohne Anlehnung an einen älteren Mentor ist,[37] macht zusammen mit der erfolgreichen Bekehrung den Unterschied zu den πειραστικοὶ διάλογοι aus; denn in seinem Anspruch, allen überlegen zu sein (οὐδενὸς φῄς ἀνθρώπων ἐνδεὴς εἶναι εἰς οὐδέν 104 A 1f), und in dem 'Weltherrschaftsanspruch', den Sokrates ihm unwidersprochen beilegt (104 E - 105 C), übertrifft Alkibiades jedenfalls noch sehr die allzumenschlichen Anmaßungen eines Ion oder Menon. Er hat jedoch noch gar nicht das Format, als ἐπαγγελλόμενος aufzutreten, er ist ja noch nicht einmal in den Demos eingeführt. Verglichen mit ihm ist z.B. Menon vielleicht nicht wesentlich älter,[38] aber erfahrener und hat Gorgias im Rücken. Entsprechend endet der Menon in der Aporie, während

37) Er steht kurz vor seiner Einführung in den Demos (105 B 1), tritt also bald in das 19. Lebensjahr ein (vgl. G. Busolt, *Griech. Staatskunde,* Tl. 1, München 1920, Handb. d. Altertumswissensch. IV 1,1 p. 247); *ἔτη οὐδέπω γεγονὼς σφόδρα εἴκοσιν* Alk. I 123 D 6.

38) Menons Alter: *καλὸς εἶ καὶ ἐρασταί σοι ἔτι εἰσίν* (76 B 5). "No longer very young" (Thompson p. XV); das paßt mit Blucks Rechnung zusammen (p. 123), der das Jahr 402 für das dramatische Datum des Dialogs nimmt

der Erste Alkibiades einen unbeschwerten, heiteren Ausgang hat. Diesen Dialog konnte der Urheber der dihäretischen Dialogordnung kaum einer negativ formulierten, 'prüfend widerlegenden' Klasse subsumieren. Wenn wir also vorher sahen, daß ihn die Destruktion einer bestehenden Doktrin bewog, die Dialoge Theätet und Menon statt in die maieutische in die peirastische Art einzureihen, so sehen wir am Ersten Alkibiades, daß hier die positiven Elemente stärker gewichtet werden. Es wundert nicht, daß Jamblich, den Dialog in drei Abschnitte teilend, einen der Abschnitte durch dasjenige gekennzeichnet sah, was wir als peirastisch bezeichnen, und einen anderen durch das Maieutische. Olympiodor nannte diese Abschnitte ἐλεγκτικὸν τμῆμα (Anfang des Dialogs bis 119 A) und μαιευτικὸν τμῆμα (124 A bis zum Schluß), zwischen denen noch ein προτρεπτικὸν τμῆμα liege.[39] Zum ersten Abschnitt gehört τὸ τὴν ἄγνοιαν ἀφαιροῦν τοῦ λόγου, zum dritten τὸ τὴν ἀνάμνησιν πορίζον τῆς ἀληθινῆς ἡμῶν οὐσίας, wie uns Proklos Jamblichs Lehre referiert.[40] Proklos selbst weiß auch von solchen Vorgängern zu berichten, nach denen die πρόθεσις (d.h. der σκοπός) des Ersten Alkibiades u.a. in ἔλεγχος (mit seinem Zweck der κάθαρσις τῆς ἀγνοίας τῆς διπλῆς[41]) und μαιεία gelegen habe; wogegen er sich aber verwahrt, da diese Bestimmungen nur τὰ διαλεκτικὰ ὄργανα erfaßten.[42] Auch den Neuplatonikern wäre es also sicher nicht leicht gefallen, den Ersten Alkibiades eindeutig dem peirastischen oder maieutischen Charakter zuzuweisen. Das mögen abschließend zwei Sätze des Proklos belegen (*in Alcib. pr.* 27,16f. 176,8-10):

> τῆς μαιευτικῆς πολλαχοῦ λάβοις ἂν τὴν ἰδιότητα τοῖς τοῦ Σωκράτους λόγοις ἐμφερομένην.

und Menons Alter bei Beginn der Anabasis Kyru (anno 401) auf 19 bis 20 Jahre schätzt.

39) Olympiodor *in Alcib. pr.* 142,4-143,1 u.ö.

40) Proklos *in Alcib. pr.* 14,9f. 14f (= Jamblich *in Alcib. pr.* fr. 2,14f. 19f Dillon).

41) Vgl. Proklos *in Parm.* 654,2f: πειραστικὴ (so Westerink, παραστατικὴ codd.; s. die Übersetzung von Morrow-Dillon) κατ' ἀλήθειαν οὖσα καθαρτικὴ τῆς διπλῆς ἀμαθίας.

42) Prokl. *in Alcib. pr.* 7,9-9,1, vgl. 12,1-14.

πρόκειται μὲν δὴ δεικνύναι τὸν Ἀλκιβιάδην οὐδὲν εἰδότα τούτων ὧν οἴεται εἰδέναι καὶ περὶ ὧν ἐπαγγέλλεται συμβουλεύσειν Ἀθηναίοις.

Bei dem **Zweiten Alkibiades** ist von der Prätention des Alkibiades aus dem anderen Dialog nichts zu spüren. Sokrates trifft den Jüngling beim Gang zu Opfer und Gebet und führt ihn in die Aporie, nicht zu wissen, für was er eigentlich beten soll. Weder ist Alkibiades Fachmann in der aufgeworfenen Frage (wie etwa Euthyphron), noch sperrt er sich gegen Sokrates' Gesprächsführung und die erzielten Ergebnisse.

Der Zweite Alkibiades ist also, wie schließlich auch der **Lysis**, ein in der Aporie endendes Gespräch des Sokrates mit einem harmlosen, braven Jüngling.

Im allgemeinen werden als maieutisch nur solche Dialoge bezeichnet, in denen Sokrates sich mit Jünglingen oder Männern unterhält, die sich willig der sokratischen Gesprächsführung anvertrauen und bezüglich des Gesprächsgegenstandes keine vorgefaßte Meinung haben; als peirastisch sind die Dialoge bezeichnet, in denen Fachleute bezüglich ihres behaupteten Fachwissens auf die Probe gestellt werden oder in denen solche Meinungen erschüttert werden, die, unter sophistischem Einfluß entstanden, als feste Anschauungen schon Selbständigkeit und Gewicht gewonnen haben.

Damit wäre dem aristotelischen Verständnis von πειραστική durchaus entsprochen worden. Auch bei Aristoteles war die γυμνασία schon ein wesentlicher Bestandteil der Peirastik. Für die Anschauung aber von der Maieutik als Übung findet sich ein mittelplatonisches Zeugnis: Galen bezieht die Maieutik in die Dialektik mit ein und setzt das διαλεκτικόν mit dem γυμναστικόν gleich (*de plac. Hipp. et Plat.* II 3 p. 110,23-112,2 de Lacy). Daß die Scheidung zwischen den beiden gymnastischen Charakteren recht unklar sein kann, liegt natürlich darin begründet, daß sich der Urheber dieser Dialogordnung offenbar auferlegt hat, alle Dialoge der Tetralogienordnung[43] in sein System einzuordnen. Mit dieser Absicht mußte er manchem Dialog Gewalt antun.

43) Dunn, *The Organization* 18f. behauptet die Priorität der dihäretischen vor der Tetralogienordnung. In diesem Falle ist bemerkenswert, daß gerade die neunmal vier Dialoge den Charakteren zugewiesen worden sind. Für

Die beiden agonistischen Arten

Der Versuch, die Einordnung der Dialoge in die beiden agonistischen Arten zu erklären, muß zunächst damit beginnen, die Begriffe ἐνδεικτικός und ἀνατρεπτικός zu erläutern.

Die Bedeutungen, die die gelehrte Literatur bisher dem Adjektiv ἐνδεικτικός in der dihäretischen Dialogordnung zuerkannte, sind entweder falsch ("accusatorio"; "critical, which raises critical objections" u.ä.) oder zu vage ("nachweisend", "exhibitory", "probative" u.ä.). Am gewissenhaftesten waren wohl diejenigen, die die Termini der untersten Dialogarten gänzlich unübersetzt ließen. Der tatsächlich recht dunkle Sinn des vieldeutigen Adjektivs wird jedoch durch einen Passus aus Olympiodors Kommentar zum Ersten Alkibiades erhellt (zu 105 E 3 p. 58,12-16):[44]

> Ἐνδειξάμενος ὅτι παντὸς ἄξιός εἰμι: ἰστέον ὅτι τὸ 'ἐνδειξάμενος' ὁ φιλόσοφος ἐπὶ τοῦ διαλογικοῦ σχήματος ἀεὶ τάττει, τὸ δὲ 'ἐπιδειξάμενος' ἐπὶ τοῦ ἀποτάδην· διὸ καὶ ἀντιδιαιρεῖ αὐτὰ ἀλλήλοις πανταχοῦ. οὕτως οὖν καὶ ἐνταῦθα τούτῳ κέχρηται, ὅτι 'ἐρωτῶν καὶ ἀποκρινόμενος δείξω πόση δύναμις ἔσται σοι δι' ἐμοῦ'.

Im Zusammenhang der zitierten Dialogstelle fällt das Verbum ἐνδείκνυσθαι sechsmal, sonst wird es in dem Dialog nicht mehr gebraucht. Sokrates erklärt in 106 B 1-4 ausführlich seine Art zu reden, indem er dem εἰπεῖν λόγον μακρόν das ἐνδείξασθαι gegenüberstellt. Olympiodor hat mit scharfem Blick gesehen, daß schon an der Stelle 105 E 3 das Verbum in diesem Sinne gebraucht ist, obwohl es sich, vordergründig betrachtet, von der Bedeutung in den vier vorangehenden Stellen nicht unterscheidet (105 B 2. 4. D 7. E 1). Frei von jeglichem Bezug auf die sokratische Gesprächsweise, ist an diesen Stellen lediglich ein sehr

eine Hypothese, die dihäretische Ordnung, schon vor den Tetralogien existierend, wäre noch nachträglich auf 36 Dialoge aufgestockt worden, haben wir keine Indizien, sie ist aber immerhin denkbar.

44) Vgl. auch ib. p. 60,13-20. Bemerkenswert ist, daß der viel ausführlichere Kommentar des Proklos nicht auf die Wortbedeutung von ἐνδείκνυσθαι eingeht. Einen Auszug aus der Olympiodor-Stelle bieten die Scholia vetera zum Ersten Alkibiades 105 B 4. Sie knüpfen ihren Kommentar zu dem Verb also eigentlich unpassend an sein erstes Vorkommen im Dialog an.

eindringliches Zeigen gemeint, das in dem politischen Zusammenhang fast schon ein "Unter-Beweis-Stellen" ist, etwa wie bei Xenophon, Kyrupädie I 6,10:

> καὶ πειστικωτέρους, σάφ' ἴσθι, λόγους δυνήσῃ τότε λέγειν ὅτανπερ καὶ ἐνδείκνυσθαι μάλιστα δύνῃ καὶ εὖ ποιεῖν ἱκανὸς ὢν καὶ κακῶς,

und bei Platon, Ion 541 D 2[45] und Lysis 209 E 2. Sokrates verwendet also im Ersten Alkibiades das Verb an der Stelle 105 E 3 ironisch und in dem Bewußtsein, den tieferen Sinn des Wortes, d.h. seine andere, 'platonische' Bedeutung, alsbald erklären zu wollen. Aus der Art, wie das Wort endlich in 106 B 1-4 seinen vollen Sinn enthüllt, müssen wir schließen, daß schon der Verfasser dieses Dialogs die von Olympiodor überlieferte Ansicht über Platons Sprachgebrauch vertrat.

Daß auch Platon selbst tatsächlich ein besonderes philosophisches Sprechen und Darstellen beim Gebrauch dieses Verbs im Sinne hatte, wird durch markante Beispiele erwiesen. Im Menon trägt Sokrates die Lehre von der Wiedererinnerung vor: Nicht Lehren und Lernen bedeuten geistige Entwicklung, sondern in der Wiedererinnerung werden aus dem Bewußtsein getretene, aber nicht verlorene Kenntnisse wieder hervorgeholt. Daher darf von 'Lehren' erst gar nicht gesprochen werden. Wie es nun angehe, daß das, was man gemeinhin μάθησις nenne, ἀνάμνησις sei, will Menon von Sokrates erfahren (81 E 5 - 82 A 6):

> MEN. ... ἔχεις με τοῦτο διδάξαι ὡς οὕτως ἔχει;
> ΣΩ. Καὶ ἄρτι εἶπον, ὦ Μένων, ὅτι πανοῦργος εἶ, καὶ
> 82 A νῦν ἐρωτᾷς εἰ ἔχω σε διδάξαι, ὃς οὔ φημι διδαχὴν εἶναι
> ἀλλ' ἀνάμνησιν, ἵνα δὴ εὐθὺς φαίνωμαι αὐτὸς ἐμαυτῷ
> τἀναντία λέγων.
> MEN. Οὐ μὰ τὸν Δία, ὦ Σώκρατες, οὐ πρὸς τοῦτο

45) Neben der mit politischer Rede verbundenen Bedeutung gewinnt das Verb hier einen weiteren Sinn daraus, daß dem erfolgreichen ἐνδείκνυσθαι der Strategen das erfolglose ἐπιδείκνυσθαι Ions vor den Athenern (541 E 4f. 542 A 1) gegenübergestellt wird. Voller Ironie untermalt Platon hier den Erfolg vor dem Demos mit dem Verb, das die philosophische Gesprächsweise bezeichnet.

βλέψας εἶπον, ἀλλ' ὑπὸ τοῦ ἔθους· ἀλλ' εἴ πώς μοι ἔχεις ἐνδείξασθαι ὅτι ἔχει ὥσπερ λέγεις, ἔνδειξαι.

Menon ersetzt - vordergründig nur um aus seiner begrifflichen Zwickmühle herauszukommen - διδάσκειν durch ἐνδείκνυσθαι. Für Platon mag dieser Akt einen tieferen Sinn gehabt haben: Durch Änderung des Vokabulars wird der Zuhörer auf die geänderte Methode eingestimmt und so zu einer anderen, aktiveren Haltung gegenüber den Worten des Meisters bereit gemacht.

Διδάσκειν ("lehren" oder einfach "Auskunft geben") und ἐνδείκνυσθαι können in mancherlei Zusammenhängen, auch außerhalb Platons, beinahe synonym sein.[46] Die genannte Partie im Menon[47] erlaubt jedoch das Urteil, daß bei Platon die Synonymik nur vordergründig ist und mit ἐνδείκνυσθαι eine besondere Art philosophisch unterweisenden, also dialektischen Sprechens gemeint ist. Indem Olympiodor und der Autor des Ersten Alkibiades diese Art auf die dialogische Frage- und Antwortmethode einschränken, sehen sie die platonische Bedeutung des Verbs allerdings zu eng; indem Olympiodor andrerseits postuliert, daß Platon das Verb immer (ἀεί) in dieser speziellen Bedeutung gebrauche, sieht er deren Anwendung wiederum zu weit.[48]

46) Plat. Prot. 325 D 3, Krat. 428 E 1, Galen *de aliment. facult.* II 59,7 CMG V 4,2 p. 323,7 (von Sinnesorganen, mit συνενδείκνυσθαι).

47) Vgl. auch Euthyphr. 9 B 1 (mit A 1 δίδαξον), Soph. 217 C 4 (hier tatsächlich im Gegensatz zu μακρὸς λόγος).

48) Das zeigen uns die modernen Speziallexika an: Z.B. Gorg. 484 B 2, Apol. 32 D 1, Pol. 275 B 1f stimmen auch nicht zu Olympiodors Bemerkung. Weiter entfernt sind natürlich noch Stellen wie Prot. 317 C 7 (prahlend "angeben, schöntun mit etw.") und (aktiv) Apol. 32 B 7 (juristisch "anzeigen"). - In einem ganz anderen Sinn gebrauchen die Neuplatoniker das Verb ἐνδείκνυσθαι seit Syrian, s. Westerinks Index zu Damask. *in Phileb.* s.v. ἔνδειξις mit Verweisen, vgl. auch z.B. Damask. *Apor. et sol.* c. 46 (I 91,10 R.: ἔνδειγμα). - Ohne den Begriff ἐνδείκνυσθαι zu gebrauchen, bezieht Prokl. (*in Alcib. pr.* p. 165,2-8) τὸν κατὰ ἀποτάδην λόγον auf ἱστορία und Rhetorik, während ἡ κατὰ πεῦσιν καὶ ἀπόκρισιν διάλεκτος als das Medium der Philosophie bezeichnet ist. Es hat den Anschein, daß Prokl. den platonischen Wortgebrauch nicht nur ignoriert (s.o. Anm. 44), sondern auch, um Verwechslungen zu vermeiden, aus seinem eigenen Sprachschatz eliminiert, s.u. Anm. 52.

Was ist nun unter diesen Prämissen das Endeiktische an Platons Protagoras? Wie kein anderes Werk Platons hat gerade der Protagoras die Gegenüberstellung von sophistisch-rhetorischer Makrologie und sokratischem Dialog zum Thema. Neben den Erörterungen um die Lehrbarkeit und Einheit der Tugend und anderen Hauptmomenten dieses Dialogs drängt die Entscheidung zwischen diesen beiden Grundpositionen der Gesprächskunst immer wieder an die Oberfläche. Ausführlich wird mit Protagoras hierüber im Kreis der Gäste des Kallias verhandelt (334 C - 338 E[49]). Sokrates' Forderung nach kurzen Antworten setzt sich dabei durch. Daher geht der Dialog von mehreren makrologischen Epideixeis[50] - eine von ihnen steuert Sokrates selbst bei - in die sokratische Gesprächsform über.[51] Die Einstufung als ἐνδεικτική verdankt diese platonische Schrift offensichtlich dem Gewicht, das der Disput um die dialogische Gesprächsmethode in ihr behauptet.[52]

49) Vgl. noch 328 D - 329 B, 348 C 3f. Auch die Erhöhung der λακωνίζοντες zu Philosophen weist in dieselbe Richtung (342 A - 343 C).

50) 316 A - 317 E, 320 C - 328 D, 342 A - 347 A.

51) 348 C - 362 A.

52) Seit dem 2. Jahrhundert n.Chr. läßt sich eine Sonderbedeutung der Wortfamilie ἐνδείκνυσθαι feststellen, die in einen vielleicht nicht zufälligen Zusammenhang mit dem platonischen Protagoras gestellt worden ist. Von Jürgen Hammerstaedt wurde beobachtet, daß das Substantiv ἐνδείκτης bei Oinomaos (fr. 15,3) nicht als "Kläger", sondern in einer sonst nur in den apokryphen Thomasakten belegten, außerjuristischen Bedeutung gebraucht ist (*Acta Thomae* 79 in: Acta Apost. Apocr., edd. Lipsius-Bonnet II 2 p. 194,11f): πιστεύσατε τῷ διδασκάλῳ τῆς ἀληθείας· πιστεύσατε τῷ τὴν ἀλήθειαν ὑμῖν ὑποδεικνύοντι ... οὗτος ὁ ἀπόστολος ἐκείνου ἐστίν (sc. Ἰησοῦ), ἐνδείκτης τῆς ἀληθείας. Gleichzeitig sind in dem genannten Oinomaosfragment Anspielungen auf den Protagoras enthalten (vgl. Hammerstaedts Kommentar zu Z. 6-8). Der Sinn von ἐνδείκτης läuft bei Oinomaos wie in den Thomasakten auf "Wegweiser zur Erkenntnis" hinaus (vgl. Oinom. fr. 15,2 ξεναγωγήσοντος ἐπὶ τὴν σοφίαν). Daß das Wegweisen als die eigentliche, konkrete Bedeutung des Substantivs ἔνδειξις verstanden wurde, bezeugt Sextus Empiricus, indem er den Begriff der medizinischen Induktion (ἔνδειξις) durch das Wort ὁδήγησις erläutert (*Pyrrh. Hyp.* I 240, vgl. 238). Weitere Beispiele in dieser Richtung sind Clemens Alex. *Paed.* I 12 (I 149,8 Stählin): ὁ τὴν

Innerhalb der agonistischen Dialoge, in denen sich Sokrates in den Streit mit seinen Gegnern, den Sophisten, einläßt, wird von dem endeiktischen Protagoras, der über die dialogische Methode handelt, eine Gruppe von vier anatreptischen Dialogen abgesondert. Das Verb ἀνατρέπειν kann unter anderem zugleich "widerlegen" und "im Ringkampf niederwerfen" heißen. Es paßt gut in die sophistische Atmosphäre, man erinnere sich etwa an den Titel eines Werks von Protagoras, in dem mit καταβάλλειν ein ähnliches Wort benutzt ist: Ἀλήθεια ἢ καταβάλλοντες. Bei Platon selbst finden sich einmal die Worte ἐνδείκνυσθαι und ἀνατρέπειν gegenübergestellt: Im Euthydem erklärt Sokrates dem Jüngling Kleinias, daß er durch die Trugschlüsse der beiden Sophisten wie in einem Ringkampf[53] immer aufs neue zu Fall gebracht werde. Das bisherige Ringen als παιδιά abtuend, fordert er die beiden auf, nunmehr ernsthaft ihre προτρεπτικὴ σοφία vorzuführen (ἐπιδείξασθαι 278 C 5f), gleichsam an den Tanz die Weihe anschließend (277 DE); zunächst aber werde er selbst seine ernsthafte Darstellung des in Rede stehenden Sachverhalts geben (ἐνδείξομαι 278 D 4).[54]

ἐνδεικτικὴν καὶ παιδευτικὴν ἡγεμονίαν κεκληρωμένος λόγος (vgl. Z. 10f ὁδοιπορικὴ ἑτοιμότης) sowie Proklos *in Parm.* 927,16f ὥστε καὶ ἐνδεικνυμένου μόνον τοῦ ἡγουμένου δύνασθαι παρέπεσθαι ταῖς ἐνδείξεσι und Z. 36-40 (καθηγεμών, ὁδεύσας, ἐνδείκνυσθαι). Ein Hinführen zur Wahrheit ist durch das Vorgespräch im platonischen Protagoras gegeben (310 A - 314 C): Sokrates schreitet Hippokrates voran in das Gespräch mit Protagoras; er führt ihm dieses vor und zeigt ihm, wie man sich mit einem Sophisten unterhalten muß. Zudem erklärt er ihm (313 A - 314 C) eine Methode, wie er nach dem Gespräch mit Protagoras fortfahren soll, um die Frage zu klären, ob er sich dem Sophisten ἐπὶ παιδείᾳ anvertrauen soll. - Letztlich ist es aber doch sehr fraglich, ob der ἐνδεικτικὸς χαρακτήρ auch von dieser Bedeutung des Adjektivs her bestimmbar ist.

53) Vgl. 277 D 1f: ἔτι δὴ ἐπὶ τὸ τρίτον καταβαλῶν ὥσπερ πάλαισμα ὥρμα ὁ Εὐθύδημος τὸν νεανίσκον. Außerdem 271 D 6f und 276 C 2 Bilder aus der Gymnastik.

54) Wieder ist Platons Spiel mit den Bedeutungen von ἐνδείκνυσθαι zu beobachten. In 277 E 5 und 278 A 6 bedeutet das Verb "durch die Tat deutlich machen, beweisen" (vgl. Euripides, Alkestis 154, Platon Apol. 32 D 1, Charm. 162 D 1): Euthydem und Dionysiodor 'haben es Hipparch gezeigt',

Hier geht es also um sophistische Ringertricks, die nicht ernst genommen werden, und auf der anderen Seite um wahre Philosophie. Die Metaphorik der Ringersprache wird nach 278 C[55] in dem Dialog nicht mehr fortgeführt,[56] wohl aber bleibt der Gegensatz zwischen Scherz und Ernst,[57] der mit dem Ringerbild eingeführt wurde, ein Grundton des Dialogs.

Die sogenannten ἀνατρεπτικοὶ διάλογοι des dihäretischen Dialogsystems führen allesamt Sophisten vor, die sich von Sokrates widerlegt sehen; zumeist endet das Gespräch im Unmut[58] der Sophisten, wenigstens aber können sie Sokrates nicht mehr folgen.[59] Nur im Euthydem gehört der letzte Erfolg scheinbar den beiden Sophisten. Doch daß sich beinahe die Säulen des Hauses vor Lachen bogen, weil Sokrates wie ein geschlagener Boxer eine schlechte Figur abgab (303 AB), ist nur der Höhepunkt der ironischen Erzählung, die Sokrates selbst am nächsten Tag von diesem sophistischen Schlagabtausch gibt. Daß er die Tricks Euthydems und Dionysiodors souverän durchschaut, daran bleibt kein Zweifel, zahlt er den beiden im Gespräch ja manchen

sie haben ihm sein Unwissen bewiesen - eine Aufgabe, die sonst gern Sokrates übernimmt, daher steht das Verb an diesen beiden ersten Stellen geradezu in sokratischer Atmosphäre. Die Aussage δῆλον ὅτι τούτω γέ σοι αὐτὼ τὰ σπουδαῖα ἐνδείξεσθον (Euthyd. 278 C 3f) bringt das Verb, das der Hörer noch von vorhin im Ohr hat, in einer neuen Bedeutung: Nun heißt es einfach 'darlegen' wie vielfach bei Platon (vgl. etwa Parm. 136 E 7), jedoch mit dem Unterton der philosophisch angemessenen Unterweisungsart, die als platonische Dialektik bezeichnet wird. Der Wortgebrauch ist hier also ironisch; Platon läßt Sokrates das Verb auch sogleich durch ἐπιδεικνύναι ersetzen (278 C 5. D 2). Erst wo dieser von seiner eigenen unterweisenden Darlegung spricht (278 D 4), setzt er das Verb ἐνδείκνυσθαι wieder ein, das nun zu seinem Ziel und seinem eigentlichen Träger gelangt ist.

55) Nur das eine Mal 286 C 4 lebt sie wieder auf wegen des antisthenischen Satzes des Widerspruchs, vgl. Diog. Laert. III 35, Arist. Metaph Δ 29 p. 1024 b 32-34.

56) Zum Ausdruck der Gefährdung durch die Trugschlüsse der Sophisten dient 302 B 7 ein Vergleich mit dem Netz.

57) Z.B. 304 E 5, 294 B 3. D 1, 283 B 10, 288 B 7. C 4. D 3, 293 A 4.

58) Hipp. mai. 304 A 4 - B 6, Gorg. 505 CD.

59) Gorg. 513 C 4-6, Hipp. min. 376 B 7.

spaßeshalber hingenommenen Schlag auch tatsächlich wieder heim (z.B. 285 A-C). Das 'Rahmengespräch' mit Kriton rückt das 'Hauptgespräch' vollends ins richtige Licht.

Als 'anatreptisch' ("wie im Ringkampf widerlegend") sind mithin diejenigen Dialoge Platons bezeichnet, in denen Sokrates Sophisten auf eine bestimmte Weise widerlegt. Der Terminus ἀνατρεπτικός ist gewählt, offenbar um den Charakter des gymnastischen Wettkampfs, der dem Wortstreit mit Sophisten zueigen ist, anzudeuten. Es fragt sich nun, was die vier anatreptischen Dialoge dem Protagoras an 'anatreptischen Spezifika' eigentlich voraus haben. Bezüglich der Ringermetaphorik ist tatsächlich zu beobachten, daß es im Protagoras, obschon auch ihm sophistische Trugschlüsse nicht fehlen,[60] doch erheblich geordneter und ruhiger zugeht als in den turbulenten und von Aufbrausen erfüllten Partien des Euthydem und Gorgias. Das 'Niederringen' im 'Agon' ist also nicht ganz so drastisch vertreten. Jedoch steht das 'Widerlegen' sachlich im Protagoras demjenigen der anatreptischen Dialoge in nichts nach: Dadurch daß Sokrates den Standpunkt des Protagoras, Arete sei lehrbar, am Ende gegen den Widerstand des Sophisten selbst durchficht, indem er seinerseits seine eigene anfängliche Gegenposition, Arete sei nicht lehrbar, aufgibt und ihr bewußt widerspricht, baut sich ein ganzes Gebäude von Widersprüchen und Widerlegungen auf.[61] Wenn das Merkmal 'anatreptisch' die anderen vier Dialoge von dem Protagoras absetzen soll, dann also eher in der Bedeutung des niederringenden Redekampfs, die aus der Gymnastik

60) 338 E - 340 D, vgl. 340 D 7f.

61) S. 361 A 3 - C 2. Man kann auch sagen, daß Sokrates den Protagoras so weit bringt, daß sein ganzes Gebäude der Argumentation umstürzt - eine οἴκων ἀνατροπή (325 C 3) von der Art, vor der nach Protagoras' eindringlichen Worten Eltern ihre Kinder durch Lehre und Unterweisung gerade schützen wollen (διδάσκοντες καὶ ἐνδεικνύμενοι 325 D 2f). Das Spiel, das Platon hier mit Protagoras treibt, hat aber wohl keinen genau bestimmbaren Einfluß auf die Terminologie der Dialogcharaktere gehabt. - Der Ausruf des Kallikles im Gorgias 481 C 1-4, der eine wesentliche Erkenntnis über Sokrates' Wirken unter den Sophisten formuliert (... ἡμῶν ὁ βίος ἀνατετραμμένος ἂν εἴη τῶν ἀνθρώπων), hat seine Gültigkeit für alle Sophisten-, d.h. agonistischen Dialoge; auch hier also läßt sich kein Schluß auf die spätere Terminologie im Dialogsystem ziehen.

übertragen ist, als in der rhetorischen Bedeutung des Widerlegens. Damit ist aber 'anatreptisch' nur noch graduell von der Charakteristik der ganzen Untergattung ('agonistisch') zu unterscheiden.

Die Differenz der anatreptischen Art zu der agonistischen Gattung wie auch diejenige zur endeiktischen Art mag von vornherein nicht als so groß angesehen worden sein; vielleicht hat eher eine Art von Systemzwang zu dieser Scheidung geführt. Dieser Verdacht wird bestärkt durch die Handhabung der beiden Arten bei Albin. Dieser setzt (Prol. c. 6 p. 151,9-14) beide Arten unterschiedslos zur Schulung der Platoniker für die Auseinandersetzungen mit den Sophisten ein.[62] Für uns Spätere wirft jener Systemzwang in Verbindung mit der zitierten Olympiodorstelle jedenfalls den Gewinn ab, einer besonderen Ausdrucksgewohnheit Platons auf die Spur zu kommen und ihre Beobachtung vom Autor des Ersten Alkibiades über den Urheber der dihäretischen Dialogordnung bis hin zu Olympiodor und den Platonscholien verfolgen zu können.

Die beiden theorematischen Arten

Bei den beiden theorematischen Charakteren bedarf es keiner Erläuterung, warum der Timaios als physischer Dialog geführt wird. Die Konstituierung des logischen Charakters stimmt mit einigen zeitgenössischen Quellen zusammen:

Galen[63] bezeichnet die Dialoge Sophistes und Politikos als diejenigen im Corpus Platonicum, in denen die dihäretische Methode eingeübt wird;[64] die Anwendung dieser Methode[65] sieht er nicht auf diese Dialoge beschränkt. In der Tat zeichnen sich die beiden Dialoge durch ein Vorherrschen der Dihärese aus. Im Sophistes wird sie als Methode zum Definieren ausdrücklich er-

62) Einschränkend ist allerdings zu bemerken, daß nach den Handschriften bei Albin der Protagoras nicht zu einem ἐνδεικτικὸς χαρακτήρ gehört, sondern zu einem ἐλεγκτικός (c. 3 p. 148,32f) bzw. ἐπιδεικτικός (c. 6 p. 151,10f). Ob dies auf zwei Überlieferungsfehler oder auf den Epitomator zurückgeht, ist nicht mit voller Sicherheit zu klären.

63) *De plac. Plat. et Hipp.* p. 566,10-14 De Lacy.

64) ... τὸ κατὰ τὴν διαιρετικὴν ὀνομαζομένην μέθοδον, ἧς τὴν μὲν γυμνασίαν ὁ Πλάτων ἐν Σοφιστῇ καὶ Πολιτικῷ πεποίηται κτλ. (p. 566,10-12).

65) Τὴν δὲ ἐξ αὐτῆς χρείαν (p. 566,12).

läutert (264 D 10). Der Politikos führt in noch größerem Ausmaß die dihäretische Methode in der Definition des Staatsmanns vor. Ausdrücklich wird erklärt, daß das Gespräch nur der Vorübung für alle weitere Philosophie diene (285 D 5: διαλεκτικωτέροις γίγνεσθαι περὶ πάντα).

Definition und Dihärese werden im 2. Jahrhundert n. Chr. mehrfach im Zusammenhang mit dem ἐτυμολογικὸς τόπος des Kratylos als Bestandteile der Logik genannt. Sextus Empiricus zählt die Wissenszweige auf, die Platon in seinen Dialogen Sokrates beigegeben habe (*adv. math.* VII 9. II 4,16-18 Mutschm.): παντὸς μέρους φιλοσοφίας αὐτῷ μεταδίδωσιν, τοῦ μὲν λογικοῦ παρόσον περὶ ὅρων καὶ διαιρέσεων καὶ ἐτυμολογίας παρεισῆκται ζητῶν, ἅπερ ἐστὶ λογικὰ κτλ. Nachdem Albin bereits im Kapitel 5 des Didaskalikos (§§ 2f p. 156,29-157,9) ausführlich Dihärese und Definition vorgestellt hat und über Analysis und Induktion (§§ 4-7) auf den Syllogismus übergegangen ist (Kap. 6,1-8), erläutert er gegen Ende des sechsten Kapitels die Sophismata (§ 9 p. 159,30-34) und fügt, in einem Atemzug, noch die Kategorien und die Etymologien an (§ 10 p. 159,34-36). Jene findet er im Parmenides καὶ ἐν ἄλλοις[66] repräsentiert, diese natürlich im Kratylos. Nach einem Satz, der Platon als θαυμαστὴς τῆς τε ὁριστικῆς καὶ διαιρετικῆς πραγματείας feiert,[67] geht Albin näher auf den Kratylos ein. Schon die meisten Beispielsätze, mit denen er die platonische Verwendung der Syllogismen illustriert hatte, waren aus dem Parmenides genommen (Kap. 6,5-7); für die Sophismata verweist er auf den Euthydem, wie das nicht zu verwundern ist, da auch Aristoteles zahllose Beispiele in seinen Sophistikoi Elenchoi aus diesem Dialog geschöpft hat. In neuplatonischer Zeit erklärt Proklos, von welcher Art die im Kratylos vorkommenden Definitionen von Wörtern sind (*in Crat.* p. 3,11-20 Pasqu.).

Auch Galen läßt sich in seiner "Synopsis der Schriften Platons"[68] in acht Büchern offenbar durch den logisch-paralogi-

66) Die Kategorien werden auch in anderen Dialogen Platons ausgemacht, vgl. Whittaker, *Platonic Philosophy* 111.

67) P. 159,37-160,1.

68) Der Titel ist auch von Galen selbst überliefert (*De libr. propr.* 13 p. 122,13 Müller): Πλατωνικῶν διαλόγων συνόψεως ὀκτώ.

schen Zusammenhang dazu bestimmen, folgende fünf Dialoge in ein Buch zusammenzunehmen: "die Schrift Kratylos über die Namen und die Schrift Sophistes über die Theilung und die Schrift Politikos über den Staatsmann und die Schrift Parmenides über die Formen und die Schrift Euthydemos."[69] Über den Inhalt der ersten vier Bücher der Galen'schen Synopsis ist nichts bekannt, das fünfte ist das genannte, Buch 6 und 7 füllen die zehn Bücher Politeia sowie die "als Timaios bekannte Schrift über die physische Wissenschaft"; Buch 8 umfaßt die zwölf Bücher Gesetze. Unter den Nebentiteln der Dialoge des fünften Buches stimmt nur der des Parmenides genau mit der Überlieferung in unseren Platonhandschriften überein (περὶ ἰδεῶν). Bemerkenswert ist besonders der Nebentitel des Sophistes: Unsere Handschriften haben περὶ τοῦ ὄντος; mit "über die Theilung", d. h. Dihärese, ist der logische Inhalt des Dialogs in den Vordergrund gerückt.[70]

Eine unangefochtene Stellung als Hauptquelle über die platonische Ideenlehre hat der Parmenides erst im Neuplatonismus gehabt. Auch Proklos weiß noch von dem λογικὸς σκοπός, den man in früheren Zeiten in dem Dialog hatte ausmachen wollen, und verwahrt sich dagegen; den noch älteren Nebentitel (τὴν μὲν ἐπιγραφήν, καίτοι παμπάλαιον οὖσαν, τὴν Περὶ τῶν ἰδεῶν) zieht er der logischen Einstufung vor.[71] Im Mittelplatonismus dagegen mußte sich der Dialog erst von seiner Funktion als "logical

69) Dieses Zeugnis verdanken wir einem Bericht des Galenübersetzers Ḥunain Ibn Isḥâq (9. Jahrh.), überliefert durch Ibn Abi Uṣaybi'a (13. Jahrh.). Die deutsche Übersetzung stammt von Philippi, zitiert nach K. Kalbfleisch, *Griechische* (p. 97f) geben P. Kraus und R. Walzer *Miszellen* p. 97, vgl. die Übersetzung von G. Bergsträsser, *Ḥunain ibn Isḥâq* p. 41. Das arabische Original (im 'Anhang') sowie eine lateinische Übersetzung in ihrer arabisch-lateinischen Ausgabe der Fragmente dieser Synopsis Galens, s. das Literaturverzeichnis.

70) Derselbe Nebentitel taucht noch auf in den anon. Platonproleg. § 23,9, vgl. die Praefatio von Kraus-Walzer p. 2.

71) *In Parm.* 630,37-631,5. Vgl. dens. *in Crat.* p. 2,28f Pasqu. ἐν Παρμενίδῃ τὴν ὅλην διαλεκτικὴν παραδιδοὺς οὐ ψιλήν, ἀλλὰ μετὰ τῆς τῶν ὄντων θεωρίας παρέδωκεν κτλ. sowie *in Plat. theol.* I c. 8f.

exercise-book"[72] befreien. Auch in dem auf Ariston von Keos zurückgehenden Verzeichnis der Werke des Aristoteles, das uns Diogenes Laertios überliefert (V 22-27), befinden sich mitten im logischen Abschnitt Werke mit Aussagen über Ethik und Physik (V 23, Nr. 34ff bei Moraux[73]). Sie dienen als Aussagensammlungen der dialektischen Argumentation. Ihr Zweck, nicht ihr Inhalt bestimmte die Einordnung.[74] Mit einer ähnlichen Verschiebung der Gesichtspunkte müssen wir auch speziell beim Dialog Parmenides rechnen. Reflexe eines wesentlich logischen Verständnisses dieses Dialogs stellen noch die dihäretische Dialogordnung und Galens Synopsis der Platonschriften dar.

Die beiden praktischen Arten

Innerhalb der praktischen Untergattung des Systems sind dem politischen Charakter die Politeia und die Nomoi mit den flankierenden Dialogen Kritias (zur Politeia, aber vielleicht wegen des fragmentarischen Zustands an den Schluß der Reihe gesetzt) sowie Minos und Epinomis (zu den Gesetzen) zugewiesen. Wäre die dihäretische Dialogordnung von der Tetralogienordnung sklavisch abhängig, so dürfte hier der Timaios nicht fehlen, der aber verständlicherweise unter die Physik gerückt ist. Im ethischen Charakter versammeln sich neben Dialogen spezifisch ethischen Inhalts auch einfach solche, die in anderen Charakteren gar keinen einsichtigen Ort gehabt hätten; nur aus diesem negativen Grund scheinen sie hier eingeordnet zu sein. Ethisch sind Platons Werke ja immer mehr oder weniger! Die Reihenfolge der hier vorhandenen Dialoge lehnt sich stark an die der Tetralogien an.

Struktur, Quellenlage, Datierung und Bewertung der dihäretischen Dialogordnung

Insgesamt gibt es bei den Reihenfolgen der Dialoge in den einzelnen Charakteren manche Übereinstimmung mit den Tetra-

72) R.E. Witt, *Albinus* 4. Zeugnisse dazu bei Whittaker, *Platonic Philosophy* 108; vielleicht ist auch Theon von Smyrna hier zu nennen, s.u. Kap. 2b p. 154. Dillons Hypothese einer noch unangemessener Einschätzung des Parmenides baut auf dem korrupten ἐλεγκτικῷ im Prolog p. 148,32f auf (*The Middle Platonists* 305).

73) *Les listes anciennes* 23.

74) Moraux, *Les listes anciennes* 72.

logien, sei's nun weil die eine auf die andere Ordnung aufbaute, sei's weil die Tetralogien z.T. nach ähnlichen Kriterien zusammengestellt worden sind wie die Charaktere. Aber es überwiegt doch im einzelnen die Abweichung von den Tetralogien, u.zw. so, daß ein Ordnungsprinzip, wie es etwa Wilamowitz[75] an den Tetralogien verdeutlicht hat, in der dihäretischen Dialogordnung weithin verborgen bleibt. Extreme Fälle sind der logische und politische Charakter, wo die Unordnung sogar dazu gereizt hat, sich über die Überlieferung hinwegzusetzen.[76] Im maieutischen und peirastischen Charakter glaubt man den Gang von einfachen Gesprächen zwischen Sokrates und einem Mitunterredner zu Gesprächen mit mehreren Beteiligten zu beobachten; indes der anatreptische Charakter weist genau das umgekehrte Verfahren auf. Vielleicht ist dieser Gegensatz aber auch beabsichtigt gewesen: Übende Dialoge und Kampfdialoge sind von gegensätzlichem Geist geprägt. Die ethischen Dialoge führen ein Mittelfeld, in dem Dialoge mit langen Einzelreden nebeneinander stehen; dies kulminiert in den Briefen, denen das dialogische Element ja gänzlich fehlt. Es hätte nicht überrascht, wenn sie den Abschluß der ganzen Reihe gebildet hätten, wie dies eine öfter zu beobachtende Gepflogenheit antiker Werkverzeichnisse ist,[77] nicht nur in der Teteralogienordnung. Doch warum schließen sich an die Briefe noch Philebos, Hipparch und Anterastai an?

Die dihäretische Dialogordnung ist ein Konglomerat von platonischen, nachplatonischen (akademischen) und aristotelischen

75) *Platon* II 324f. Zur Komposition der Tetralogienordnung s. auch den nicht immer überzeugenden Aufsatz von Dunn, *Iamblichus, Thrasyllus, and the Reading Order of the Platonic Dialogues* (s. das Literaturverz.).

76) Grote, *Plato ... Second Edition*, London 1867, I 161, und *A New Edition*, London 1888, I 292, ändert stillschweigend nach den Tetralogien und zieht dabei sogar, offenbar irrtümlich (denn p. 235, 2. Aufl., und p. 364, New Edition, moniert er die Stellung des Theätet unter den hyphegetischen Dialogen!), den Theätet in den logischen Charakter. Freudenthal p. 260 erinnert daran, daß der politische Charakter in dem korrupten Kapitel 3 von Albins Prolog (wenn man die deplazierten ethischen Dialoge entfernt) besser angeordnet ist als bei Diogenes Laertios.

77) S. Moraux, *Les listes anciennes* 152.

Elementen. Die dihäretische Grundstruktur greift eine von Platon oft gebrauchte Methode auf.[78] Zwei Spuren führen auf den Verfasser des Ersten Alkibiades bzw. seine Generation zurück: Die Klassifizierung des Dialogs Protagoras als endeiktisch schließt an einen platonischen Sprachgebrauch an, der uns im Ersten Alkibiades zum erstenmal ausdrücklich erklärt wird; die Scheidung in Hyphegese und Zetesis entspricht einer Lehre, die Sokrates schon im Laches vertritt, die aber gleichfalls in diesem Pseudoplatonicum wiederholt und ausgeführt wird, u.zw. hier (wie auch gelegentlich bei Platon) mit dem Terminus ζητεῖν. Der Begriff 'hyphegetisch' läßt sich nicht konkret vor das zweite Jahrhundert n.Chr. zurückdatieren. Er ist wahrscheinlich für das Dialogsystem geprägt worden, also mit diesem gleichaltrig.

Die oberste Dihärese in zwei Hauptgattungen gibt den Rahmen vor, in den die Klassifizierung Lehre - Übung - Streit aus dem aristotelischen Organon eingepaßt wird. Die Lehre wird von der hyphegetischen Gattung verkörpert. Deren ganze weitere Einteilung geht auf eine peripatetische Einteilung der Philosophie zurück, innerhalb deren aber die Beiordnung von Physik und Logik letztlich aus dem Platonismus genommen ist. Übung und Streit werden repräsentiert in der gymnastischen und agonistischen Untergattung. In ersterer ist der peirastische Charakter der genuin aristotelische Vertreter des Übungsgesprächs. Die übrigen drei untersten Arten der zetetischen Gattung sind der platonischen oder akademischen Tradition verpflichtet.

Hiemit sind Indizien nur für die Datierung von Elementen der Dialogordnung gewonnen; die Ordnung als ganze ist höchstens so alt wie ihr jüngstes Element. Ihren terminus ante quem aber hat sie in der Schrift Thrasylls,[79] in der er die Tetralogien vorgestellt und zu jedem einzelnen der in ihnen enthaltenen

78) Nachdem Dunn, *The Organization* 17, in Berufung auf Moraux, *L'exposé*, feststellt, daß Aristoteles, Xenokrates und die Stoa zu Dreiteilungen tendierten, glaubt er die Quelle der Dialogordnung aufgrund ihrer dihäretischen Struktur im Peripatos ausmachen zu können; im Anschluß an Alline, *Histoire du texte* 53, sagt er aber später (p. 21), daß auch Aristoteles und Xenokrates Dihäresen vornahmen, weswegen die dihäretische Dialogordnung auch in deren Einflußsphäre datiert werden könne.

79) S. dazu unten Kap. 2b, p. 145,4.

Dialoge auch den χαρακτήρ notiert hat (Diog. Laert. III 58-61). Daß die Zuweisung der 36 Dialoge in die dihäretische Dialogordnung erst aufgrund der Tetralogienordnung geschehen sein kann (nur sie ist ja für die Zahl 36 verantwortlich), bedeutet allerdings nicht, daß die Dihäresen jünger sein müssen als die Tetralogien, denn sie können ja zunächst mit einem kleineren Kontingent von Dialogen verbunden gewesen sein, das dann frühestens der Urheber der Tetralogienordnung, spätestens Thrasyll[80] vervollständigt hat.

Eine wesentliche Förderung erfährt die Frage der Datierung nun aber durch zwei antike Zeugnisse, die M.R. Dunn anführt und mit einer plausiblen Argumentation verbindet. Sextus Empiricus berichtet, daß es Philosophen gebe, die sagten, Platon zeige sich in den zetetischen Dialogen (die hier aber insgesamt γυμναστικοί genannt sind) als Aporetiker und in den anderen Schriften als Dogmatiker (Pyrrh. Hyp. I 221):

> τὸν Πλάτωνα οὖν οἱ μὲν δογματικὸν ἔφασαν εἶναι, οἱ δὲ ἀπορητικόν, οἱ δὲ κατὰ μέν τι ἀπορητικόν, κατὰ δέ τι δογματικόν· ἐν μὲν γὰρ τοῖς γυμναστικοῖς λόγοις, ἔνθα ὁ Σωκράτης εἰσάγεται ἤτοι παίζων πρός τινας ἢ ἀγωνιζόμενος πρὸς σοφιστάς, γυμναστικόν τε καὶ ἀπορητικόν φασιν ἔχειν αὐτὸν χαρακτῆρα, δογματικὸν δέ, ἔνθα σπουδάζων ἀποφαίνεται ἤτοι διὰ Σωκράτους ἢ Τιμαίου ἤ τινος τῶν τοιούτων.

Der Passus aus Sextus Empiricus benutzt Begriffe, die z.T. direkt auf Platon selbst zurückgehen (Theät. 167 E 1 - 168 A 2). Es liegt ihm als Unterteilungsprinzip jedoch offenkundig die dihäretische Dialogordnung zugrunde. Mit παίζων ist der gymnastische, mit ἀγωνιζόμενος der agonistische Charakter aufgegriffen. Der Verfasser spricht von γυμναστικοὶ λόγοι, wo die Dihäresen den ζητητικὸς χαρακτήρ haben; in der Sache macht das keinen Unterschied. Die Dialogordnung ist hier unter den Gesichtspunkt gerückt, ob Platon δογματίζει. Der zitierte Text ist hilfreich für das Verständnis des anderen von Dunn hinzugezogenen Texts, des dialogtheoretischen Kapitels in Diogenes Laertios' Platonbuch (III 48-62). Es wird nämlich deutlich, welcher

80) Ob diese beiden identisch sind, in dieser Frage soll hier nichts entschieden werden.

Plan der Gliederung dieses Kapitels zugrunde liegt. Denn dort würden, wie man bisher glaubte, die beiden eigentlichen Abschnitte über Platons Schriften und ihre Ordnung, nämlich a) III 48-51 die Dihäresen und b) III 56-62 die Tetralogien und Verwandtes, unsinnigerweise unterbrochen durch die Fragen, ob Platon Dogmatiker sei und wozu er die Induktion verwende (III 51-55). Solche Fragen schienen überhaupt nicht in ein Kapitel über Platons Werke zu gehören. Durch Dunns Hinweis ist nun evident, daß dieser scheinbare Zwischenabschnitt in Wirklichkeit eng mit dem Vorausgehenden zusammenhängt: Die Dihäresenordnung und die Frage nach dem Dogmatiker Platon sind auf einem Boden gewachsen. Das wirft auch ein neues Licht auf das Widmungskapitel III 47. In Appendix B werden wir zeigen, daß die Kapitel 48-55 insgesamt die φύσις τῶν λόγων Platons unter dem Aspekt, ob dieser Dogmatiker sei, darzustellen haben und Kap. 56-62 die τάξις τῶν διαλόγων vorführen sollen.

Fassen wir nun Dunns Argumentation zur Datierung der dihäretischen Dialogordnung zusammen:[81]

Im Gegensatz zur dramatischen Dialogeinteilung (s.u. Kap. 4) ist die dihäretische nicht an Interessen der Literarkritik, sondern an philosophischen Kriterien orientiert. Daher wird ihr Ursprung nicht bei den alexandrinischen Gelehrten zu suchen sein. Wegen der Ausrichtung dieser Ordnung auf dogmatische Elemente bei Platon kann sie nicht in der skeptischen Periode der Akademie entstanden sein. Sie ist vor Arkesilaos oder seit Philon von Larissa entstanden. Eine zweite Überlegung grenzt beide Zeiträume noch ein: Die Kenntnis der aristotelischen Trias Lehre - Übung - Streit versetzt den Urheber der Ordnung entweder in die ein, zwei Generationen nach Aristoteles, oder aber in den Zeitraum nach 84 v.Chr., als die esoterischen Schriften und mit ihnen das Organon wiederentdeckt wurden. D.h. es kommt der Zeitraum von Aristoteles bis ins frühe dritte Jahrhundert v.Chr. oder der von 84 v.Chr. bis zum Lebensabend des Thrasyllos († 36 n.Chr.) in Frage. Wenn auch Dihäresen nach Platon noch von Speusipp, Xenokrates und Aristoteles[82] angewandt

81) *The Organization* 19-21. Die Datierung ins 4. Jahrh. v.Chr., die Philip, *The Platonic Corpus* 301-304, vornimmt, ist nicht überzeugend.

82) S.o. Anm. 78.

wurden, was nach Dunn für die frühe Datierung ins Feld zu führen wäre, so ist die Spätdatierung, so Dunn weiter, doch viel wahrscheinlicher. Der Urheber der dihäretischen Dialogordnung war jemand, der glaubte, daß Aristoteles die ganze Logik von Platon gelernt hatte, denn das Schema "forced the dialogues of Plato onto an Aristotelian diaeresis of arguments."[83] Dieser Urheber war ein Mann wie Albin[84] oder Antiochos von Askalon (vgl. dessen Lehre: Plato "reliquit perfectissimam disciplinam, Peripateticos et Academicos, nominibus differentes, re congruentes", Cicero *Acad.* II 5,15). Ein solches Aristotelesbild, die Restauration eines dogmatischen Platon und die Wiederentdekkung des Organon treffen zusammen in der Zeit zwischen 84 vor und (als terminus ante quem) 36 nach Christus. Dies ist wohl der Zeitraum, innerhalb dessen, wahrscheinlich eher früher als später, die dihäretische Dialogordnung entstanden sein kann. Soweit Dunn, dessen plausibler Argumentation wir uns anschließen.

Versuchen wir eine Gesamtbeurteilung der dihäretischen Dialogordnung. Über den Wert eines Systems der platonischen Schriften, wie es uns in Form dieser Dialogordnung vorliegt, ist leicht abzuurteilen.[85] Scholastische Schematisierungen passen schon nicht auf die Denkgebäude von Platons Lehre, erst recht nicht auf das lebendige Spiel seiner einzelnen Schriften. Gleichwohl war der Hang zu derartigen Schemata allgemeines Kennzeichen der Philosophie der Kaiserzeit. Man kann mit Paul Moraux - kopfschüttelnd - feststellen:[86]

83) P. 21.

84) Dunn schließt sich der gängigen Position, daß Albin der Verfasser des Didaskalikos ist, an.

85) Die Kritik nahm mit Schleiermacher (*Einleitung* 14f) ihren Anfang. Ihm folgen Grote (*Plato ... A New Edition* 461) und andere. Alberti, *Über des Albinos Isagoge* 96, beklagt das schematische Prinzip dieser Einteilung. "Die unlogische, weil nach verschiedenen Theilungsprinzipien entworfene, und willkürliche, weil auf zahlreiche Dialoge nicht anwendbare Classifizierung der platonischen Dialoge": Freudenthal p. 242, s. aber p. 267. "... jene unlogische Eintheilung in hyphegetische und zetetische Werke und deren weitere Glieder": Susemihl, *Über Thrasyllos* 572.

86) *L'exposé* 6.

> Les commentateurs et, avant eux, les doxographes et autres auteurs de manuels ont imposé à la pensée d'un Platon ou d'un Aristote une systématisation à laquelle n'avaient probablement pas songé les philosophes eux-mêmes.

Dennoch ist die Wirkung der dihäretischen Dialogordnung groß gewesen: Von Thrasyll und den Dialogüberschriften in der Texttradition unserer Platoncodices angefangen, über Theon von Smyrna (s.u. Kap. 2 b), Albin in seinem Lehrgang (Kapitel 6 des Prologs) und die Neuplatoniker bis schließlich auf die Philosophie und Platonphilologie des 19. Jahrhunderts haben sich die legitimen Versuche, die Masse der platonischen Schriften geistig in den Griff zu bekommen, an dieser Ordnung orientiert. Eine Ehrenrettung dieses Dialogsystems hat in parodistischer Form Ernst Ferdinand Yxem unternommen,[87] indem er Schleiermacher und Thrasyllos in einem mit Anachronismen gespickten Dialog vorführt. Der (wie wir heute sagen) Mittelplatoniker weist dem deutschen Idealisten nach, wieviel Mühe er sich hätte sparen können, wenn er sich nur an das knappe antike Dialogsystem gehalten hätte: "Damit habe ich ja aber das, was Du in Deinen 6 Bänden[88] die Leute selbst finden lassen wolltest, auf ein paar Papyrusstreifen, oder auf ein Pergamentblatt (doch ich besinne mich, es war Papyrus) hingemahlt, wo sie's nun freilich auch selbst finden sollen."[89] Yxems köstlicher Scherz führt drastisch vor Augen, daß wir mit dem blanken Schema in Händen kaum eine Vorstellung davon haben können, wie der Urheber selbst seine Dialogordnung ausgelegt hat und wieviel von der Gewaltsamkeit eines solchen Systems ihm selbst bewußt war. "Ich

87) *Ein Logos Protreptikos Schleiermacher und Platon betreffend*, Berlin 1841. Yxem hält Thrasyllos für den Urheber der dihäretischen Dialogordnung.

88) Gemeint ist die in der zweiten Auflage (1817-1828) auf sechs Bände erweiterte Platonübersetzung Schleiermachers mit ihrer besonderen Anordnung und einer Einleitung in Band I 1 (1. Aufl. 1804, 2. Aufl. 1817 stilist. überarbeitet, s. im übrigen unten das Literaturverzeichnis), aus der Yxem Teile von Schleiermachers Dialogpart schöpft.

89) *Ein Logos Protreptikos* 31.

wollte anschaulich machen, wie die Theilung überhaupt ein Kreuz sei, an das der lebendige Leib Platon's nicht geschlagen werden dürfe."[90] Diese Absicht dem Urheber des Systems zu unterstellen, geht nun allerdings zu weit und verdankt sich, wie auch die Einzelheiten der von Yxems Thrasyllos gegebenen Interpretation des Systems,[91] weniger einer realistischen Einschätzung des Platonismus als vielmehr lukianisch-wieland'schem Witz.

90) Ib. 28.

91) Ib. 28-31.

b) Die Umformung durch Theon von Smyrna

Neben Abin hat wahrscheinlich auch Theon von Smyrna, der Platoniker und Mathematiker, eine Umarbeitung der dihäretischen Dialogordnung vorgenommen. Dies hat mit der hier nötigen Vorsicht[1] Michael Raley Dunn im vierten Kapitel seiner Dissertation *The Organization of the Platonic Corpus between the First Century B.C. and the Second Centory A.D.*[2] gezeigt. Überliefert ist der in Frage kommende Text nur über die arabische Literatur. Es handelt sich vermutlich um die Einführungsschrift des Theon von Smyrna in Platons Leben und Werke,[3] eine Schrift also desselben Genres wie eine ebenfalls erschlossene

1) Dunn selbst ist wie auch ich kein Arabist; seiner Feststellung (p. 142f), daß ein abschließendes Urteil über Theons Einführungsschrift zu Platon erst gefällt werden kann, wenn die Überlieferung Theons bei den Arabern von einem Arabisten sorgfältig untersucht ist, möchte ich mich ausdrücklich anschließen. Wertvolle Hilfe auf diesem 'interdisziplinären' Feld habe ich von Herrn Professor Dr. Gerhard Endreß, Ruhruniversität Bochum, erfahren, der mir dankenswerterweise die arabischen Stellen aus den kritischen Editionen übersetzt und darüber hinaus das ganze Kapitel mit mir durchgesprochen hat.

2) Die Dissertation ist nur als Mikrofilm greifbar. Die Münchener Staatsbibliothek hat aus ihr ein gebundenes Buch angefertigt, das ich über die Fernleihe bezogen habe. Wegen der beschränkten Zugänglichkeit der Dissertation zitiere ich Dunns Ausführungen gegebenenfalls wörtlich.

3) Die Tatsache, daß neben Abschnitten über Werke auch eine Biographie Platons in derselben Schrift Theons enthalten gewesen sei, erschließt Lippert, *Studien* I 45f, aus Ibn an-Nadîms *Fihrist* und Qifṭîs *Ta'rîḫ al-ḥ ukamâ'*, wo Biographisches mitgeteilt wird (ebd. p. 46-48). Kurt von Fritz, *Art. Theon* 2069f, erklärt diese Verknüpfung für fraglich und unsicher; Dunn schließt sich Lippert an (p. 124f). Der nur bei Ibn an-Nadîm s.v. Theon überlieferte Titel von Theons Einleitungsschrift ("Die Abfolge des Studiums der Bücher Platons und die Namen der von ihm verfaßten [*sc.* Bücher]") scheint gegen biographische Abschnitte in dieser Schrift zu sprechen. Aber da er ohnehin eine Verkehrung aufweist (bei Theon kamen erst die Titel, dann die Leseordnung) und gerade bei Ibn an-Nadîm überliefert ist, der weniger Biographisches mitteilt als Qifṭî, ist Dunns Meinung (p. 125) erwägenswert, daß der Titel bei Ibn an-Nadîm nicht der originale

Schrift des Thrasyllos[4] und (mit dem Zusatzteil über "Platons Lehren") das dritte Buch des Diogenes Laertios sowie die Anonymen Platonprolegomena. Der Teil über Platons Werke (vergleichbar dem Prolog Albins) hatte, wie Ibn an-Nadîm[5] in seinem *Fihrist* (aus dem Jahre 987) s.v. Theon berichtet, den Titel "Die Abfolge des Studiums der Bücher Platons und die Namen der von ihm verfaßten (*sc.* Bücher)";[6] auf die Problematik dieses Titels gehen wir noch ein. Den Inhalt dieses Teils "Werke" machten, nach den Resten zu urteilen, die bei Ibn an-Nadîm s.v. Platon und bei Ibn al-Qifṭî[7] (1172-1248) im *Ta'rîḫ al-ḥukamâ'* s.v. Platon erhalten sind, zwei Kapitel aus, nämlich 1. ein

Titel von Theons Werk war. - Die häufig anzutreffende Dreizahl von Einleitungsschriften (Leben, Werke, Lehre) hat auch Theon vielleicht erzielt, nämlich wenn, wie Dunn p. 125 als "possibility ... worth considering" vorbringt, die einzige erhaltene Schrift (τὰ κατὰ τὸ μαθηματικὸν χρήσιμα εἰς τὴν Πλάτωνος ἀνάγνωσιν) von ihrem Verfasser als Ersatz für eine allgemeine Einführung in Platons Lehre gedacht war.

4) Auf Lipperts Bemerkungen (*Studien* I 49), daß "gewiß" der werkbezogene und "vielleicht" der biographische Teil Theons auf ein Werk des Thrasyllos zurückgehe (letzteres stützt er im Anschluß an August Müller, *Die griechischen Philosophen* 42, auf den Vergleich von Qifṭî mit Diogenes Laertios III 1), baut Dunn die plausible Möglichkeit auf ("it is not unlikely" p. 124), daß Thrasyll die gemeinsame Quelle war, die sowohl in dem einen wie in dem anderen Teil unabhängig Theon und Diogenes benutzt haben.

5) In G. Flügels Edition (Ibn an-Nadîm, *Fihrist*, 2 Bde, 1871, Nachdruck Bairut 1964) p. 245f. 255; übersetzt von August Müller, *Die griechischen Philosophen*, bes. p. 6-9 und 29 mit den Anmerkungen 14–18 auf p. 39-45; Bayard Dodge, *The Fihrist of al-Nadim. A Tenth-Century Survey of Muslim Culture*, 2 Bde. New York, London 1970, dort bes. II 591-594 und 614.

6) P. 255,12f Flügel.

7) Ibn al-Qifṭîs *Ta'rîḫ al-ḥukamâ'*, aufgrund der Vorarbeiten Aug. Müllers herausgegeben von Julius Lippert, Leipzig 1903, dort p. 17f. Die Abweichungen im Teil "Werke" bei Qifṭî gegenüber Ibn an-Nadîm vermerken Müller in den Fußnoten zu Ibn an-Nadîms Text und Dunn auf p. 130 und in den Anmerkungen 26-33 p. 150f; zwischen das erste und zweite Kapitel aus Theons Teil "Werke" hat sich bei Ibn an-Nadîm (und Qifṭî) ein ausdrücklich von einer anderen Quelle herrührendes Dialogverzeichnis geschoben, das nach Qifṭîs Text Dunn in einer Übersetzung auf p. 150 in Anm. 25

Verzeichnis von Platons Dialogtiteln, 2. ein Verzeichnis der Tetralogien Platons. In wieweit das erstere Verzeichnis (das sich in zwei Abschnitte[8] gliedert) wirklich nur Titel aufzählen sollte und nicht auch schon eine Ordnung darstellt, wird hier erörtert werden. Das letztere Verzeichnis ist bei Ibn an-Nadîm und Ibn al-Qifṭî selbst nicht mehr vorhanden. Jedoch machen diese Autoren eine Bemerkung darüber, daß Platon seine Werke in Tetralogien geordnet habe;[9] und da bei den Arabern eine Liste der Tetralogien in den ʿUyûn al-anbâ' des Ibn Abî Uṣaybiʿa († 1270) erhalten ist,[10] liegt nach Lippert[11] der Schluß nahe, daß diese sowie die Bemerkung über die Tetralogien bei Ibn an-Nadîm und Qifṭî auf dieselbe Vorlage, eben jenes Werkverzeichnis Theons von Smyrna, zurückgingen.

Die Identifikation des bei den Arabern genannten Theon[12] mit Theon von Smyrna ist keineswegs absolut sicher, wenn auch nach dem consensus doctorum sehr wahrscheinlich.[13] Der von Dunn herausgestellte enge Bezug der Schrift Theons zum Werk des Thrasyll macht die Identifikation mit dem Smyrnäer noch

abdruckt. Dieses Verzeichnis weist keine Verwandtschaft mit irgendeiner in der vorliegenden Dissertation behandelten Dialogordnung auf. Der biographische Teil der Einleitungsschrift Theons in Qifṭîs Wiedergabe findet sich in deutscher Übersetzung bei Lippert, *Studien* I 46-48, und in englischer Übersetzung bei Dunn p. 123.

8) Die Terminologie "Teile" / "Kapitel" / "Abschnitte" soll der Übersichtlichkeit halber hier streng durchgehalten werden.

9) Arabisch und deutsch bei Lippert, *Studien* I 48f.

10) Ibn Abi Useibia, herausgegeben von August Müller, Königsberg 1884, dort. p. 53f. Der entsprechende Passus ist. z.T. übersetzt vom Herausgeber, *Die griechischen Philosophen* Anm. 16 auf p. 43, und von Lippert, *Studien* I 49; das ganze Stück gibt Dunn in englischer Sprache p. 127f.

11) *Studien* I 49. Dem schließen sich an v. Fritz *Art. Theon* 2069 und Dunn p. 126-129.

12) Bei Ibn an-Nadîm p. 591-593. 614 Dodge, vgl. Qifṭî bei Lippert, *Studien* I 46. Bei Ibn Abi Uṣaybiʿa ist Theon gar nicht namentlich genannt (vgl. Lippert a.O. 48).

13) Vgl. v. Fritz, *Art. Theon* 2067-2070, und Lippert, *Studien* I 45-50.

leichter;[14] Dunn führt außerdem ein Argument an,[15] das die Identifikation mit einem anderen Theon, der den Arabern noch bekannt war, nämlich mit dem Neuplatoniker des ausgehenden vierten Jahrhunderts,[16] unwahrscheinlich macht: Die Araber zitieren nicht Jamblichs Kanon von zwölf Dialogen, sondern die Tetralogienordnung, die doch seit Jamblich offenbar stark an Bedeutung verloren hatte. Denn das einzige griechische Zeugnis, das nach Jamblich noch die Tetralogien erwähnt, setzt diese gerade hinter dessen Kanon zurück (Anon. Platonproleg. § 24,20-26,34).

In unserem Zusammenhang interessant ist besonders das erste Kapitel von Theons Einleitungsteil über Platons Werke (nach Ibn an-Nadîm s.v. Platon[17]).

Unter der Überschrift "Die von ihm verfaßten Schriften nach den Angaben und der Anordnung Theons" folgen die beiden Dialoge

Staat ("Das Buch über die Staatsführung")
Gesetze ("Das Buch der Nomoi")

mit kurzen Hinweisen auf arabische Übersetzungen und einen Kommentar zu diesen Werken. (Ähnliche Hinweise gibt Ibn an-Nadîm[18] im folgenden auch zum Sophistes und Timaios, und zum Parmenides einen Verweis auf die Timaiosparaphrase

14) Darauf weist schon Dunn selbst p. 122 hin.

15) P. 121f.

16) Theon von Alexandria (nicht der Progymnasmatiker), Mathematiker und Astronom (Nr. 15 RE V A 2, 1934, 2075-2080 von K. Ziegler).

17) P. 246,4-14 Flügel, englisch p. 592f Dodge, deutsch Müller, *Die griechischen Philosophen* 6-8; Abweichungen Qifṭîs von Ibn an-Nadîm bei Müller a.O. verzeichnet. Der Text von Qifṭî hat gegenüber dem des Ibn an-Nadîm den Wert einer anderen Rezension oder unabhängigen Überlieferung. Er ist von diesem im allgemeinen abhängig, zieht aber gelegentlich (meist ausdrücklich) anderes Material hinzu. So hat er z.B. im biographischen Teil Überschüsse gegenüber Ibn an-Nadîm. Es ist auch offensichtlich, daß Qifṭî an Stellen, wo ihm Ibn an-Nadîms Wortlaut sprachlich oder sachlich unklar war, geglättet hat (Hinweise von Prof. Endreß).

18) Diese Hinweise hat Qifṭî nur in gekürzter Form.

Galens;[19] auch Olympiodor ist zum Sophistes genannt.)

Darauf folgt der Satz "Theon sagt: 'Platon brachte seine Bücher in die Form von Reden, die er von Personen überlieferte.[20] Er nannte das einzelne Buch nach dem Namen dessen, für den er es verfaßte. Dazu gehören folgende:"

Es folgt die Aufzählung der Dialoge:[21]

Theages "über Philosophie" [= Diog. Laert. III 59 περὶ φιλοσοφίας]

Laches "über den Mut" [= D.L. περὶ ἀνδρείας]

Anterastai "über Philosophie"[22] [= D.L. περὶ φιλοσοφίας]

Charmides "über die Enthaltsamkeit" [= D.L. περὶ σωφροσύνης]

zweimal Alkibiades "über das Schöne"[23] [statt dessen D.L. Ἀλκιβιάδης ἢ περὶ ἀνθρώπου φύσεως, Ἀλκιβιάδης δεύτερος ἢ περὶ εὐχῆς]

Euthydem (bei Qifṭî folgt: "über die Weisheit"[24]) [statt dessen D.L. ἐριστικός]

Gorgias[25]

19) Ibn an-Nadîm gebraucht hier dasselbe arabische Wort für σύνοψις wie Ibn Abi Uṣaybi'a in seiner Erwähnung dieser Schrift Galens (s.o. Kap. 2a p. 134f), was schon Kalbfleisch, *Griechische Miszellen II* 97 bemerkt.

20) Es ist nicht klar, wo das wörtliche Zitat Theons endet. Prof. Endreß erhebt zu Recht den Verdacht, daß der Satz "Er nannte ... " ein arabisches Interpretament ist, das den Sinn von Theons Worten klären soll und in die falsche Richtung der Widmung lenkt. - Das arabische Wort für "Reden" scheint über die syrische Vorlage auf λόγοι zurückzugehen.

21) Alle folgenden Einträge folgen der Form "ein λόγος, den er nennt ... " bzw. bei den Alkibiades- und Hippias-Zwillingen "zwei λόγοι, die er nennt ... ".

22) Bei Ibn an-Nadîm steht statt 'Anterastai' da "Arisṭâ", ein Fehler, der von Qifṭî zu 'Aristoteles' verschlimmbessert wird.

23) περὶ τοῦ καλοῦ ist der Nebentitel des Großen Hippias bei Diog. Laert. III 60.

24) περὶ ἐπιστήμης ist der Nebentitel des Theätet bei Diog. Laert. III 58.

25) Bei Qifṭî ist die Reihenfolge der Dialoge Gorgias bis Phaidon vertauscht, der Protagoras ganz ausgelassen: zwei Hippias - Gorgias - Euthyphron - Ion (in einer verballhornten Form) - Phaidon - Kriton.

zweimal Hippias
Ion
Protagoras
Euthyphron
Kriton
Phaidon
Theaitetos
Kleitophon[26]
Kratylos
Sophistes
Timaios
Parmenides
Phaidros
Menon
Minos
Hipparch
Menexenos
Politikos[27]

Dunn (p. 126) hat im Anschluß an Lippert (*Studien* I 46. 48f) die Bedeutung der Überschrift am Eingang der Werkverzeichnisse, die Ibn an-Nadîm und Qifṭî s.v. Platon geben, erklärt: Die Worte (nach Ibn an-Nadîm) "Die von ihm verfaßten Schriften nach den Angaben ... Theons" beziehen sich auf ein einfaches Verzeichnis der platonischen Werke, während die Fortsetzung "und der Anordnung Theons" die tetralogische Anordnung der Werke ankündigt. Das erste Verzeichnis ist von den Nachfolgern Theons offenbar nicht im Sinne einer Reihenfolge verstanden worden. Das beweist auch die nach einem ganz fremden Gesichtspunkt vorgenommene Auseinanderreißung der Dialoge in die beiden Abschnitte der Dialoge Staat-Gesetze einerseits und der nach Personennamen betitelten Dialoge andrerseits. Eine solche Aufspaltung des Oeuvres wäre wohl nicht vorgenommen

26) Der Titel Kleitophon ist leicht korrumpiert überliefert; diese Lesung ist einer Lesung "Politikos" (so Wenrich) in rein textkritischer Hinsicht entschieden vorzuziehen (Prof. Endreß).

27) Hier liest Wenrich "Kleitophon", Dunn (p. 151,33) transkribiert "Atlîtqûs"; Müller aber ausdrücklich ΠΟΛΙΤΙΚΟΣ. Qifṭî hat hier (nach Dunn ebd.) "Atlîtoforus".

worden, um eine inhaltlich orientierte Ordnung vorzustellen. Vielmehr zeigt sie ein ursprüngliches Interesse an der Art der Titel. Dunn zitiert nun den nur bei Ibn an-Nadîm s.v. Theon überlieferten Titel der Theon'schen Einführungsschrift (der den biographischen Teil außer Acht läßt): "Die Abfolge des Studiums der Bücher Platons und die Namen der von ihm verfaßten (Bücher)";[28] ferner verweist er (p. 132) auf einen Passus in den Anonymen Platonprolegomena (§ 18,1-9, vgl. Proklos *in remp.* I 8,16-9,9), der bezeugt, daß sich die Neuplatoniker mit der Unterscheidung von Platons Oeuvre nach ἐπιγραφαὶ ἀπὸ προσώπων und ἀπὸ πραγμάτων beschäftigten. Wir können ergänzen: Schon dem Mittelplatonismus war ein solcher Unterscheidungsgesichtspunkt bekannt, nur war er da auf etwas anderes bezogen. Die διπλαῖ ἐπιγραφαί, die Diogenes Laertios III 57 nennt, bestehen aus den Haupttiteln ἀπὸ προσώπων, etwa Εὐθύφρων, und den Nebentiteln ἀπὸ πραγμάτων, etwa περὶ ὁσίου. Die Bezeichnung 'Titel ἀπὸ προσώπων' ist eine nicht ganz zutreffende Bezeichnung, da sich, wie die Neuplatoniker korrigierend feststellen, auch Sachbegriffe unter den Haupttiteln finden (z.B. Πολιτεία). Es ist möglich, daß dieser Unterscheidungsmodus nicht erst über die Neuplatoniker auf die Araber gekommen ist; seine Anwendung auf die Haupttitel allein kann Absicht oder auch Mißverständnis der Worte des Diogenes bzw. seiner Quelle (Thrasyll) sein.[29]

Den von Ibn an-Nadîm s.v. Theon zitierten Titel fand schon Lippert (*Studien* I 46) problematisch, da Theon in seiner Schrift unmöglich die in dem Titel angedeutete Reihenfolge eingehalten haben kann; die bloße Aufzählung aller Titel wäre nach der Vorstellung der Tetralogien sinnlos gewesen. Daher schließt Dunn (p. 126), daß ein Überlieferungsfehler vorauszusetzen ist und die Worte des Titels in umgekehrter Reihenfolge verstanden

28) Müller und Lippert fassen diese Worte im Gegensatz zu Dodge nicht als Titel von Theons Werk auf.

29) Gewisse Unterschiede zwischen dem Titelverzeichnis bei Theon und der Erörterung der Anonymen Platonprolegomena drängen auf die Annahme, daß ersteres nicht von letzteren, sondern direkt von der Quelle des Diogenes (Thrasyll!) abhängig ist. Bei dem Anonymus ist der Sophist sinnvollerweise als Sachbegriff (gesuchter Gegenstand) und nicht als Person (Dialogteilnehmer) gewertet. Außerdem ist dort die Unterscheidung insgesamt differenzierter.

werden müssen, womit sie genau mit der Überschrift des Teils "Werke" bei Ibn an-Nadîm und Qifṭî s.v. Platon in Einklang kommen. Die beiden Thesen Dunns stützen sich gegenseitig: daß einerseits mit den dort gebrauchten Worten "nach ... der Anordnung Theons" (s.v. Platon) "... die Namen der von ihm verfaßten (Bücher)" (s.v. Theon) gemeint sein sollten und es sich andrerseits im ersten Kapitel des Werkverzeichnisses um ein nach Titeln ἀπὸ πραγμάτων und Titeln ἀπὸ προσώπων (bzw. ὀνομάτων) gegliedertes reines Titelverzeichnis handelt. Daß dort ein besonderes Interesse an Titeln vorlag (Dunn p. 134), wird noch dadurch wahrscheinlicher, daß auch die Nebentitel der Dialoge verzeichnet sind, wenn auch nur im ἀπὸ προσώπων-Abschnitt und dort nur am Anfang; die restlichen Nebentitel mögen, wie Dunn meint, durch die Trägheit eines Abschreibers verloren gegangen sein.

Auf den Seiten 135-144 erbringt Dunn den evidenten Erweis, daß sich die Einteilung dieses Werkverzeichnisses aber keineswegs in den Titelarten erschöpft. Der Abfolge der einzelnen Dialoge liegt klar die dihäretische Dialogordnung zugrunde. Wie Albin (Dunn p. 141f) hat Theon jedoch die dihäretische Ordnung nicht einfach übernommen, sondern modifiziert; mit Albin und Diogenes Laertios verbindet Theon weiterhin, daß die Beschäftigung mit der Dihäresenordnung in derselben Einführungsschrift vor der Wiedergabe der Tetralogienordnung ihren Platz findet. Die Weise, wie Theon die Dihäresen verändert hat, hat Dunn aber wohl nicht eingehend genug bestimmt.[30] Daher sei hier nun eine Rekonstruktion des auf den vorigen Seiten wiedergegebenen Dialogkatalogs versucht, die aber noch keineswegs die Schrift Theons repräsentieren soll, denn wir zweifeln ja, ob die Spaltung nach sachlichen und persönlichen Titeln schon von ihm vorgenommen worden ist. Neben den Titeln wird das vorherrschende Ordnungsprinzip vermerkt:

30) "Although the dialogues seem to be arranged in the list according to their 'highest' and 'intermediary' types, they are not grouped according to their 'lowest' types", p. 142.

<Erster Abschnitt: Titel ἀπὸ πραγμάτων

Apologie	(erste Tetralogie)
Symposion Briefe>	(ethisch)
Staat Gesetze <Epinomis>	(politisch)

<Zweiter Abschnitt: Titel ἀπὸ προσώπων bzw. ὀνομάτων>

Theages <Lysis> Laches Anterastai Charmides Alkibiades I Alkibiades II	(maieutisch)
Euthydem Gorgias Großer Hippias Kleiner Hippias Ion	(anatreptisch)
Protagoras	(endeiktisch)
Euthyphron Kriton Phaidon	(erste Tetralogie)
Theaitetos Politikos[31] Kratylos Sophistes	(logisch)
Timaios Parmenides	(physisch[-metaphysisch])

31) Aus inhaltlichen Gründen (s. den folgenden Text) muß das überlieferte "Kleitophon" korrigiert werden.

Phaidros <Kleitophon Philebos> Menon	(ethisch)
Minos Hipparch Menexenos Atlantikos[32] (= Kritias)	(politisch)

Anfang und Abschluß des ἀπὸ πραγμάτων-Abschnitts sind in der Überlieferung verlorengegangen.[33] Die vermutete Reihenfolge der zu ergänzenden Dialoge orientiert sich an den Ordnungsprinzipien, die der ἀπὸ προσώπων-Abschnitt aufweist. Diese sind klar zu bestimmen: Theon von Smyrna war mit dem peirastischen Charakter der dihäretischen Dialogordnung nicht einverstanden und hat ihn aufgelöst. Dafür gab es zum Teil gute Gründe: Wie wir sahen, ist die Differenz zwischen den Dialogen Laches und Charmides so gering, daß die Einordnung des letzteren in den peirastischen Charakter als kaum zu rechtfertigen erschien.[34] Die Verletzung der von Platon selbst angelegten Dreier- und Vierergruppierungen der Dialoge Apologie bis Phaidon und Theätet-Sophistes-Politikos betrifft in der dihäretischen Dialogordnung beide Male den peirastischen Charakter. Die Versuchung, den Euthyphron und Theätet herauszunehmen, lag also nahe. Mit der Rückkehr der beiden zu ihren ursprünglichen Nachbarn ist dieser Charakter aber schwer geschwächt. Der Menon läßt sich leicht aufgrund der in ihm gestellten Fragen in

32) Gegen die Editoren und Übersetzer, die Kleitophon oder Politikos lesen; s. aber Dunns Transkriptionen, Anm. 27.

33) Dunn scheint p. 133 mit Textverlust durch den Überlieferungsprozeß zu rechnen ("another part .. has vanished"), während er p. 142 aus dem Fehlen der Dialoge Apol. Symp. Epist. Epinom. schließt, daß Theon die dihäretische Dialogordnung gar nicht, auch nicht in Umarbeitung, vorstellen wolle. An dieser Stelle macht Dunn leider einen Rückzieher von seiner völlig evidenten Beobachtung und schließt mit den auch in sich nicht klaren Worten: "These considerations, on the whole, make it improbable that Theon's list represents [?] the scheme of types [dihäret. Dialogordnung]."

34) S.o. Kap. 2 a p. 119.

den ethischen Charakter ziehen und der Ion wegen seines Inhalts neben den Großen Hippias, der es gleichfalls mit der Zurückweisung einer sophistischen Ansicht über Homer zu tun hat. So finden wir bei Theon die peirastischen Dialoge allesamt aus nachvollziehbaren Gründen an anderen Stellen innerhalb der verbleibenden Charaktere untergebracht; allerdings sind die Dialoge der ersten Tetralogie ganz aus dem Verband der Charaktere herausgenommen und als Block zwischen die zetetischen und hyphegetischen Charaktere gesetzt.[35]

Weitere Veränderungen gegenüber den Dihäresen, wie sie uns Diogenes Laertios III 49-51 mitteilt, bestehen in der Einordnung der Dialoge Anterastai, Parmenides, Menexenos und Hipparch sowie im Fehlen der Dialoge Kleitophon, Philebos und Lysis. Die Anterastai sind sinnvoll unter die maieutischen Dialoge, Menexenos und Hipparch sinnvoll unter die politischen gestellt worden. Es ist zu fragen, ob im Falle der letzten beiden nicht sogar eher bei Diogenes ein Überlieferungsfehler als hier eine Umverteilung anzunehmen ist.[36] Aus der Stellung des Parmenides hinter dem Timaios wäre zu schließen, daß er dem Theon schon (wie später dem Neuplatonismus) nicht mehr als logischer Dialog, sondern als Dialog über die Ideenlehre (Physik und Metaphysik) galt - wenn hier nicht ein Überlieferungsfehler[37] oder in diesem einen krassen Fall eine nachträgliche bewußte Umstellung durch einen syrischen oder arabischen Schreiber anzunehmen ist; man bedenke, daß Ibn an-Nadîm zum Timaios die Angabe macht, daß ein Araber diesen Dialog korrigiert habe.[38]

Bei den drei fehlenden Dialogen ist wohl Überlieferungsschaden vorauszusetzen. Da sich das Verzeichnis auch innerhalb der Charaktere eher an die Reihenfolge der dihäretischen Dialog-

35) Dunn p. 138.

36) Die ganze Reihe vom Menexenos bis zu den Anterastai macht bei Diogenes Laert. III 50 einen gestörten Eindruck. Auch Alline (*Histoire du texte* 129,4) bemängelt schon die ethische Einstufung des Menexenos, der er eine politische vorziehen würde.

37) Die Vertauschung von Timaios und Parmenides reicht aus, um letzteren wieder dem logischen Charakter zuzuweisen.

38) "A dialogue which he called Timaeus, which Yaḥyâ Ibn ʿAdî corrected", Dunn p. 131.

ordnung als an die der Tetralogien anlehnt, ist die Einordnung des Lysis vor dem Laches vorzunehmen. Der Kleitophon und Philebos sind wohl am ehesten hinter dem Phaidros einzusetzen.

Das bei den Arabern überlieferte Titelverzeichnis orientiert sich denkbar wenig an den Tetralogien. Diese hat Theon zwar gekannt, wie das zweite Kapitel des "Werke"-Teils zeigt. Aber für die Reihenfolge der Dialoge Euthyphron-Kriton-Phaidon (unter Aussparung der sachlich betitelten Apologie) bedurfte es keiner eigenen Autorität der Tetralogienordnung. An *einer* Stelle hat sich Theon jedenfalls offensichtlich gegen die tetralogische Abfolge gestellt und die Abfolge der Dialoge in der dihäretischen Ordnung zugrundegelegt: Der logische Charakter weist die gegen Platons eigene Andeutungen und gegen die Tetralogien verstoßende Reihenfolge Politikos-Kratylos-Sophistes auf,[39] die von den Dihäresen nur dadurch abweicht, daß Theon den Parmenides (vor dem Sophistes) entfernt hat. Statt dessen hat er vor den Politikos den Theätet gesetzt. Theon hat sich also den Tetralogien nur dort angeschlossen, wo sie sich auf eindeutige Hinweise Platons selbst stützen, aber auch dann nicht immer; in der Auflösung des peirastischen Charakters und der Plazierung des Parmenides hat er eigene Kriterien zugrundegelegt.

Die Abfolge der anatreptischen Dialoge steht in der Tetralogienordnung von vorneherein mit der dihäretischen Ordnung nicht in Widerspruch. Auch Theon übernimmt sie und fügt den ursprünglich peirastischen Ion am Ende hinzu, sodaß dessen Stellung hinter den beiden Hippiasdialogen genau der Abfolge in den Tetralogien entspricht. Daß dies so ist, bedeutet aber wieder nicht, daß Theon sich absichtlich den Tetralogien angeschlossen hätte. Denn einerseits mußte er den Ion aus inhaltlichen Gründen entweder vor oder hinter diese beiden Dialoge stellen und hat dies so getan, daß die Abfolge der dihäretischen Ordnung nicht verändert wurde. Und andrerseits ist auch bei allen anderen Dialogen, denen er einen neuen Charakter zuteilt, seine Gewohnheit zu erkennen, sie an das Ende dieser Charaktere zu versetzen - mit Ausnahme der je zwei Dialoge, die vor dem Kritias (Hipparch und Menexenos) und den beiden Alkibiades-

39) Selbst wenn wir den auf Korrektur beruhenden Politikos aus dem Spiel lassen, weist die Reihenfolge Kratylos-Sophistes noch auf die Dihäresen hin.

dialogen (Anterastai und Charmides) stehen. Beim Kritias ist diese Ausnahme wieder leicht zu erklären, indem diesem unvollendeten Dialog die letzte Stelle eines Dialogverzeichnisses zukommt.[40] Warum aber die beiden Alkibiades bei Theon den Abschluß des maieutischen Charakters bilden, muß wohl in der Überleitung auf die anatreptischen Dialoge erkannt werden.

Daß der letzte Dialog in dem Titelverzeichnis Theons nicht Politikos oder Kleitophon, wie bisher angenommen wurde, sondern Atlantikos heißen muß, stützt sich neben den inhaltlichen Gründen auf die von Dunn angeführten Transkriptionen und auch auf den Text der dihäretischen Dialogordnung bei Diogenes Laertios III 50. Denn dort heißt es: τοῦ δὲ πολιτικοῦ ἥ τε Πολιτεία ... καὶ ὁ Ἀτλαντικός. Der Kritias ist hier also unter dem Titel geführt, der sonst normalerweise nur sein Nebentitel ist. Einen ähnlichen Fall kennen wir beim Phaidon, der schon von früher Zeit an bisweilen lediglich als ὁ περὶ ψυχῆς λόγος zitiert wird.[41] Derjenige, der Theons Verzeichnis in Abschnitte nach sachlichen und persönlichen Titeln gespalten hat, hätte den Atlantikos eigentlich zu den Sachtiteln ordnen müssen. Aber auch bei den Dialogen Sophistes und Politikos hat er sich zugunsten der Personen, die diese Sachbegriffe repräsentieren, entschieden, und so hält er den Ortsnamen Atlantikos auch aus den Sachtiteln heraus.

Daß gerade in der dihäretischen Dialogordnung, die ja so eng verwandt ist mit dem bei den Arabern zitierten Kapitel aus Theons Einführungsschrift, der Titel des Kritias durch den Nebentitel vertreten wird, ist ein weiteres Indiz dafür, daß wir hier Ἀτλαντικός im griechischen Original des Theon vorauszusetzen haben. Dieses Ergebnis wirft seinerseits aber auch ein Licht auf den Text des Diogenes. Dessen Angaben über den Kritias sind die einzigen, in denen sich zwischen seiner Darstellung der dihäretischen Dialogordnung (III 50) und derjenigen der Tetralogienordnung (III 60) ein Widerspruch ergibt: In III 60 heißt es

40) Die Positionen der Dialoge Hipparch und Menexenos bei dem Vergleichsautor Diogenes Laert. ist, wie wir sagten, ohnehin zweifelhaft.

41) Ps.-Plat. Epist. XIII p. 363 A, vgl. Ähnliches bei Kallimachos, Epigr. 23,4 (mit Pfeiffers Anm.), Diog. Laert. III 37 ἐν τῷ περὶ ψυχῆς καὶ Ἀπολογίᾳ, vgl. ebd. 36. 55.

zur achten Tetralogie: Κριτίας ἢ Ἀτλαντικός, ἠθικός. Die Gelehrten haben sich immer wieder an der Charakterisierung des Kritias als ἠθικός gestoßen und die politische bevorzugt.[42] Jedoch besaß bislang der Text III 60 ein größeres Gewicht wegen der Übereinstimmung mit der Überlieferung in unseren Platoncodices.[43] Durch den Vergleich mit Theon von Smyrna in der arabischen Überlieferung ist nun eine erwünschte Parallele zu Diogenes III 50 glücklich gefunden: Nach Minos, Hipparch und Menexenos und unter dem Titel Ἀτλαντικός kann dieser Dialog kaum anders als politisch charakterisiert sein. Nun erst, da erwiesen ist, daß beide Charaktervarianten des Kritias weit älter als Diogenes Laertios sind, nämlich auf Thrasyll zurückreichen, kann zwischen ihnen als gleichwertigen Varianten nach rein inhaltlichen Kriterien entschieden werden. Es ist wohl anzunehmen, daß ἠθικός (III 60) eine Korruptel in demjenigen Katalog war, aus dem die Nebentitel und Charaktere in unsere Platoncodices gelangt sind; dieser Katalog war vielleicht schon Thrasylls eigenes Exemplar.

Auch die Reihenfolge der Charaktere bei Theon stimmt recht genau mit der der Dihäresen bei Diogenes III 49 überein. Jedoch hat Theon die Zetesis vor die Hyphegese gestellt und die Abfolgen endeiktisch-anatreptisch sowie physisch-logisch umgekehrt. Mit letzterer Änderung ist, wie bei Albin,[44] eine gewisse Abwertung der Logik ausgesprochen, die in dem dihäretischen System der Physik gleichgeordnet zu sein scheint.

Kommen wir zu einem abschließenden Urteil. Aufgrund der Kritik des arabischen Textes können wir uns ein Bild von Theons Umarbeitung der dihäretischen Ordnung machen. Seinem sogenannten Titelverzeichnis platonischer Werke liegt das Corpus der Schriften zugrunde, die von der Tetralogienordnung wie von der dihäretischen Dialogordnung erfaßt sind. Daß im über-

42) Freudenthal 263, Susemihl *Über Thrasyllos* 569,10, Alline *Histoire du texte* 129,4. Hoerber, *Thrasylus' Platonic Canon* 17, vertritt die Ansicht, die Divergenz in der Einordnung des Kritias gehe auf eine bewußte Neubewertung dieses Dialogs zurück.

43) Vgl. Alline, *Histoire du texte* 124 und 129,4, wo Alline mit "mss." wohl die Platonhandschriften meint.

44) S.o. Kommentar zu 151,6.

lieferten Text sieben Dialoge fehlen, wird man nicht anders als mit Überlieferungszufällen erklären.[45] Theon mußte ja alle 36 Titel anführen, wenn er sich hinterher bei der Vorstellung der Tetralogien nicht in einen Widerspruch verwickeln wollte. Das erste Prinzip der Einteilung ist an den Titeln orientiert; wir wissen nicht, ob schon Theon diese Spaltung in ἐπιγραφαὶ ἀπὸ πραγμάτων und ἀπὸ προσώπων (bzw. ὀνομάτων) selbst vorgenommen hat. Dieselbe Unterscheidung ist ja im Mittelplatonismus anders angewendet worden und liegt in der Anwendungsweise des Theontextes erst seit Proklos vor. Innerhalb des Titelverzeichnisses bzw. seiner beiden Abschnitte gibt Theon den Dialogen um Sokrates' Prozeß und Tod, die die erste Tetralogie ausmachen, einen besonderen Platz. Er stellt sie in die Mitte zwischen zwei Gruppen von Dialogen, die er nach der dihäretischen Dialogordnung herstellt. Diese übernimmt er in weiten Teilen unverändert. Er verteilt jedoch die peirastischen Dialoge sowie einige ethische und den Parmenides[46] auf andere Charaktere; des weiteren stellt er unter den zetetischen Charakteren die Reihenfolge maieutisch-anatreptisch-endeiktisch, unter den hyphegetischen die Folge logisch-physisch-ethisch-politisch her. Diese letzteren Abwandlungen lassen darauf schließen, daß Theon sein Verzeichnis als Reihenfolge, in der das Wichtigere auf das Vorbereitende folgt, verstand und nicht wie die dihäretische Dialogordnung als reine Klassifizierung. Es ist allerdings zu bemerken, daß die Termini der Charaktere nicht überliefert sind, sondern daß die evidente Tatsache der Bearbeitung dieser älteren Dialogordnung einzig und allein aus der Abfolge der Dialoge und der Benutzung des Titels Atlantikos für den Kritias erschlossen wird. Innerhalb der einzelnen Charaktere ist zumeist

45) Aus dem Katalog der Tetralogien wurden im Altertum angezweifelt der Phaidon, eine uns nicht erhaltene Variante des Theätet-Proöms (anon. Theätet-Komm. col. 3,28-37), der Zweite Alkibiades, Hipparch, die Anterastai, der Theages (nach einer Kombination von Wilamowitz, *Platon* II 325), Staat, die Gesetze, Briefe und die Epinomis, s. Praechter, *Ueberwegs Grundriß*, 12. Aufl. 1926 p. 195f. Nur die beiden letztgenannten decken sich mit den fehlenden Dialogen in der Liste der Araber.

46) Wenn dieser nicht durch einen späteren Eingriff seinen Ort gewechselt hat, s.o. p. 154.

die Reihenfolge der Dihäresen übernommen, und ein umgesetzter Dialog findet sich in der Regel am Schluß des neuen Charakters wieder. Die Motive für die Umstellung sind im Anschluß an die von Platon selbst gemachten Hinweise zur Gruppierung von Dialogen oder in einer philosophisch-sachlichen Kritik an den Dihäresen auszumachen. In letzterem Fall stellt Theons Bearbeitung der dihäretischen Ordnung gelegentlich eine Verbesserung derselben dar.[47] Auch das Verlassen des strengen Dihäresenschematismus ist an sich als Versuch der Verbesserung zu bewerten. Das ganze Titelverzeichnis macht also den Eindruck einer Überarbeitung der dihäretischen Dialogordnung, der zum Schluß die Scheidung nach Titelarten übergestülpt wurde. Ob es von Theon selbst vielleicht als Lektüreordnung verstanden wurde (was ja auch sein Titel bei Ibn an-Nadîm s.v. Platon nahelegt) und erst im Laufe der Jahrhunderte den Charakter der sinnvollen linearen Ordnung verlor und (wie Ibn an-Nadîm s.v. Theon überliefert) die Überschrift "Titelverzeichnis" erhielt,[48] ist ein Verdacht, der mangels weiterer Indizien nicht entschieden erhärtet werden kann.

47) Es sei denn, daß die Überlieferung des ethischen Charakters bei Diogenes Laert. III 50 tatsächlich verderbt ist, s.o. p. 154 Anm. 36.

48) Vgl. Dunns Kritik an dem Titel oben p. 144 Anm. 3.

c) Die Umformung durch Albin (Prolog c. 3 und 6)

In Albins Kapitel 3 b findet sich ein Katalog von Dialogcharakteren und Dialogen, der schon auf den ersten Blick der dihäretischen Dialogordnung bei Diogenes Laertios III 49-51 verpflichtet zu sein scheint. Dieser Katalog ist jedoch im Überlieferungsprozeß tiefgreifend entstellt worden. Tantalusqualen muß erleiden, wer eine Rekonstruktion in der Hoffnung unternimmt, er werde durch ein Kalkül mit den bekannten antiken und mittelalterlichen Abschreibefehlern und durch philosophiegeschichtliche Parallelen einen möglichen, plausiblen Ausgangszustand des Texts ermitteln können. Ein solcher Rekonstruktionsversuch wird auch kaum erleichtert, wenn man konzediert, daß Albin mit der Ordnung des Diogenes nicht voll übereingestimmt haben muß. Vor der ewigen Verdammnis des Textkritikers rettet offenbar nur die Einsicht, daß vieleicht der Epitomator in diesem Albin-Passus ein Chaos hergestellt hat, das über Philologenbegriffe geht. Zwar bis zu einem gewissen Grade läßt sich das Textschicksal immerhin noch zurückverfolgen: Der Text war ursprünglich in Kolumnen geschrieben und jede einzelne Kolumne enthielt im allgemeinen dieselben Dialoge in derselben Reihenfolge, wie sie auch Diogenes Laertios III 50f anführt. Dies ist das Ergebnis von Freudenthals Recherchen.[1] Im einzelnen legen wir dies in der Appendix A dar, wo wir auch auf die Mängel von Freudenthals weiteren Folgerungen eingehen und Schissels[2] verfehlten Rekonstruktionsversuch erläutern. Der Schritt aber von der mittleren Ebene der Charaktere (im hyphegetischen Hauptcharakter διδασκαλία - πρᾶξις - ἀπόδειξις τοῦ ἀληθοῦς, im zetetischen Hauptcharakter γυμνασία - ἀγών - ἔλεγχος τοῦ ψεύδους) zu den einzelnen untersten Charakteren, also der Zusammenhang der sechs genannten Funktionen mit den acht Einzelcharakteren bleibt Gegenstand mehr oder weniger vager Vermutungen. Einen Anhaltspunkt haben wir aber doch: Wenn Albin sich schon in den mittleren sechs Funktionen von dem alten System bei Diogenes mit seinen vier mittleren Charakteren so deutlich absetzt, wenn überdies mit Theon von Smyrna ein vergleichbarer Autor aus derselben Zeit ins Blickfeld rückt, der

1) P. 260-265.

2) *Zum Πρόλογος* 215-226.

seinerseits das überlieferte Dihäresensystem erheblich abgewandelt hat, wenn schließlich in späterer Zeit die Erweiterung der zwei obersten Charaktere um einen "gemischten" bezeugt ist (Anon. Platonproleg. § 17,16-24, s.u. das nächste Kapitel) - dann darf auch bei Albin mit einer größeren Abweichung noch über den Befund der sechs mittleren Funktionen hinaus gerechnet werden. Wie wir im Kommentar zu 151,6 begründet haben, wirkt die Textänderung an dieser Stelle, die Freudenthal vorschlug, auch erhellend auf das korrupte dritte Kapitel zurück: Der logische Charakter hat, wie schon Freudenthal entdeckte, bei Albin eine "Doppelstellung" zwischen dem hyphegetischen und dem zetetischen Charakter. Der μικτὸς τρόπος der Neuplatoniker ist also im Ansatz schon bei Albin zu finden. Aus den in Kap. 6 (p. 151,8f) genannten Fähigkeiten, zu denen die Lektüre der logischen Dialoge verhilft, ist zu schließen, daß die Mittelstellung des logischen Charakters genau zwischen der ἀπόδειξις τοῦ ἀληθοῦς und dem ἔλεγχος τοῦ ψεύδους fixiert werden darf. Um nun aber weiterhin aufzeigen zu können, ob Albin daneben noch Weiteres an der Ableitung der untersten Charaktere aus den mittleren Funktionen gegenüber Diogenes Laertios III 49 geändert hat, z.B. an der Reihenfolge der Charaktere, - dazu wären wir auf sichere Anhaltspunkte aus dem allzu korrupten Dialogverzeichnis angewiesen, und wer wagt zu hoffen, daß sich ein philologischer Ödipus findet, dieses Sphingenrätsel zu lösen?

d) Die neuplatonische Bearbeitung

In den anonymen Platonprolegomena des sechsten Jahrhunderts findet sich die dihäretische Dialogordnung in folgender Abwandlung wieder (§ 17,16-24):

> Ὁ δὲ τρόπος τῆς συνουσίας ἀναλογεῖ τῇ φύσει. οὗτος δὲ ἢ ὑφηγηματικός ἐστιν ἢ ζητηματικὸς ἢ μικτός· καὶ ἔστι μὲν ὑφηγηματικὸς τρόπος ὅταν τὰ ἑαυτῷ δοκοῦντα δίχα πάσης ζητήσεως καὶ ἀποδείξεως προβάλληται, ζητηματικὸς δὲ ὅταν ζητῇ, μικτὸς δὲ ὁ ἐξ ἀμφοῖν συγκρινόμενος. δίχα δὲ διαιρεῖται ἑκάτερος τῶν ἄκρων· τοῦ γὰρ ὑφηγηματικοῦ ὁ μέν ἐστιν θεωρητικός, ὁ δὲ πολιτικός, καὶ τοῦ ζητηματικοῦ ὁ μέν ἐστιν ἀγωνιστικός, ὁ δὲ γυμναστικός. κέχρηται δὲ τῷ μὲν ὑφηγηματικῷ θεωρητικῷ ἐν τοῖς θεολογικοῖς, τῷ δὲ ὑφηγηματικῷ πολιτικῷ ἐν ταῖς Πολιτείαις.

Warum der τρόπος τῆς συνουσίας (thematisch-methodischer Gesprächsmodus) in Platons Dialogen mit der φύσις in Analogie gesetzt wird, erklärt der Anonymus § 16,1-6: Der Dialog weist dieselben Bestandteile wie der Kosmos auf, da er ein Kosmos ist. Den Rang der Natur hat bei ihm der Gesprächsmodus inne, wie den Rang des εἶδος der Sprachstil (§ 17,1: τῷ δ' εἴδει ἀναλογεῖ ὁ χαρακτήρ, d.h. Stil). Der Anonymus teilt seinen verschiedenen τρόποι nun leider keine einzelnen Dialoge zu. So ist uns die Möglichkeit versagt, aus diesen auf den genauen Zweck und Gesichtspunkt der Unterscheidungen rückzuschließen, wie wir das bei den alten Dihäresen konnten. Wir bleiben auf die knappen Hinweise des Autors angewiesen: Dem lehrenden, unterweisenden Modus (ὑφηγηματικὸς τρόπος) gibt er nur die negative Erläuterung bei, er habe es weder mit Untersuchungen noch mit Beweisgängen zu tun. Daraus ist wohl zu schließen, daß in ihm rein die Ergebnisse, Erträge des Philosophierens vorgelegt werden. Die zetematische Gattung ist durch die Wahrheitssuche bestimmt, die gemischte Gattung durch "beides", d.h. wohl durch Suche (ζήτησις) und Unterweisung. Daß mit ἐξ ἀμφοῖν nicht "aus ζήτησις und ἀπόδειξις" gemeint ist, dürfen wir wohl aus Proklos schließen (*in Remp.* I 15,19-27, s.u.). Durch weitere Aufgliederung des Systems ergeben sich nach der übergeordneten methodischen Klassifizierung in drei Gattungen insgesamt fünf einzelne τρόποι τῆς συνουσίας: 1) der suchende im Streit, 2) der suchende zur Übung, 3) der suchende und unterweisende, 4) der beweislos vortragende auf politischem Gebiet und 5) der beweislos vortragende auf theoretischem Gebiet. Es scheint, daß auch hier, wie in den mittelplatonischen Systemen, jeder Dialog einem bestimmten Gesprächsmodus fest zugewiesen ist, wenn der Anonymus dabei auch nicht ins Detail geht (§ 17,22-24). Von einer Gruppe von θεολογικοὶ διάλογοι spricht er auch im Abschnitt über den Stil (§ 17,4f): Diese Gruppe sei durch den hohen Stil ausgezeichnet. Zur schnelleren Erfassung durch das Auge sei dieses neuplatonische System in einer Zeichnung dargestellt:

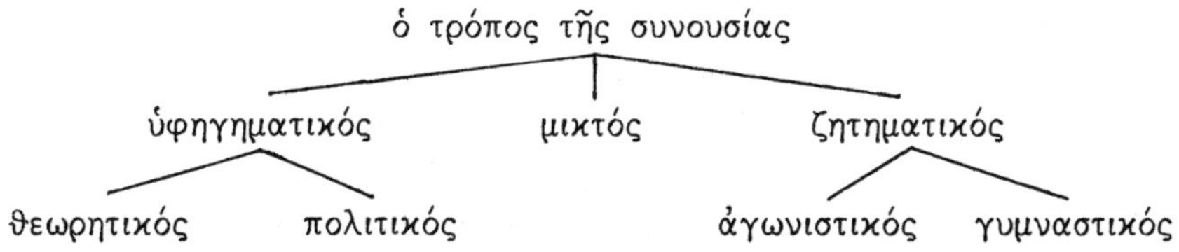

Der Neuplatonismus übernimmt die ursprüngliche dihäretische Dialogordnung nur in ihrem Gerüst bis zur Ebene der Untergattungen (theoretisch, praktisch, gymnastisch, agonistisch) und ersetzt dabei den Terminus πρακτικός durch πολιτικός - es bleibt uns verborgen, ob mit der Umbenennung ein inhaltlicher Wandel einhergeht. Das neue Schema verzichtet auf die acht Einzelcharaktere und die mit ihrer Spezialisierung gegebene Spitzfindigkeit und Inkonsequenz, die bei der Verteilung der Dialoge auf diese Charaktere notwendig wurden. Bei der Beurteilung des alten Systems zeigte sich ja, daß die Grenzen zwischen den beiden gymnastischen Charakteren unklar, der begriffliche Unterschied zwischen der agonistischen Untergattung und ihrer anatreptischen Art bedeutungslos und der ethische Charakter als Sammelbecken für Übriggebliebenes wenig überzeugend war. All diese Unzulänglichkeiten treten in der neuplatonischen Bearbeitung nicht auf. Natürlich bekommt auch dieses System den lebendigen Organismus (den κόσμος) eines platonischen Dialogs nicht in den Griff. Aber immerhin wird dem alten Schematismus, der auf die Dialoge nicht paßt, spürbar entgegengewirkt.

Schon bei Proklos finden sich deutliche Hinweise auf diese neuplatonische Überarbeitung der Dihäresen. Er zitiert nämlich eine Ansicht des Syrian über die Zuhörerschaft im philosophischen Gespräch. Nach Syrian verringert sich die Anzahl der Zuhörer mit dem steigenden Niveau der Unterredung.[1] Das bestätige sich, so Proklos, in Platons Werk an den drei Malen, wo das Gespräch über den Staat geführt bzw. nacherzählt wird, d.h.

1) im aktuell stattfindenden Gespräch im Piräus - an ihm beteiligen sich neben Sokrates im wesentlichen sechs Personen[2] -,

2) in der Nacherzählung dieses Gesprächs am nächsten Tag durch Sokrates (κατέβην χθὲς κτλ. Resp. I 327 A 1) - Zuhörer sind, wenn man die Worte des Timaios (Tim. 17 A) auf den Dialog Politeia beziehen will,[3] Timaios, Hermokrates, Kritias und "ein Vierter" -

und 3) in der Zusammenfassung dieser Nacherzählung wieder einen Tag später[4] und wieder durch Sokrates - nun ohne den vierten Zuhörer.

Proklos führt die Begründung für dieses Phänomen an (*in Tim.* I 21,8-14. 17-20):

> πανταχοῦ μὲν γὰρ ἡ ὑφηγουμένη μονάς ἐστιν· ἀλλ' ὅπου μὲν ἀγωνιστικῶς· διὸ καὶ οἱ ἀκροαταὶ τό τε ἀόριστον ἔχουσι καὶ τὸ διωρισμένον εἰς πλῆθος ἐκτεινόμενον, ἐν ᾧ τὸ περιττὸν τῷ ἀρτίῳ συμπέπλεκται· ὅπου δὲ ἀφηγηματικῶς μέν, οὔπω ⟨δ'⟩ ἀπηλλαγμένης τῆς μάχης καὶ τῶν ἀγώνων τῶν διαλεκτικῶν· διὸ καὶ οἱ ἀκροαταὶ τέτταρες ... · ⟨ὅπου δὲ⟩ ἐξῃρημένης μὲν

1) Eine Erfahrung, die der ungeübte Lehrer erst recht immer wieder machen muß.

2) Vgl. die Zusammenstellung von Jowett und Campbell, Bd. III p. 1f: Platon, Glaukon, Adeimantos, Thrasymachos, Kephalos, Polemarchos und Kleitophon.

3) Das Recht dazu bestreitet mit guten Gründen Friedländer, *Platon* III 330f, s. die nächste Anm. Wir müssen aber damit rechnen, daß Proklos den Text so versteht.

4) Offenbar hat Proklos die Worte Tim. 17 C 1f und 20 B 1f so aufgefaßt, wie sie auch Friedländer *Platon* III 494, Anm. 6, versteht. Daß diese Zusammenfassung im Timaios auf den Gang des Gesprächs der Politeia gar nicht paßt, ist Proklos nicht bewußt, s. Friedländer ebd. 330f.

ἁπάσης ἀγωνιστικῆς διδασκαλίας, ἀποφαντικῶς δὲ καὶ ὑφηγητικῶς τῆς θεωρίας ὑφαινομένης· διὸ καὶ ἡ τριὰς οἰκεία τοῖς ὑποδεχομένοις αὐτήν, κατὰ πάντα τῇ μονάδι συμφυομένη, τὸ περιττόν, τὸ πρῶτον, τὸ τέλειον.

Das erste Gespräch (ἡ προτέρα τῆς πολιτείας παράδοσις *in Tim.* I 21,2f) hat einen agonistischen Grundzug, zumal die Mehrzahl der sechs ἀκροαταί in dem bewegten Buch I der Politeia auftritt; das dritte Gespräch (im Timaios) ist frei von jedem Streit und gibt die Lehre ἀποφαντικῶς, d.h. ohne lebhaftes Für und Wider der Diskussion, rein darstellend, und ὑφηγητικῶς, d.h. lehrend. Das mittlere Gespräch (die Politeia in der vorliegenden Form) ist noch nicht ganz entfernt vom dialektischen Streitgespräch, aber die Charakterisierung ἀφηγηματικῶς (d.h. diegematisch im Sinne der dramatischen Dialogeinteilung) weist schon in die Richtung des ruhigen Vortrags. Zum Verständnis dieses Terminus hilft ein verwandter Passus aus dem Kommentar zur Politeia: Im ersten Gespräch wird der Staat ἀγωνιστικῶς dargestellt, im dritten ἄνευ προσώπων συνοπτικῶς und im mittleren διηγηματικῶς, τά τε πρόσωπα καὶ τὰ πράγματα τῆς διηγήσεως ἐχούσης,[5] ἀλλ' ἐν τάξει μᾶλλον ἢ τῆς πρὸ αὐτῆς (*sc.* τῆς ἐν Πειραιεῖ, *in Remp.* I 16,3-7).

Den Terminus ἀφηγηματικῶς konnte Proklos an dieser Stelle des Politeiakommentars schlecht benutzen, da er zwei Seiten vorher gesagt hatte, daß die Politeia - im strengen Sinne unter den Gesichtspunkten der Dichtungseinteilung Platons (Resp. III 392 D - 394 D) - gerade nicht ἀφηγηματική (wie etwa Dithyramben) ist. Mit διηγηματικῶς ist der Terminus der dramatischen Dialogeinteilung aufgegriffen, um die Darstellungsweise der Politeia zu kennzeichnen, die zwar anschaulicher als der Timaioseingang erzählt, aber doch gewisse formale Zügel (ἐν τάξει) zu ertragen hat.

Mit den beiden Polen 1) erster Tag ἀγωνιστικῶς und 3) dritter Tag ἀποφαντικῶς καὶ ὑφηγητικῶς scheint genau das getroffen, was in den anonymen Platonprolegomena unter den Gattungen ζητηματικός und ὑφηγηματικός τρόπος genannt ist. Ein Teil des zetematischen Modus war ja der agonistische. Wenn man

5) Vgl. *in Remp.* I 14,26 - 15,11, wo die dramatische Einordnung erklärt ist, mit der diese methodische korrespondieren soll.

aufgrund des agonistischen Elements (insbesondere verkörpert in Thrasymachos) und aufgrund der Personenkonstellation (sechs Personen) die 'tiefere' Erzählebene der Politeia (das aktuelle Gespräch im Piräus) ganz auf das Buch I dieses Dialogs beschränkt sehen wollte, so dürfte evident sein, daß Proklos' Charakterisierung der προτέρα παράδοσις als agonistisch ihre Herkunft in der Tradition der dihäretischen Dialogordnung hat. Denn wie einer weiteren Stelle bei ihm selbst (*in Parm.* 655,7-12) und einer Bemerkung des Diogenes Laertios zu entnehmen ist, konnte das Thrasymachos-Buch (Resp. I) mit den anderen agonistischen Dialogen in eine Reihe gestellt werden.[6]

Auch die Charakterisierung ἀποφαντικῶς καὶ ὑφηγητικῶς entspricht positiv der negativen Formulierung, die bei dem Anonymus vorliegt: δίχα πάσης ζητήσεως καὶ ἀποδείξεως. Daß Proklos das 'mittlere Gespräch' (die Politeia als Erzählung des Sokrates vor den vier Zuhörern) in den μικτὸς τρόπος einordnet, sagt er uns ausdrücklich schon etwas eher im Politeia-Kommentar (I 15,19-27):

> εἰ δὲ δὴ καὶ οὕτω τὰ εἴδη διαιροῖμεν ὡς τῶν Πλατωνικῶν τινες, εἰς τὸ ὑφηγητικὸν εἰς τὸ ζητητικὸν εἰς τὸ μικτόν, πάλιν καὶ τούτων τὸ μικτὸν ἐκλεξάμενοι τὴν πολιτείαν εἰς τοῦτο φέροντες ἀναπέμψομεν. καὶ γὰρ εἰσὶ μὲν καὶ ζητητικοί τινες ἐν αὐτῇ λόγοι πλείους, εἰσὶν δὲ καὶ ὑφηγητικοί, τοῦ Σωκράτους ἢ τὴν λύσιν ὑφηγουμένου τῆς ἀρίστης πολιτείας διὰ τοῦ λόγου τῶν Μουσῶν ἢ τῶν ἐν Ἅιδου τὴν σκηνὴν διὰ τῶν τοῦ Ἥρὸς ῥημάτων.

Proklos' Betrachtung zu der Trias von Politeiai steht, wie wir abschließend bemerken, unter dem Einfluß der alten Dihäresen sowie auch der Dichtungseinteilung Platons und der dramatischen Dialogordnung. Ob schon Syrian die Lehre von den drei τρόποι des Dialogs kannte, geht aus Proklos *in Tim.* I 2o,27ff

6) Diog. Laert. III 52. Daß das Thrasymachos-Buch in der dihäretischen Dialogordnung bei Diog. Laert. III 50f nicht auch separat aufgeführt ist, hat seinen Grund vielleicht darin, daß diese Ordnung von Diogenes (oder seiner Quelle) vorher mit der Tetralogienordnung verglichen worden ist, wo die Politeia ja als ein Werk aufgeführt ist.

leider nicht hervor; es ist ja ungewiß, wo das Syrianzitat (ἔλεγε δ' οὖν ὅτι κτλ.) endet. Auch muß offenbleiben, ob Proklos schon die dreigeteilte neuplatonische Umarbeitung der Dihäresen gekannt oder gar geschaffen hat.

Einen Anklang an diese neue oder die alte dihäretische Dialogordnung finden wir bei ihm noch im Parmenideskommentar, wo er διαλεκτικαὶ ἐνέργειαι unterscheidet (653,3 - 656,14): τρεῖς εἰσίν, ὡς τὸ ὅλον εἰπεῖν, ἐνέργειαι τῆς ὡς ἀληθῶς ἐπιστημονικῆς μεθόδου ταύτης (*sc.* τῆς διαλεκτικῆς, 653,5-7), erstens die γυμνασία (654,18), προσήκουσα νέοις (653,7), die das Wahre aufweist und das Falsche widerlegt (654,15-17); in ihren Bereich gehören die Dialoge Theätet und Lysis.[7] Zweitens zählt zur Dialektik die πειραστική,[8] deren ἔλεγχος gegen οἱ ὑπὸ δοξοσοφίας κατεχόμενοι gerichtet ist (654,6-8); sie allein übt diese negative Methode aus (654,17f), wirkt dabei aber kathartisch (654,2f; 655,5f). Von dieser Art von Dialektik sind der Gorgias und Protagoras voll sowie die anderen Dialoge zur Abwehr der Sophisten, wie z.B. das erste Buch der Politeia (655,7-12). Die dritte dialektische Klasse bedient sich der traditionellen logischen Verfahren (Analyse, Definition, Beweis und Dihärese: 653,24f) und führt dabei, rein das Wahre aufzeigend (654,17), zur Schau der Wahrheit, in die Region der Ideen und εἰς τὸ ἐπέκεινα πάντων ... τῶν ὄντων (653,18-30); der Phaidros, Sophistes, Phaidon und Parmenides (653,31f; 655,17; 656,2ff) sind Vertreter dieser Klasse, indem sie weder mit ἀγύμναστοι νέοι noch mit σοφισταί τινες zu tun hat (656,8-14).

Proklos greift hier klar die alten Abteilungen des gymnastischen und agonistischen Charakters auf. Statt ἀγωνιστικός sagt er allerdings πειραστικός, was lediglich einen Wechsel der Begriffe bedeutet. Ob er mit der dritten ἐνέργεια (Wirkungsweise) der Dialektik die hyphegetische Gattung der alten dihäretischen Dialogordnung fortsetzt oder den μικτὸς τρόπος der neuplatonischen Bearbeitung einführt, geht aus den Worten nicht hervor.

Eindeutig auf die alte dihäretische Ordnung bezogen sind nun aber Proklos' Worte im Alkibiadeskommentar, die wir be-

7) 654,20. 25, nach der Emendation von Morrow-Dillon.

8) 654,2; Konjektur Westerinks statt παραστατική.

reits oben[9] zitierten (236,10-14): Ausgehend von der platonischen Unterscheidung, daß Kenntnisse entweder durch Lernen von Lehrern oder durch eigenes Suchen und Finden gewonnen werden können,[10] hätten ältere Platonexegeten die Dialoge Platons unterteilt εἴς τε τοὺς διδασκαλικοὺς καὶ τοὺς ζητητικούς.

Wir können feststellen, daß die alte dihäretische Dialogordnung noch zu Proklos' Zeiten bekannt war, nicht aber, ob es Proklos oder ein Früherer war, der sie durch die in den anonymen Prolegomena skizzierte Ordnung ersetzte.

9) P. 65.

10) Lach. 186 B, Men. 81 C, Alkib. I 106 D, s.o. p. 103f.

Kapitel 3

Die Bestimmung einer Anfangslektüre für den jungen Platoniker

Albins Thema im vierten Kapitel des Prologs ist es, Anschauungen anderer Platoniker über eine geeignete Anfangslektüre zu kritisieren und durch seine eigene Lehre von der kyklischen Austauschbarkeit des Anfangs zu ersetzen. Daher wollen wir an dieser Stelle eine Übersicht darüber geben, welche Dialoge im Altertum je als Anfangsdialoge genannt worden sind. Es ist aber nicht immer auszumachen, ob ein solcher Dialog nun als Erstlektüre für den Anfänger vorgesehen war oder aus irgendwelchen anderen - systematischen, literarischen - Gründen an die Spitze des platonischen Oeuvres gestellt worden ist. Nennen wir also in der Reihenfolge unserer Quellenautoren (Albin, Diogenes Laertios, Proklos, anonyme Platonprolegomena) die einzelnen Dialoge, die jeweils - in welchem Sinn auch immer - als erste Platondialoge eingestuft wurden, und setzen gegebenenfalls dazu, was spätere Autoren zu dem in Rede stehenden Dialog als Anfangsdialog gesagt haben. Wir beginnen mit Albin (Nr. 1-5). Nach ihm setzten die anderen Platoniker an den Anfang entweder

1) die **Briefe**; die anonymen Platonprolegomena begründen dagegen, warum die Briefe gerade den Abschluß der Tetralogienordnung bilden, § 25,16-20. Oder

2) den **Theages** (= Diog. Laert. III 62); bei Theon von Smyrna stand - nach dem in Kap. 2 b vorgetragenen Räsonnement und unter der Voraussetzung, daß das Verzeichnis noch nicht von Theon selbst nach Titelarten zerteilt worden ist[1] - der Theages am Anfang der Reihe, da mit ihm die maieutischen Dialoge einsetzen. Oder

3) den **Euthyphron**, so in der Tetralogienordnung, die bei Albin (Prol. p. 149,13) an die Namen Derkyllides und Thrasyllos geknüpft ist, bei DiogenesLaertios aber nur an den des letzteren (III 56-61); dieser sage, so Diogenes III 56, daß Platon selbst seine Dialoge nach dem Prinzip der Tetralogie herausgegeben

1) S.o. Kap. 2b p. 158.

habe (Θράσυλλος δέ φησι καὶ κατὰ τὴν τραγικὴν τετραλογίαν ἐκδοῦναι αὐτὸν τοὺς διαλόγους[2]). Dieselbe Lehre wiederholt, aber mit Kritik, der Anonymus der Platonprolegomena § 24,20-25,1; 25,20-29. Er scheint an einer tetralogischen Ausgabe von Platons eigener Hand zu zweifeln.[3]

4) Dem setzt Albin die Lehre entgegen, daß die Anfangslektüre aus dem Oeuvre Platons nur mit Rücksicht auf dessen Kreisnatur zu gewinnen sei: Je nach Anlagen, Alter, Absichten, Vorbildung und äußeren Möglichkeiten des an Platon Interessierten sei ein je anderer Ausgangspunkt in diesem κύκλος zu bestimmen (Prol. 5 p. 149,21-31). Am Beispiel eines nach all diesen Kriterien idealen Jünglings nennt Albin den **Ersten Alkibiades** als Anfängerdialog. Auch Diogenes Laert. führt diesen Dialog in seinem Verzeichnis der Anfangsdialoge (III 62); da Diogenes Albin nicht direkt zitiert, ist es möglich, daß er hierbei auf einen anderen Platoniker als Albin zurückgeht. Der Erste Alkibiades erfreute sich später überhaupt großer Beliebtheit als Einführungslektüre. Noch Jamblich (in seinem berühmten κανών),[4] Proklos[5] und Olympiodor[6] lassen mit ihm die Platonlektüre beginnen. Auch al-Farabi[7] (10. Jahrhundert) kennt ein

2) Das καὶ eher schon auf ἐκδοῦναι bezogen als auf τετραλογίαν, nachdem zuvor schon von anderen Verbindungen zwischen Philosophie und Tragödie die Rede gewesen ist (III 56): 'nicht nur spezielle Analogien, sondern sogar eine Ausgabe nach Tetralogien'. Der Singular τετραλογίαν ebenfalls bei Albin c. 4 p. 149,5f und in den anon. Platonproleg. § 24,3. 20. Diogenes wiederholt die Nennung des Euthyphron als Anfangsdialogs in Kap. 62, als ob dies die erste Nennung wäre - Indiz, daß er hier einen anderen Quellentext benutzt als den des Thrasyll, der in Kap. 61 (καὶ οὗτος μὲν διαιρεῖ καί τινες) endete.

3) Weiter wollen wir uns mit der Geschichte der Tetralogien nicht befassen, zumal die einschlägige Literatur vielfältig und auch in jüngerer Zeit nicht zur Ruhe gekommen ist. Wir verweisen nur auf Wilamowitz, *Platon* II 324-329, und C.W. Müller, *Die Kurzdialoge* 27-44. 328f.

4) In seinem "Kanon", s. Proklos *in Alcib. pr.* 11,11-17, anon. Platonproleg. § 26,10-34.

5) *In Alcib. pr.* 4,19 - 7,8.

6) *In Alcib. pr.* 10,18 - 11,6.

7) S. Dunn, *The Organization* 144. Dunn p. 146f führt zu Recht Zweifel

Dialogverzeichnis, das mit dem Ersten Alkibiades einsetzt.

5) In Kapitel 6 stellt Albin eine Lektüreordnung her, die mit den peirastischen Dialogen beginnt, also mit **Euthyphron** (s.o. Nr. 3), **Menon, Ion, Charmides** und **Theaitetos** (wenn wir diesen letzteren Dialog, der c. 3 p. 148,36 fehlt, aus Diogenes Laert. III 51 ergänzen dürfen; s. im übrigen unten Nr. 10).

Unser nächster Quellenautor ist Diogenes Laertios (Nr. 6-11). Die Parallelität des Albin'schen Prologs mit dem dialogtheoretischen Teil in Diogenes' Platonbuch erstreckt sich, wie Freudenthal gezeigt hat[8] und oben bereits angeklungen ist, auch auf diesen Abschnitt über die geeignete Anfängerlektüre. Bei Diogenes (ἄρχονται οἱ μὲν κτλ. III 62) fehlen die Briefe (Nr. 1) und die peirastischen Dialoge als ganze (Nr. 5), dafür zählt er aber andere Dialoge auf, mit denen er über Albin weit hinausgeht:

6) Aristophanes von Byzanz hat 15 Dialoge zu Trilogien zusammengefaßt (Diog. Laert. III 61f). An deren Anfang steht die **Politeia**.[9]

7) Der **Kleitophon**.

8) Der **Timaios** konstituiert im Schema der dihäretischen Dialogordnung den ersten Charakter der untersten Ebene. Daher mag er von Diogenes in das Verzeichnis der Anfangsdialoge aufgenommen worden sein. Albin, dessen Umarbeitung der Dihäresen auf der untersten Ebene auch mit dem physischen

gegen die Auffassung von Rosenthal und Walzer, den Herausgebern des al-Farabi, ins Feld, nach denen wahrscheinlich Theon von Smyrna der Urheber dieses Verzeichnisses gewesen sei. Es ist auch zu bedenken, daß sich Theons sorgfältige Umarbeitung der dihäretischen Dialogordnung mit diesem Verzeichnis gar nicht verträgt. Dunn unterstützt die von Rosenthal-Walzer nur zögernd erwogene Möglichkeit, es könne sich um Themistios, den Aristoteliker des vierten nachchristl. Jahrhunderts, handeln. Daß der Erste Alkibiades in einer alphabetischen Ordnung der erste Dialog gewesen sein soll, ist Fr. Nietzsches Anschauung (*Beiträge zur Quellenkunde des Laertius Diogenes*, Progr. Basel 1870 p. 15), die Freudenthal (p. 317) zurückweist.

8) P. 257f.

9) Derselbe Dialog bildet wohl nur scheinbar den Anfang einer Reihe, die auf Theon von Smyrna zurückgeht, s.o. Kap. 2b, p. 147ff.

Charakter begonnen zu haben scheint,[10] nennt diesen Dialog in seinem Verzeichnis der Anfangsdialoge nicht (c. 4) - aus gutem Grund: Das dihäretische Schema bei Diogenes (III 49) und bei Albin (c. 3) ist keine Lektürefolge, sondern eine theoretische Systematisierung des platonischen Corpus. Albin gibt sich im sechsten Kapitel besondere Mühe mit der Ausarbeitung einer Lektüreordnung, deren Stufenfolge die Charaktere des Kapitels 3 miteinbezieht. Erst in der Abfolge dieser Stufen stehen die Charaktere in einer Reihenfolge (s.o. Nr. 5). Entweder hat Diogenes (oder seine Quelle) seinen Katalog der "ersten Dialoge" nicht als Verzeichnis der Anfängerdialoge verstanden oder er hat das System der Dihäresen als eine Reihenfolge ausgelegt und hier in der ersten Spalte eine Spalte für Anfänger gesehen.

9) In dem Verzeichnis ist auch der **Phaidros** erfaßt, den Diogenes schon früher (III 38) als literarisches Erstlingswerk Platons angeführt hatte. Eine Dialogordnung nach der Entstehungszeit liegt offenbar auch zu Aischines vor (Diog. Laert. II 61).[11] Auch die Neuplatoniker (Olympiodor, *Vita Plat.* 3 = *in Alcib. pr.* 2,64f; anon. Platonproleg. § 24,6-10 und andere) kennen die Anschauung vom Phaidros als ersten Dialog, erklären sie aber anders als Diogenes.

10) **Theaitetos** (s.o. Nr. 5).

11) **Apologie.** Ob dieser Dialog auch bei Theon von Smyrna den Anfang seiner Lektüreordnung gebildet hat, ist fraglich.[12]

Es folgen hier noch vereinzelte Angaben späterer Autoren.

Nach Proklos ist 12) der **Kratylos** der Ausgangsdialog dessen, der διαλεκτικός werden will; es wird hier speziell auf die logisch-dialektische Disziplin der Philosophie gesehen (*in Crat.* p. 2,26f Pasqu.).

13) Die systematischste Theorie zur Frage der Reihenfolgen von Dialogen legen die anonymen Platonprolegomena vor (Kap. 10, §§ 24-26, bes. § 24,1-5). Sie bestimmen den Anfang einer

10) Der Text ist ja unsicher, s.o. Kap. 2c, p. 160f.

11) Moraux, *Les listes anciennes* 217.

12) S.o. Kap. 2b, p. 152ff. Auch die korrumpierte Tetralogienordnung bei Ibn Abi Uṣaybiʿa beginnt die erste 'Tetralogie' mit der Apologie, s. Dunn, *The Organization* 127, und A. Müller, *Die griechischen Philosophen* 43.

Reihe entweder ἐκ τῆς τετραλογίας oder ἐκ τοῦ χρόνου; 'Zeit' ihrerseits wird noch in die Lebenszeit Platons und die der Personen (τῶν προσώπων ἐν τοῖς διαλόγοις) geschieden. So ist ἐκ τῆς τετραλογίας der Euthyphron Anfangsdialog (s.o. Nr. 3), ἐκ τοῦ χρόνου τοῦ συγγραφέως[13] der Phaidros (s.o. Nr. 9); nach diesem Gesichtspunkt sind der letzte Dialog die unvollendet gebliebenen Gesetze. Und schließlich ist ἐκ τοῦ χρόνου τῶν ἐγκειμένων προσώπων[14] Anfangsdialog der **Parmenides**, da dort Sokrates noch ganz jung ist. Nach Sokrates' Tod spielt der Rahmendialog des Theätet (s.o. Nr. 10), sodaß unter diesem Aspekt er der letzte Dialog sei.

Zum Schluß ist 14) L. Calvenus Taurus zu nennen, Zeitgenosse Albins und Akademiehaupt. Er rügt diejenigen Schüler der Philosophie, die Platon völlig unvorbereitet und aus unangemessenen Motiven lesen wollten (*ap. Gellium* I 9,8-11). Zu ihrer Lieblingslektüre gehörten das **Symposion** und der **Phaidros** (s.o. Nr. 9), die sie sofort zu Anfang ihres Eintritts in die Schule lesen und dabei nur oberflächliche Erbauung am äußeren Geschehen und an der rhetorischen Darbietung haben wollten, ohne eine ethische Vervollkommnung anzustreben. Daß sich akademische Lehrer auf diese Wünsche der Schüler eingelassen haben, darf man wohl aus Taurus' Unmut schließen, in welchem Umfang dies geschah, läßt sich aber nicht ermitteln.

Die Erklärung der Dialoge Nr. 1 - 5 und 11 zu Anfängerdialogen wird wohl bei den Heutigen auf ein allgemeines Verständnis, wenn auch nicht in jedem Fall auf Zustimmung stoßen. In den Briefen (Nr. 1) und der Apologie (Nr. 11) wird der Ausgang von einem biographischen Moment - bezogen auf Platon und Sokrates - genommen.[15] Die Politeia (Nr. 6) indessen und, wohl als ihr vorgeschaltet,[16] der Kleitophon (Nr. 7) sind dem Anfänger genau so absurd zur Lektüre empfohlen wie der Timaios (Nr. 8): Aristophanes von Byzanz hat mit seien Trilogien gewiß literarische und nicht didaktische Zwecke verfolgt. Phai-

13) § 24,6.

14) § 24,16.

15) Vgl. anon. Platonproleg. § 25,16-20.

16) So Freudenthal p. 317: "weil man ihn als Einleitung zur Republik ansah."

dros (Nr. 9) und Parmenides (Nr. 13) wird derjenige lesen, der sich einen Überblick über Platons Entwicklung und über den Zusammenhang seiner Werke machen will - abgesehen davon daß die These vom Phaidros als Erstlingswerk heute kaum mehr Anhänger hat; der Anfänger wird mit beiden Dialogen nicht zurechtkommen. Der Kratylos (Nr. 12) und, als Vorspann zu Sophistes und Politikos, der Theätet (Nr. 10) mögen der Einführung in die Logik gedient haben und daher an den Anfang gestellt worden sein.

Mit Recht stellt Freudenthal (p. 316f) fest, daß die Erklärung eines Anfangsdialogs nicht mit der Aufstellung einer umfänglicheren oder gar vollständigen Reihenfolge der Dialoge einhergegangen sein muß. So sind uns denn auch weit weniger antike Lektüreordnungen bzw. Dialogsysteme bekannt,[17] als uns Anfängerdialoge genannt werden.

17) Ein Ordnungsprinzip bildet Platon in seinen Vierer- und Dreiergruppen heraus. Die Trilogienordnung (Diog. Laert. III 61f) und Tetralogienordnung (diese auch auf Ibn Abi Uṣaybiʿa gekommen, s.o. Anm. 12) lehnen sich daran an. Die dihäretische Dialogordnung entsteht wahrscheinlich zwischen 84 vor und 36 nach Christi Geburt. Aus ihr entwickelt Theon von Smyrna seine Lektürefolge, die uns in leichter Korruption bei Ibn an-Nadîm und Qifṭî erhalten ist. Auch Albin wandelt die Dihäresen um (Prol. c. 3. 6. Didask. c. 6,3f) und wird dadurch zum Vorläufer der Neuplatoniker (Anon. Platonproleg. § 17). Neben eine Lektüreordnung, die diese Dihäresen einbezieht (Prol. c. 6), stellt Albin noch einen Kurzlehrgang für Laien (c. 5). Galens Synopse der Platonschriften, über deren zweiten Teil wir noch einiges wissen, zeigt uns, in welcher Ordnung dieser Albinschüler die Dialoge sah (s.o. Kap. 2 a p. 134f). Jamblich stellte 12 Dialoge in einen festen κανών (anon. Platonproleg. § 26,10-34). Ein Verzeichnis aller Platondialoge mit genau angegebenen Kriterien ihrer Einordnung finden wir schließlich bei al-Farabi im 10. Jahrhundert (s.o. Anm. 7); sie verdiente noch eine eingehende Beurteilung.

Kapitel 4

DIE DRAMATISCHE EINTEILUNG VON DIALOGEN (DIOG. LAERT. III 50)

a) Vorbemerkung zur Terminologie

Unter der Vielzahl dialogtheoretischer Bemühungen im Altertum gibt es eine Differenzierung, die einen besonderen Platz einnimmt, da sie einerseits bis auf Platon und Aristoteles zurückgeht und andrerseits heute noch unverändert zur Einordnung eines dialogischen Literaturwerks gebraucht werden kann und auch gebraucht wird. Es ist die Sonderung der Dialoge nach ihrer äußeren Darstellungsform in dramatische, diegematische und gemischte Dialoge. Als dramatische Form der Darstellung ist diejenige bezeichnet, die ohne Erzähler auskommt und in der die sprechenden Personen wie im Theater quasi direkt vor uns stehen. Die diegematische bedient sich eines Erzählers, der in der Weise eines Epenerzählers manches beschreibt und erzählt, das meiste aber in wörtlicher Rede anführt. Auf die Ausprägung einer Mischform gehen wir unten ein. Das Kriterium der Einordnung ist also die An- oder Abwesenheit eines Erzählers,[1] oder umgekehrt die Unmittelbarkeit oder erzählerische Vermitteltheit einer Gesprächsdarstellung.[2] Proklos hat diesen Aspekt der Dialogtheorie die διασκευή, Einrichtung eines Dialogs, und ἡ τῆς ὑποθέσεως οἰκονομία, Struktur des äußeren Geschehens, genannt.[3] An anderer Stelle spricht er vom jeweiligen τῶν λόγων εἶδος (*in Remp.* I 6,4; 14,15f) bzw. in Anschluß an Platon von den τρία εἴδη λέξεως (ebd. 14,19); die Theokritscholien sagen εἶδος λόγου (p. 5,18 W.), wobei jedoch eine etymologische Rücksicht

1) Auf die Problematik des Unterschieds zwischen Erzähler und Autor gehen wir unten p. 189 ein.

2) H. Lausberg unterscheidet "zwei Direktheitsgrade der Mimesis: als minimalen Grad das Erzählen ..., als maximalen Grad das Handeln," dazwischen noch den "mittleren Direktheitsgrad" in der Mischform. *Handbuch der literarischen Rhetorik*, München 1960, Bd. 1 § 1171.

3) *In Parm.* 682,29f. διασκευή auch im Inhaltsverzeichnis der anon. Platonproleg. § 28,11.

auf das 'εἰδύλλιον' im Spiel ist. Die anonymen Platonprolegomena gebrauchen auch den Ausdruck τρόπος συνουσίας τῶν ἐν τῷ διαλόγῳ προσώπων; allerdings führen sie auch die dihäretische Dialogordnung mit τρόπος τῆς συνουσίας an.[4] Der lateinische Rhetor C. Chrisius Fortunatianus nennt drei *genera orationis*, nämlich die ποσότης (Stil), die ποιότης (dramatische Einordnung) und die πηλικότης (Länge der *oratio*).[5] Neben dem Ausdruck διασκευή wollen wir "dramatische Einteilung des Dialogs" sagen. Wir glauben zu dieser Bezeichnung berechtigt zu sein - auch wenn mit dem Wort 'dramatisch' eigentlich ja nur ein Teil der gemeinten Möglichkeiten berücksichtigt ist -, weil diese Ordnung von der Dichtungstheorie, insbesondere der Dramenpoetik, ihren Ausgang genommen hat. Beim Dialog Platons steht das dramatische Element, nun aber in einem weiteren Sinn, ganz im Vordergrund: Da Platon selbst nie als Teilnehmer oder Erzähler eines Dialogs fungiert, sind selbst seine diegematischen Dialoge dramenartige Gebilde.[6] Das ist bei Platons Jugendabsicht, Tragiker zu werden, nicht zu verwundern, und er selbst macht in einem Dialog auch eine Anspielung auf dessen dramatischen Charakter. Diese ist im Neuplatonismus wohl verstanden worden;[7] der Neuplatoniker bemerkt, die Möglichkeit für den

4) § 20,2 und 17,16. τρόπος ὑφηγήσεως § 28,10.

5) *Ars Rhet.* III 9 p. 126,1-15 Halm.

6) Hirzel, *Der Dialog* I 212. Vgl. Anon. Platonproleg. § 15,18, den bereits früher zitierten Ausdruck des Aelius Aristides ἐν ἄλλοις τισὶ δράμασιν ἢ λόγοις (s.o. p. 61) und schließlich Justin den Märtyrer, Apologia I c. 36 p. 76 E ἕνα μὲν τὸν τὰ πάντα συγγράφοντα ὄντα, πρόσωπα δὲ τὰ διαλεγόμενα παραφέροντα, "daß einerseits eine Person der Verfasser des ganzen ist, die aber andrerseits sich unterhaltende Figuren einführt". Die Stelle dient als Vergleich mit den Worten der Propheten, die nicht Eigenes aussprechen, sondern vom θεῖος λόγος bewegt werden.

7) Die Anspielung findet sich in einer dramatischen Dialogpartie, dem Binnendialog des Theätet, 173 C 4: οὔτε γὰρ δικαστὴς οὔτε θεατὴς ὥσπερ ποιηταῖς ἐπιτιμήσων τε καὶ ἄρξων ἐπιστατεῖ παρ' ἡμῖν, sagt Theodoros. In der neuplatonischen Ausdeutung des Kosmos als eines Dialogs wird ἡ ψυχὴ ἡμῶν als δικαστὴς der verschiedenen Personen der Dialoge, analog dann als Beiwohnerin der höheren und niederen φύσεις des Kosmos, angesehen, anon. Platonproleg. § 15,11. 25.

Leser, sich mit den Dialogpersonen zu identifizieren, gewährleiste den pädagogischen Effekt, daß Widerlegungen und richtige Argumente miterlebt und nachgeahmt würden.[8] Die Nähe zum Drama betont auch der Hauptzeuge für diese dramatische Dialogeinteilung, Diogenes Laertios, dessen Wortlaut (III 50) zu Beginn dieses Kapitels vollständig zitiert sei:

> Οὐ λανθάνει δ' ἡμᾶς ὅτι τινὲς ἄλλως διαφέρειν τοὺς διαλόγους φασί (näml. anders als gemäß der dihäretischen Dialogordnung) - λέγουσι γὰρ αὐτῶν τοὺς μὲν δραματικούς, τοὺς δὲ διηγηματικούς, τοὺς δὲ μεικτούς - ἀλλ' ἐκεῖνοι μὲν τραγικῶς μᾶλλον ἢ φιλοσόφως τὴν διαφορὰν τῶν διαλόγων προσωνόμασαν.

b) Die Dichtungseinteilung in Platons Politeia III

Die Wurzeln der dramatischen Dialogeinteilung liegen in der Dichtungstheorie, die Platon selbst seinen Sokrates im dritten Buch der Politeia (392 C - 394 C) vortragen läßt. Für die Wächter des Gemeinwesens, das Sokrates mit seinen Freunden im Hause des Polemarch entwirft, ist eine musische und gymnastische Erziehung vorgesehen. Das gemeinsame Ziel beider Erziehungsweisen ist die Bildung der Seele des Wächters (Resp. III 411 E 4 - 412 A 8). Die musische Erziehung setzt aber vor der gymnastischen ein (II 376 Eff). Ihr kommt eine besondere Bedeutung zu, weil die Seelen der Jünglinge durch die ersten Eindrücke am nachhaltigsten geprägt werden (377 A 12 - B 4). Sokrates fragt also nach der Beschaffenheit der Dichtung, mit der die Wächter zu erziehen sind, und scheidet dabei den λόγος (376 E 9), d.h. die Aussage, den Inhalt der Dichtwerke, von der λέξις (III 392 C 6), d.h. der Sprache und Darstellungsform (ἃ λεκτέον - ὡς λεκτέον 392 C 7f). Der Logos seinerseits gliedert sich in ἀληθεῖς und ψευδεῖς λόγοι, wobei der Bereich der Dichtung überwiegend von letzteren gefüllt wird (II 376 E 11 - 377 A 6). Sowohl von den ἀληθεῖς als auch von den ψευδεῖς λόγοι ist

8) Vgl. ebd. Z. 25-27. So glichen die Dialogpersonen, die Unrecht hätten, den Sträflingen im Hades, insofern diese den anderen Menschen als abschreckende Beispiele dienten (Gorg. 525 BC): Z. 27-29.

den Jünglingen nur eine Auswahl nach erzieherischen Gesichtspunkten nahezubringen (377 B 5 - C 4), das meiste der bestehenden Dichtung aber kann nicht zugelassen werden. Zum Beweis dessen greift Sokrates die große Form des Epos aus der Gesamtheit der Dichtung heraus. An Homer und durch einzelne Verweise auf Dichter anderer Gattungen demonstriert er die Mangelhaftigkeit und Verwerflichkeit der bestehenden Dichtung (377 D - 392 A). Positiv formuliert er zwei τύποι (378 E - 383 C, bes. 380 C 6ff und 383 A 2ff), denen die dichterischen Aussagen über Götter einzupassen sind; die Bestimmung dessen, was die Dichtung über Menschen sagen darf, wird aufgeschoben auf einen späteren Stand der Untersuchung, wenn das Wesen der Gerechtigkeit Thema sein wird (III 392 C 1-5).[9]

Es folgt die Erörterung der Darstellungsform (392 C 6 - 403 C 10). Hier führt Sokrates einen Begriff in das Gespräch ein, der eine zentrale Bedeutung in Platons Dichterkritik überhaupt hat, den der μίμησις. Schon einige Momente bevor das Gespräch auf die Erziehung der Wächter gekommen war, war der Terminus μιμητής von Sokrates ins Spiel gebracht worden (II 373 B 5). Dort bezeichnete er Künstler aller Art, besonders die Darsteller in Formen, Farben und Musik. Die ποιηταί wurden unmittelbar darauf genannt (373 B 7). Diese und andere Fachleute rechnete Sokrates zur τρυφῶσα und φλεγμαίνουσα πόλις (372 E 3. 8). Im zehnten Buch der Politeia soll der Mimesis-Charakter der gesamten Dichtung ein Grund für deren Ausscheiden aus dem idealen Gemeinwesen werden (605 A 8ff).

Im Gespräch aber über die Wächtererziehung ist mit μίμησις etwas Spezielleres gemeint. Sokrates hat die verwerflichen λόγοι der Dichter und die Grundsätze für erzieherische λόγοι an Homer exemplifiziert. Nun entwirft er, ebenfalls von Homer her, die folgende Unterscheidung der Dichtungsweise (λέξις): Wenn die ganze Dichtung als διήγησις bezeichnet werden kann, so ist der Teil, in dem der Dichter aus eigener Person spricht, διήγησις im engeren Sinne, während der Teil der Dichtung, in dem der Dichter durch den Mund seiner Figuren spricht, μίμησις genannt wird. Homer umfaßt beide Dichtarten. Die Anfangsverse der

9) Die Problematik dieses Verweises und seiner Erfüllung wird besprochen in Adams Note zu 392 C 15 (*The Republic of Plato*, I 143).

Ilias spricht der Dichter aus eigener Person; sobald die Rede des Chryses beginnt, nimmt Homer zum erstenmal gleichsam dessen Person an und spricht durch dessen Mund,[10] wird also in der Illusion des Zuhörers zu Chryses, weshalb diese Art der λέξις als διήγησις διά μιμήσεως bezeichnet wird (393 C 9). Sokrates entwirft nun ein Schema der Dichtung, da die bei Homer angetroffenen beiden Weisen in anderen Werken auch isoliert vorkommen.[11] Er stellt neben die gemischte Form die rein mimetische (ἡ διὰ μιμήσεως ὅλη 394 C 1) und die rein erzählerische (ἄνευ μιμήσεως ἁπλῆ διήγησις, 394 A 7f). Erstere wird durch Tragödie und Komödie verkörpert,[12] letztere findet Sokrates im Dithyrambos vertreten.[13] Die beiden Reinformen figurieren aus systematischen Gründen vor der Mischform. So steht nun vor uns die platonische Dreiteilung der Dichtung in der folgenden Terminologie: Dichtung als διήγησις (392 D 2f) zerfällt in ἁπλῆ διήγησις ἢ διὰ μιμήσεως γιγνομένη ἢ δι' ἀμφοτέρων (392 D 5f). Daher ist ἡ ποίησίς τε καὶ μυθολογία entweder δι' ἀπαγγελίας αὐτοῦ τοῦ ποιητοῦ oder διὰ μιμήσεως ὅλη[14] oder δι' ἀμφοτέρων (349 B 9 - C 4).

Sokrates erläutert seine Theorie von den Dichtungsarten an der Eingangsszene der Ilias. Er faßt die Verse 12-42 des ersten Gesangs in einer Prosaerzählung zusammen (393 D 3 - 394 A 7) und macht dabei die wörtlichen Reden des Priesters und Aga-

10) Man bedenke den ursprünglichen Wortsinn von *persona*. Den Terminus "direkte Rede" kennt Platon noch nicht. Mit ἀμοιβαῖα (Resp. III 394 B 5) drückt er aber der Sache nach dasselbe aus. Was indirekte Rede berichtet, ist in den Partien der Dichtung enthalten, die τὰ μεταξὺ τῶν ῥήσεων genannt werden (393 B 8).

11) Umgekehrt formuliert dasselbe Kaibel, *Die Prolegomena* 29: "Die beiden Hauptklassen machen eine dritte Mischklasse notwendig." Kaibels Formulierung verdeckt jedoch die Gebundenheit von Sokrates' Einteilung an den Ablauf des Gesprächs. In diesem wird das Schema der Dichtung von Homer her entwickelt.

12) κωμῳδία καὶ τραγῳδία μιμήματε, 395 A 4f.

13) εὕροις δ' ἂν αὐτὴν μάλιστά που ἐν διθυράμβοις, 394 C 3.

14) Die Reihenfolge ἀπαγγελία - μίμησις - Mischform stellen wir hier nur aus Gründen der Übersichtlichkeit her; Sokrates nennt an der zitierten Stelle zuerst die rein mimetische, dann die rein erzählende Form, da zuvor vom Drama die Rede war, das die eine Seite des Epos rein verkörpere.

memnons zu seiner eigenen Erzählung, indem er sie in indirekter Rede wiedergibt. Diese Umformung ist reine einfache Erzählung (ἁπλῆ διήγησις), während der umgekehrte Fall, ταύτης αὖ ἐναντία (*sc.* διήγησις, 394 B 3), der Fall der reinen Mimesis ist, wenn nämlich Dichtung nur aus wörtlicher Rede besteht: ὅταν τις τὰ τοῦ ποιητοπῦ τὰ μεταξὺ τῶν ῥήσεων ἐξαιρῶν τὰ ἀμοιβαῖα καταλείπῃ (394 B 4f, vgl. 393 B7f und, auf die Erzähltechnik des Dialogs angewandt, Theaet. 143 C 1-5). Es ist deutlich, daß das Kriterium für mimetische Erzählung die wörtliche Rede, für einfache Erzählung der Verzicht auf wörtliche Rede ist.[15] So wie Homers Epen tatsächlich geschrieben sind, bestehen sie aus Teilen, in denen λέγει τε αὐτὸς ὁ ποιητὴς καὶ οὐδὲ ἐπιχειρεῖ ἡμῶν τὴν διάνοιαν ἄλλοσε τρέπειν ὡς ἄλλος τις ὁ λέγων ἢ αὐτός (393 A 6f) - und aus Teilen, in denen er ὥς τις ἄλλος ὤν spricht (393 C 1); dann aber ὁμοιοῦν αὐτὸν φήσομεν ὅτι μάλιστα τὴν αὐτοῦ λέξιν ἑκάστῳ ὃν ἄν προείπῃ ὡς ἐροῦντα (393 C 2f).

c) Die Dichtungseinteilung des dritten Kapitels der aristotelischen Poetik

Bevor wir der Anwendung der dargestellten platonischen Dreiteilung der Dichtung auf den Dialog nachgehen können, ist ihre Umformung in der aristotelischen Dichtungseinteilung ins Auge zu fassen. In der Poetik bekräftigt Aristoteles den schon von Platon aus dem zehnten Buch der Politeia bekannten Grundsatz, daß Dichtung <u>insgesamt</u> μίμησις sei.[16] Er ordnet die ποίησις in den Zusammenhang mit anderen mimetischen Künsten ein (Kap. 1) und leitet die Mimesis kulturgeschichtlich als ein dem Menschen von Natur gegebenes Vermögen her, an dem er Freude hat (Kap. 4. 1448 b 5-9):

> τό τε γὰρ μιμεῖσθαι σύμφυτον
> τοῖς ἀνθρώποις ἐκ παίδων ἐστὶ καὶ τούτῳ διαφέρουσι

15) Vgl. Irene Behrens, *Die Lehre*, 11.

16) Vgl. Plat. Resp. X 595 A 1-5; 597 E; 601 B 9; 602 B 7-11; 603 A 10f; B 4; Arist. Poet. 1. 1447 a 13-16; 9. 1451 b 27-29.

> τῶν ἄλλων ζῴων ὅτι μιμητικώτατόν ἐστι καὶ τὰς μαθή-
> σεις ποιεῖται διὰ μιμήσεως τὰς πρώτας, καὶ τὸ χαίρειν
> 9 τοῖς μιμήσασι πάντας.

In Platons Politeia X hingegen ist Mimesis einerseits unter rein ontologischem Gesichtspunkt als das Scheinerzeugende gesehen, das im krassen Gegensatz zur Wahrheit steht, insofern es nur im dritten Grade an der Wahrheit teilhat.[17] Andrerseits stellen dort wie bei der Wächtererziehung der Bücher II und III ethische Gesichtspunkte die Mimesis in eine negative Wertung: Sie verwirre die Seelen durch ihre Tausendkünstlerei und verführe die Menschen dazu, τὰ ἑαυτοῦ zu vernachlässigen.[18]

So tritt der Unterschied zwischen einem mit Seele, Erziehung und Gemeinwesen befaßten Werk und einer Abhandlung περὶ ποιήσεως deutlich zutage.[19] Aristoteles blickt ganz auf die "Ordnung und Folge des Seienden selbst",[20] er behandelt die Dichtung um ihrer selbst willen. Seine "Pragmatientrennung"[21] ist Platon fremd. Daher liegt es auch nahe, die Dichtungseinteilung des dritten Buchs der Politeia nicht als eigentlichen poetologischen Versuch zu nehmen, der der Dichtung innerhalb ihrer Gesetze gerecht werden wollte. Daß dort zwei "Formprinzipien" der Dichtung[22] hervorgehoben werden, von denen zunächst nur das eine μίμησις heißt, dient der anschaulichen Vorbereitung des Mimesisbegriffs, der im zehnten Buch schließlich die gesamte Dichtung umfaßt.

Aristoteles hat, wie gesagt, andere Absichten. Er betrachtet die einzelnen Dichtungsarten nach drei Kriterien:

17) Vgl. 596 D 8ff; 599 A 2f; 601 B 9f (der Scheincharakter der Mimesis), 597 E 3f; 599 D 2f; 602 C 1f (die mimetische Kunst im dritten Grad von der Wahrheit entfernt).

18) Vgl. Plat. Resp. X 596 C 4 - E 4; 602 C 1 - 608 B 10, bes. 603 B 4; III 394 E 1 - 398 B 9, bes. 394 E 1 - 395 B 7.

19) Vgl. A. Rostagni, *Scritti minori. I: Aesthetica*, Torino 1955, p. 79. 82.

20) Hans Joachim Krämer, *Arete bei Platon und Aristoteles. Zum Wesen und zur Geschichte der platonischen Ontologie*, Heidelbert 1959 p. 567.

21) Ebd., vgl. 564-569.

22) Kaibel, *Die Prolegomena* 30.

1) Welcher Ausdrucksmittel bedient sich die Dichtung in der Mimesis?
2) Wie sind die Gegenstände der Nachahmung beschaffen?
3) Auf welche Art und Weise wird nachgeahmt?

Unter den Ausdrucksmitteln (Kap. 1) stehen der Dichtung bekanntlich insgesamt drei zur Verfügung: ῥυθμός, λόγος und ἁρμονία (1447 a 22), und unter den Gegenständen der Mimesis (Kap. 2) sind es zwei, σπουδαῖα und φαῦλα (1448 a 2). Schließlich gibt es zwei Arten der Mimesis (Kap. 3); die einschlägige Textstelle, die manche Schwierigkeit in sich birgt und oft mißdeutet wird, sei hier zitiert (1448 a 19-24):

Ἔτι δὲ τούτων τρίτη διαφορὰ τὸ ὡς ἕκαστα τούτων μιμήσαιτο ἄν τις. καὶ γὰρ ἐν τοῖς αὐτοῖς καὶ τὰ αὐτὰ μιμεῖσθαι ἔστιν ὁτὲ μὲν ἀπαγγέλλοντα, ἢ ἕτερόν τι γιγνόμενον ὥσπερ Ὅμηρος ποιεῖ ἢ ὡς τὸν αὐτὸν καὶ μὴ μεταβάλλοντα, ἢ πάντας ὡς πράττοντας καὶ ἐνεργοῦντας †τοὺς μιμουμένους†.

Klar ersichtlich ist, daß Aristoteles die platonische Dichtungseinteilung (Resp. III 392 C - 394 C) aufgreift. Aber da der Wortlaut in drei Punkten schwierig oder gar anstößig erscheint, gehen die Interpretationen der Stelle weit auseinander.

1. Während das Neutrum in ἕτερόν τι γιγνόμενον (a 21f) eine befriedigende Erklärung durch die Vergleichsstellen aus Aristoteles erfährt, die Vahlen[23] anführt, bleibt die Schwierigkeit bestehen, daß der zitierte Ausdruck, den Aristoteles selbst auf Homer bezieht, einzig und allein die Partien wörtlicher Rede im Homer bezeichnet, wo nämlich der Dichter als ein anderer, aus dem Munde eines anderen spricht. Daß Homer aber auch aus eigener Person spricht (so wie die Dichter der anderen erzählenden Klasse dies ausschließlich tun), scheint Aristoteles zu unterschlagen.

Bei der Erklärung dieses Problems verweisen Vahlen[24] sowie

23) *Beiträge* 247 (wiederholt in der *Mantissa* ad loc. p. 97); der nur vorsichtige Verweis auf Poetik 1460 a 10f (ἄλλο τι ἦθος) wird von Dupont-Roc/Lallot bekräftigt (*Aristote. La poétique*, Paris 1980 [Les Belles Lettres] zu 1448 a 24, p. 160).

24) *Beiträge* 8. 246.

Gudeman[25] auf Aristoteles' Forderung (Poet. 24. 1460 a 5-11), der epische Dichter solle so wenig wie möglich aus eigener Person sprechen (womit er sich in den schärfsten Gegensatz zu der im dritten Buch der Politeia vorgetragenen Lehre des platonischen Sokrates stellt[26]). Aristoteles begründet dieses Postulat mit der Bedeutung der Mimesis für die Dichtung: In wörtlicher Rede scheint ihm die Mimesis am meisten erreichbar - womit er den Mimesisbegriff an die Lehre des Sokrates im oben genannten Zusammenhang annähert. Er rühmt eigens Homer für die Fähigkeit, dem Wesen des Epos angemessen zu dichten, indem er möglichst wenig selbst spreche (1460 a 5-8):

> Ὅμηρος δὲ ἄλλα τε πολλὰ ἄξιος ἐπαινεῖσθαι καὶ δὴ καὶ ὅτι μόνος τῶν ποιητῶν οὐκ ἀγνοεῖ ὃ δεῖ ποιεῖν αὐτόν. αὐτὸν γὰρ δεῖ τὸν ποιητὴν ἐλάχιστα λέγειν· οὐ γάρ ἐστι κατὰ ταῦτα μιμητής.

Offensichtlich steht im dritten Kapitel der Poetik genau diese Tugend Homers im Vordergrund. Daß ἕτερόν τι γιγνόμενον zu ὡς τὸν αὐτὸν καὶ μὴ μεταβάλλοντα (1448 a 22f) im Gegensatz steht, hebt Vahlen hervor.[27] Sicherlich wollte Artistoteles nur den Gegensatz besonders deutlich machen und hat daher die von ihm ohnehin geringgeschätzte andere Seite des epischen Dichtens gar nicht anders ausdrücken wollen als in dem vorausgeschickten, auf beide Arten der erzählenden Klasse bezogenen ἀπαγγέλλοντα.[28]

2. In den Worten, die die Art der Mimesis in Tragödie und Komödie charakterisieren (καὶ γὰρ ἐν τοῖς αὐτοῖς καὶ τὰ αὐτὰ

25) Zu 1448 a 21 (p. 105f).

26) Vgl. Plat. Resp. 396 E 4 - 397 B 4. Danach soll der epische Dichter möglichst wenig rein mimetische, d.h. wörtliche Rede vortragen (σμικρὸν δέ τι μέρος ἐν πολλῷ λόγῳ τῆς μιμήσεως, 396 E 7).

27) *Beiträge* 8.

28) Gudeman (zu 1448 a 21, p. 106) geht so weit, Aristoteles' Unterdrükkung der rein erzählenden Seite des Epos in Kapitel 3 dadurch zu erklären, daß er letztere als eine "quantité négligeable" bezeichnet. Lucas (zu 1448 a 20-24, p. 67) versucht den zu knappen Ausdruck mit dem Hinweis auf Aristoteles' "manner of writing" zu entschuldigen.

μιμεῖσθαι ἔστιν ... ἢ πάντας ὡς πράττοντας καὶ ἐνεργοῦντας τοὺς μιμουμένους) ist bezüglich der Reihe der Akkusative hinter dem ἢ umstritten, was Subjekt, was Objekt ist, ob μιμουμένους medial oder passivisch gedacht ist, und wer die πράττοντες καὶ ἐνεργοῦντες, wer die μιμούμενοι sein sollen.

Diese Schwierigkeiten können wir nicht lösen, erklären aber, daß τοὺς μιμουμένους vollkommen entbehrlich ist, wenn unter πράττοντας καὶ ἐνεργοῦντας die Schauspieler in ihrer Rolle verstanden werden. Das ὡς hebt den mimetischen 'als-ob-Charakter' hervor. Der Übergang in den Plural ist notwendig mit der <u>Art der Mimesis</u> verbunden: Bühnenakteure anstelle des Dichters. Zu erinnern ist an die Konjektur πάντα des Casaubonus. Dieses Wort würde bedeuten, daß dasjenige, für das dem epischen Dichter sowohl Bericht als auch wörtliche Rede (ἕτερόν τι γιγνόμενον ὥσπερ Ὅμηρος ποιεῖ) zur Verfügung stehen, von den Schauspielern alles zusammen allein in der (natürlich die Sprache gebrauchenden) Bühnenhandlung auszudrücken ist. Das πάντα stellt die Bedeutung heraus, die das Handeln in der aristotelischen Tragödienpoetik hat (Kap. 6. 1450 a 22-25).

3. In letzterem liegt das Hauptproblem. Es tangiert direkt die Frage, ob hier eine Zwei- oder Dreiteilung der Dichtung vorliegt: ὁτὲ μὲν (1448 a 21) geht syntaktisch ins Leere, es wird von keinem δὲ aufgenommen, sondern von ἢ πάντας κτλ. Vahlen[29] führt Aristoteles' Politika 1305 b 23ff als Parallele an, die dem Ausdruck seine unerhörte Härte nehmen soll. Hier steht das ἢ ὅταν κτλ. aber so weit von dem voraufgehenden ἡ μὲν entfernt (dieses a 24, jenes a 28), daß dieser Anakoluth nur noch schwer vergleichbar ist mit der Stelle der Poetik, wo Ähnliches auf engstem Raum geschieht.[30] Das Problem ist in der Poetik für den Leser noch dadurch vergrößert,[31] daß das dem ὁτὲ μὲν gegenübergestellte ἢ bereits in einer Folge von zwei

29) Im Kommentar seiner Edition zu 1448 a 24, p. 98.

30) Für die weitere Parallele, die Vahlen ebd. anführt, gilt dasselbe: Politika V 7. 1306 b 22 αἱ μὲν ... b 31 ἢ ὅταν ... b 34 ἢ ὅταν κτλ. Die Stellen mit μὲν ... καί, μὲν ... τε und εἴτε ... εἰ δὲ μή, die Vahlen, *Beiträge* 246, aus Aristoteles angibt, sind fast gewöhnliche Fälle und keine entscheidenden Parallelen, vgl. Denniston, *The Greek Particles* 374-376.

31) Vgl. Vahlen, *Beiträge* 246f.

vorausgehenden ἢ steht, die innerhalb des ὁτὲ μὲν-Glieds eine Zweiteilung bezeichnen. Der Leser scheint geradezu in die Irre geleitet in seiner verständlichen Erwartung der Gleichrangigkeit dreier ἢ-Glieder, von denen das letzte in Wirklichkeit in singulärer Weise dem ὁτὲ μὲν beigeordnet ist.

Andrerseits macht die vorausgehende Disjunktion ἢ ... ἢ ... die Fortsetzung des ὁτὲ μὲν-Satzes mit ἢ (a 23) auch wieder erklärlich: Aristoteles ist von einer beabsichtigten μὲν-δὲ-Gliederung des Satzes auf eine Gliederung mittels ἢ verfallen. Was den Leser verwirrt, ergab sich dem Autor ganz natürlich und ist in seinem mündlichen Vortrag zweifellos durch die entsprechende Betonung der Worte eindeutig herausgekommen. Diese 'Nachlässigkeit' des Autors in seinem Vorlesungsskript beobachten wir auch sonst in der Poetik: Daß gleich im ersten Kapitel (1447 a 18-20) der Ausdruck ἕτεροι δὲ διὰ τῆς φωνῆς nicht auf οἱ μὲν διὰ τέχνης οἱ δὲ διὰ συνηθείας, sondern auf καὶ χρώμασι καὶ σχήμασι ... τινες zurückgeht, ist im Druckbild nur durch besondere Interpunktion herauszubringen. Ähnlich liegt der Fall im vierten Kapitel, wo die δύο φυσικαὶ αἰτίαι des Dichtens mit einem καί (1448 b 20) aneinandergereiht werden, dessen Bedeutung nach einem längeren Passus, der selbst schon durch τε ... καί gegliedert ist, dem Leser nicht verständlich würde, wenn nicht die genaue Analyse des Inhalts Klarheit brächte.[32] Auch in späterer Literatur findet sich durchaus Vergleichbares, etwa bei Olympiodor *in Alcib. pr.* 170,6 - 171,3. Natürlich braucht der Neuplatoniker mehr Worte als Aristoteles. Nachdem in einer Aufzählung im ersten Glied (κατὰ <u>μὲν</u> ψυχὴν) zwei Beispiele durch ein ἢ voneinander geschieden wurden (ὡς ὅτι ... ἢ ὡς τις), wird das zweite, zwei Teile umfassende Glied nicht mit δὲ, sondern wieder mit ἢ sowohl eingeführt als auch intern gegliedert (ἢ κατὰ τὸ σῶμα ὡς εἴ τις ... ἢ κατὰ τὰ ἐκτὸς ὡς εἴ τις ...).

Die Erlärung von Aristoteles' Ausdrucksweise ist aber gar nicht auf sprachliche Parallelen angewiesen. Schon der Sache nach ergibt sich die hier vertretene Interpretation der Stelle notwendig aus dem Inhalt der ganzen Schrift. Vahlen verweist[33]

32) Die beiden Stellen verdanke ich Prof. Kassel. Zu der letzteren s. auch den Kommentar von D.W. Lucas zu 1448 b 22.

33) *Beiträge* 7.

auf zwei Stellen der Poetik, wo das Gegensatzpaar Handeln - Erzählen auf die beiden Gattungen Tragödie und Epos so verteilt ist, daß für die Annahme, Epos sei nur zum Teil Erzählen, kein Raum bleibt: Kapitel 6 p. 1449 b 24-27: ἔστι οὖν τραγῳδία μίμησις πράξεως σπουδαίας καὶ τελείας ... δρώντων καὶ οὐ δι' ἀπαγγελίας κτλ.; Kap. 22f p. 1459 a 15-17: περὶ μὲν οὖν τραγῳδίας καὶ τῆς ἐν τῷ πράττειν μιμήσεως ἔστω ἡμῖν ἱκανὰ τὰ εἰρημένα. (23) Περὶ δὲ τῆς διηγηματικῆς καὶ ἐν μέτρῳ μιμητικῆς κτλ. Es kommen hinzu aus dem fünften Kapitel die Nennung der zwei Merkmale, in denen sich das Epos von der Tragödie unterscheidet (τὸ μέτρον ἁπλοῦν ἔχειν καὶ ἀπαγγελίαν εἶναι, 1449 b 11) und aus dem 24. Kapitel eine Nebenbemerkung, in der Aristoteles vom Epos einfach als von διηγηματικὴ μίμησις spricht (1459 b 36f).

Epos ist diegematisch, erzählend. Platon zufolge war Epos diejenige Dichtung, die beide Formprinzipien der διήγησις, nämlich die einfache und die mimetische Erzählform, nebeneinander in sich birgt. Nach Aristoteles zählt das Epos zu denjenigen Dichtungen, in denen der Dichter erzählt; dabei soll möglichst viel wörtliche Rede vorkommen (Poet. 24. 1460 a 7f). Das platonische und das aristotelische System sind nur zu Teilen und nur in Äußerlichkeiten in Übereinstimmung zu bringen: zu Teilen, da beiden lediglich die Separierung des 'dramatischen' Genus gemeinsam ist, in Äußerlichkeiten, da diese Separierung bei beiden anders begründet ist. Platon geht von dem mimetischen Charakter der wörtlichen Rede aus, um an ihm den Abstand von Sein und Schein, von Wahrheit und Vortäuschung, letztlich von Urbild (Idee) und Abbild zu exemplifizieren (Buch X), während Aristoteles den Handlungscharakter der Tragödie in den Vordergrund stellt und ihn vom erzählenden Charakter anderer Dichtungen abhebt, um dem Wesen der jeweiligen Dichtungsgattungen gerecht zu werden. Die Unübertragbarkeit des platonischen auf das aristotelische System stellt mit klaren Worten Irene Behrens heraus:[34] ein *genus mixtum* ist bei Aristoteles ausgeschlossen, da Berichten und Handeln im Epos keine Vereinigung finden.

Als Ergebnis bleibt die Feststellung, daß der zitierte Satz des Aristoteles zwar durch eine Korruptel am Ende (τοὺς μιμουμένους) gestört ist, daß aber das Verständnis des ganzen Satzes

34) *Die Lehre*, bes S. 11-13.

dadurch nicht beeinträchtigt wird. Die sprachlichen und inhaltlichen Parallelen sollten jeden Zweifel[35] daran beseitigen, daß Aristoteles im Gegensatz zu Platon an ein zweigeteiltes System der Dichtung denkt und die scharfe Dichotomie zwischen erzählter und aufgeführter Dichtung beabsichtigt.

d) Die Übertragung der platonischen und aristotelischen Einteilungen auf den Dialog

Die Theorie der literarischen Gattung des Dialogs hat in Platon selbst bereits ihren ersten Vertreter. Denn im Rahmengespräch des Theätet ist die Situation dargestellt, wie Eukleides und Terpsion darauf verfallen, ein älteres Gespräch zwischen Sokrates, Theätet und Theodor vorzutragen; der Vortrag besteht in diesem Fall darin, daß ein παῖς den Dialog aus einem βιβλίον vorliest. Dieses Buch hat Eukleides aufgrund eines Berichts, den Sokrates ihm einst von dem Gespräch gegeben hatte, zusammengeschrieben. Die Methode der schriftlichen Fassung dieses Berichts erläutert Eukleides seinem Freund (143 B 5 - C 6):

B5 ΕΥ. Τὸ μὲν δὴ βιβλίον, ὦ Τερψίων, τουτί· ἐγραψάμην
δὲ δὴ οὑτωσὶ τὸν λόγον, οὐκ ἐμοὶ Σωκράτη διηγούμενον ὡς
διηγεῖτο, ἀλλὰ διαλεγόμενον οἷς ἔφη διαλεχθῆναι. ἔφη δὲ
τῷ τε γεωμέτρῃ Θεωδώρῳ καὶ τῷ Θεαιτήτῳ. ἵνα οὖν ἐν τῇ
C1 γραφῇ μὴ παρέχοιεν πράγματα αἱ μεταξὺ τῶν λόγων διηγήσεις
περὶ αὑτοῦ τε ὁπότε λέγοι ὁ Σωκράτης, οἷον "καὶ ἐγὼ ἔφην" ἢ
"καὶ ἐγὼ εἶπον," ἢ αὖ περὶ τοῦ ἀποκρινομένου ὅτι "συνέφη"
ἢ "οὐχ ὡμολόγει," τούτων ἕνεκα ὡς αὐτὸν αὐτοῖς διαλεγό-
μενον ἔγραψα, ἐξελὼν τὰ τοιαῦτα.
ΤΕΡ. Καὶ οὐδέν γε ἀπὸ τρόπου, ὦ Εὐκλείδη.

Die μεταξὺ τῶν λόγων διηγήσεις hatte Sokrates nach der Fiktion dieses Rahmengesprächs bei seiner mündlichen Erzählung des Hauptgesprächs verwandt, in einer Manier, die uns durch Pla-

35) In Bywater, Rostagni, Else und anderen haben wir jedoch Gelehrte, die eine Dreiteilung behaupten; ihre Position ist teilweise auch in Handbücher (Lausberg, s.o. Anm. 2) eingedrungen.

tons Politeia, Lysis und Charmides vertraut ist. Eukleides entfernt diese Zwischenworte, offenbar weil er sich durch sie im Schreiben belästigt fühlt. Die Terminologie, die er verwendet, erinnert unwillkürlich an die Worte des Sokrates im dritten Buch der Politeia. Dort wird mit fast identischen Ausdrücken gesagt, daß die Dichtung, die ὅλη διὰ μιμήσεως ist, aus reinen wörtlichen Reden bestehe (393 B 7f; 394 B 4f).

Daß Platon die Begriffe aus der Dichtungstheorie auf die Dialogtechnik mit Bewußtsein angewandt hat, steht außer Zweifel, zumal der Theätet nach allgemeinem Urteil in zeitlicher Nähe der Politeia entstanden ist. Somit hat Platon selbst, eingedenk der Kriterien des genannten Politeiaabschnitts, den Hauptdialog des Theätet in dieselbe formale Klasse eingeordnet wie Tragödien und Komödien. Ein glücklicher Zufall hat uns im anonymen Kommentar zum Theätet einen Passus erhalten, in dem das Hauptgespräch dieses Dialogs ausdrücklich als δραματικόν bezeichnet ist;[36] wir werden sehen, daß damit genau diese Einordnung bestätigt ist. Als Unterschied des Theätet zu den Dramen bleibt freilich bestehen, daß der Theätet keine versifizierte Dichtung ist. Aber Sokrates exemplifiziert sein System ja anhand einer Prosaversion des Iliaseingangs (393 D 2 - 394 B 1), und dadurch wird deutlich, daß für dieses formale System das Metrum keine Rolle spielt. Tragödie und Komödie sind mimetische Dichtung, der Hauptdialog des Theätet mimetische Prosa seines fiktiven Verfassers Eukleides. Damit können wir alle ähnlichen dramatischen Dialoge im Sinne Platons mimetische Prosa nennen.

Zum zweitenmal wird erst wieder von Proklos der platonische Dialog in ausdrücklichem Anschluß an Platons Politeia III klassifiziert. Proklos ordnet das Werk selbst, in dem Sokrates die Einteilung vorträgt, in die Mischklasse ein, stellt es also in technischer Hinsicht neben das Epos. Dies geschieht in der einleitenden Abhandlung zur Politeia im Rahmen der Behandlung der Frage ποῖόν ἐστιν τῶν λόγων εἶδος, καθ' ὃ τὴν Πολιτείαν διέθηκεν ὁ τῆς Πολιτείας συγγραφεύς; (I 6,4f) Proklos rekapituliert die drei εἴδη λέξεως (I 14,19), τὸ μὲν δραματικὸν καὶ μιμητικὸν ... τὸ δὲ ἀφηγηματικὸν καὶ ἀμίμητον .. τρίτον δὲ τὸ μικτὸν ἐξ

36) Col. 3,38f.

ἀμφοτέρων (I 14,28f). Hermann Schöne macht darauf aufmerksam,[37] daß Proklos eine gewaltige Differenz zwischen der Form von Platons Politeia und der epischen, gemischten Dichtungsform nicht berücksichtigt. Gemeint ist nicht der Unterschied von Prosa und Dichtung, sondern die Tatsache, daß es sich in der Politeia gar nicht um die Erzählung ihres 'Dichters' Platon handelt, sondern um die eines Sokrates, der selbst schon eine vom Autor 'fingierte Figur' ist. Hirzel merkt dazu an:[38] "In gewissem Sinne sind daher alle platonischen Dialoge dramatisch." Denn nie[39] spricht Platon in seinen Dialogen aus eigener Person, immer schickt er dramatische Figuren auf die Bühne. Vielleicht hat diese Beobachtung als erster der Mittelplatoniker gemacht, dessen dialogtheoretische Schrift auf Papyrus gefunden wurde und in unserer Einleitung zitiert ist (bes. fr. 2 und 8). Auch die neuplatonische Aussage μίμησις δ' ὁ διάλογος διαφόρων προσώπων scheint darauf hinauszulaufen (anon. Platonproleg. § 15,18, vgl. Athenaios XI 505 B). Abgesehen von jener Verschiebung ist Proklos' Klassifizierung der Politeia aber durchaus in Platons Sinne gemacht.

Mit den Worten μιμητικόν und ἀμίμητον - letzteres von Platon selbst noch nicht gebraucht - berücksichtigt Proklos wieder genau den in dem Zusammenhang des dritten Politeiabuchs vorliegenden Mimesisbegriff. Die jeweils davorgesetzten Worte δραματικόν und ἀφηγηματικόν, beide ohne Beleg bei Platon, treffen inhaltlich ebenfalls das von Platon Gemeinte, stehen aber als *termini technici* in einer Tradition, die durch die Begrifflichkeit der aristotelischen Poetik beeinflußt ist. Darauf wird gleich näher einzugehen sein.

In seinem Parmenideskommentar gebraucht Proklos zur Kennzeichnung der Wiedererzählung des Hauptgesprächs einen der Begriffe, mit denen er in seiner Abhandlung zur Politeia die

37) In der Einleitung zur Symposion-Edition von A. Hug, 3. Aufl., p. XXV, Anm. 2.

38) *Der Dialog* I 212.

39) Es sei denn verborgen im Ἀθηναῖος ξένος, der aber kein Erzähler ist. Platon selbst verstecke sich in dem Ἀθηναῖος ξένος (und verschiedenen anderen Figuren seiner Dialoge) wie in einer εἰκών: Dies behauptet der anonyme Isagogiker des Oxyrhynchospapyrus fr. 2 col. I 11 (s.o. "Einleitung" p. 17); das Gegenteil sagt Diog. Laert. III 52.

nicht-mimetische Darstellungsweise bezeichnet hat: Kephalos erfahre die Reden des Parmenides, Zenon und Sokrates ἀφηγηματικῶς von Antiphon (625,18). Der Bericht des Antiphon an Kephalos wäre mithin der gemischten Klasse Platons zuzuordnen, insofern er einen Erzähler hat, der berichtet und wörtliche Reden mitteilt. Diese letztere Einordnung nimmt Proklos selbst jedoch nicht vor; sie ist auch nur bedingt gültig, da der Bericht des Antiphon seinerseits nur auf einem Bericht fußt.

Proklos steht in seiner Klassifizierung der dialogischen Technik, wie wir sehen, ganz auf platonischem Boden. Jedoch erweisen die Begriffe, die er gebraucht, daß seine Dichtungs- und Dialogtheorie von der aristotelischen Poetik beeinflußt ist. Anstelle des Adjektivs ἀφηγηματικός, das nur bis ins erste vorchristliche Jahrhundert zurückreicht und auch bei anderen Autoren mit διηγηματικός synonym gebraucht wird,[40] wollen wir diesen eng verwandten Terminus betrachten, der im literaturtheoretischen Gebiet weitaus gebräuchlicher ist. Er scheint von Aristoteles geprägt worden zu sein.[41] Nur dreimal kommt διηγηματικός in seinem ganzen Werk vor, alle drei Male in der Poetik und in der Verbindung διηγηματικὴ μίμησις (c. 23. 1459 a 17; 24. 1459 b 33. 36f). Jedesmal ist die Darstellungsweise des Epos gemeint. Auch das Adjektiv δραματικός ist bei Aristoteles zum erstenmal belegt, es kommt bei ihm zweimal vor, wiederum beidemale in der Poetik: Kap. 23 p. 1459 a 17-21:

> Περὶ δὲ τῆς διηγηματικῆς καὶ ἐν μέτρῳ μιμητικῆς, ὅτι δεῖ τοὺς μύθους καθάπερ ἐν ταῖς τραγῳδίαις συνιστάναι δραματικοὺς καὶ περὶ μίαν πρᾶξιν ὅλην καὶ τελείαν ἔχουσαν ἀρχὴν καὶ μέσα καὶ τέλος, ἵν' ὥσπερ ζῷον ἓν ὅλον ποιῇ τὴν οἰκείαν ἡδονήν, δῆλον ...

Das καὶ nach δραματικοὺς ist hier explikativ aufzufassen,[42] die Bestimmung dramatisch wird durch περὶ μίαν κτλ. erläutert. Die andere Stelle ist in Kap. 4 p. 1448 b 35f: μόνος γὰρ οὐχ ὅτι εὖ[43]

40) Z.B. noch Doxopatres, *Homil in Aphthon.* II 207,1f Walz.

41) διηγητικός noch in der Nikom. Ethik III 13. 1117 b 34.

42) Vgl. Vahlen, *Beiträge* 304f, Lucas zu 1459 a 19, p. 214.

43) G.F. Else, *Aristotle's Poetics. The Argument*, Leiden 1957, erwägt mit

ἀλλὰ καὶ μιμήσεις δραματικὰς ἐποίησεν (*sc.* Ὅμηρος). Auch das gleich folgende τὸ γελοῖον δραματοποιήσας (*sc.* Ὅμηρος, 1448 b 37f) gehört hierher, indem Homer als der Dichter des komischen Epos Margites angesehen wird.

Die Beispiele machen deutlich, daß mit δραματικός inhaltliche Bestimmungen der Handlung gemeint sind. In Bezug auf das ἅ, nicht auf das ὡς der Mimesis ist das Wort gebraucht. An der Stelle 1459 a 17-21 ist dies von Aristoteles näher ausgeführt, an der anderen Stelle zeigt das der Zusammenhang, da der zitierte Satz zu einer Begründung gehört, warum Homer τὰ σπουδαῖα μάλιστα ποιητής gewesen sei (1448 b 34).[44] Wenngleich also Aristoteles selbst in dem Begriff δραματικός von dem äußerlichen Charakteristikum absieht, das Tragödie und Komödie nach der Art der Mimesis von den apangeltischen oder diegematischen Genera unterscheidet (Kap. 3), so ist dennoch in der Folgezeit das Adjektiv rein zur Bezeichnung einer dem Drama äußerlich ähnlichen Darstellungsweise verwendet worden. Es lag ja auch nahe, den Begriff δραματικός auf solche Wendungen der aristotelischen Poetik zu beziehen wie πράττοντας καὶ ἐνεργοῦντας (1448 a 23), πράττοντας ... καὶ δρῶντας (a 27f), ὅθεν καὶ δράματα καλεῖσθαί τινες αὐτά φασιν (*sc.* die Dichtungen sowohl von Sophokles als auch von Aristophanes, also allgemein Tragödie und Komödie), ὅτι μιμοῦνται δρῶντας (a 28f), δρώντων καὶ οὐ δι' ἀπαγγελίας (in der Tragödiendefinition Kap. 6 p. 1449 b 26), περὶ μὲν οὖν τραγῳδίας καὶ τῆς ἐν τῷ πράττειν μιμήσεως ἔστω ἡμῖν ἱκανὰ τὰ εἰρημένα (Kap. 22 p. 1459 a 15f), wo überall der Handlungsbegriff zugrundeliegt, der für die Unterscheidung in Kapitel 3 bestimmend ist. Ja, Aristoteles' Andeutung (1448 a 28f) zeigt, daß das Substantiv δρᾶμα zur Bezeichnung einer 'dramatischen' Dichtungsgattung bereits geläufig war.[45] Aristoteles lieferte eine

Vorsicht die Konjektur ‹τὸ› εὖ, ohne sie in den Text zu setzen, und versteht darunter die καλαὶ πράξεις von b 25; Vahlen, *Beiträge* 13, spricht von "hohem Stil", wohl mit Bezug auf das εὖ (ἐποίησεν); Gudeman, zu 1448 b 35, p. 127f, hält den Text an dieser Stelle für korrupt. Bywater, ed. mai. p. 130f zu 1448 b 35: "Homer 'wrote well', as a master of the art of poetic expression (comp. 24, 1459 b 16; 1460 b 1)."

44) Derselben Auffassung ist Haslam, *Plato* 22.

45) Vgl. z.B. Aristophanes, Frösche 920 und 1021, wo mit δρᾶμα die Tragö-

Adjektivbildung, die später dankbar auf den äußerlichen Aspekt der Darstellungstechnik des Dramas übertragen wurde; dabei mußte eine als dramatisch bezeichnete Literaturspezies keineswegs zur Theateraufführung gedacht sein. Es konnte sich, wie wir sehen werden, um metrische oder prosaische Dialoge handeln.

Im Sinne straffer, spannender Handlungsführung gebraucht Ps.-Longin das Adjektiv δραματικός noch wie Aristoteles und stellt ihm den Gegenbegriff διηγηματικός so entgegen, daß nicht primär die literarische Darstellungstechnik, sondern der innere Charakter der Dichtung gemeint ist. Die Rede ist von dem bekannten Passus über die Lebensalter, in denen Homer jeweils stand, als er die Ilias und die Odyssee dichtete: Dem greisen Dichter ist in der Odyssee das φιλόμυθον zueigen (c. 9,11), das hier über das πρακτικόν (c. 9,14, Russell übersetzt "realistic"[46]), das tatkräftig-energische Moment der Ilias, dominiert (c. 9,13):

> ἀπὸ δὲ τῆς αὐτῆς αἰτίας, οἶμαι, τῆς μὲν Ἰλιάδος γραφομένης ἐν ἀκμῇ πνεύματος ὅλον τὸ σωμάτιον[47] δραματικὸν ὑπεστήσατο καὶ ἐναγώνιον, τῆς δὲ Ὀδυσσείας τὸ πλέον διηγηματικόν, ὅπερ ἴδιον γήρως. ὅθεν ἐν τῇ Ὀδυσσείᾳ παρεικάσαι τις ἂν καταδυομένῳ τὸν Ὅμηρον ἡλίῳ, οὗ δίχα τῆς σφοδρότητος παραμένει τὸ μέγεθος.

Wenn in diesen Begriffen auch die technische Tatsache, daß in der Odyssee wesentlich mehr rückschauende Erzählung vorkommt als in der Ilias, mitberücksichtigt ist, so liegt doch die Hauptintention des Autors im ästhetischen Urteil über den Grundcharakter der beiden Epen.

die gemeint ist, und Plat., Staat V 451 C 2 (s. Adam ad loc.), wo die Mimen Sophrons als δράματα bezeichnet zu sein scheinen. S. bes. H. Richards, *On the Word Δρᾶμα*, ClR 14 (1900) 388-393 und John M.S. McDonald, *Character Portraiture* 134ff, der auf Aristoph. Thesm. 1488ff verweist, aber doch annimmt, daß Platon auf Sophron anspielt..

46) *Ancient Literary Criticism. The Principle Texts in New Translations*, ed. by D.A.R. and M. Winterbottom, Oxford 1977 p. 471.

47) "Volumen, Buch", R. Devreesse, *Introduction à l'étude des manuscrits grecs*, Paris 1954, p. 60,1.

Im Laufe der Geschichte der Literaturkritik hat das Begriffspaar dramatisch - diegematisch in dem äußeren, speziell technischen Sinne eine reiche Anwendungsfülle bekommen.[48] Teils dient es zu einer Klassifizierung der einzelnen Dichtungsarten und stimmt damit in der Zielsetzung mit seiner πρώτη ὕλη, den Unterscheidungen Platons und des Aristoteles, überein (erster Anwendungsbereich). Teils sollen Gedichte einer und derselben Gattung, nämlich die bukolischen Idyllien - aber auch die Satiren des Horaz - nach den Formen, in denen sie gedichtet sind, geschieden werden (zweiter Bereich). Schließlich dient das Begriffspaar auch zur Bezeichnung einer gattungsübergreifenden Stilfigur, wenn nämlich ein Dichter von der Erzählung in die wörtliche Rede wechselt (dritter Bereich).

Letztere Anwendungsform ist die einzige, die dabei mit dem Paar als solchem auskommt, in den anderen Fällen ist generell als drittes noch die Mischung der beiden Formen hinzugenommen worden. Die Bezeichnung dafür ist zumeist μικτόν. Auch kommt κοινόν oder ἐξ ἀμφοῖν[49] vor. Die Terminologie schwankt sehr auch bei dem ursprünglichen Begriffspaar: ἀφηγηματικόν und ἀμίμητον haben wir schon bei Proklos angetroffen, ἀπαγγελτικόν, διδασκαλικόν und διεξοδικόν[50] stehen dem zur Seite; neben μιμητικόν bietet die dramatische Form noch διαλογικόν[51] - eine Rückwirkung der Übertragung dieser Klassifikation auf den Dialog. Weitere Begriffe ließen sich hinzufügen, zumal aus den lateinischen Autoren.[52]

48) In der Musiktheorie wird zwischen διηγήσεις und ἀφηγήσεις unterschieden von Aristides Quintilianus *de mus.* II 10 p. 74,8 W.-I.

49) TrGF III 265 Radt.

50) διεξοδικόν ebd.; διδασκαλικόν nach Haslam, *Plato* 20.

51) Maximos Planudes, Scholien zu Hermogenes' περὶ ἰδεῶν (zu p. 387,5 Rabe), V 554,25 Walz, und Porphyrio zu Horaz, Sat. II 3,187 (Pomponi Porfyrionis Commentum in Hor. Flacc., rec. A. Holder, Ad Aeni Pontem 1894 p. 302,4).

52) Das Material der einschlägigen Belege von Platon bis in die byzantinische Zeit bietet am vollständigsten J. Kayser, *De veterum arte poetica* p. 9-20. Eine Korrektur des Schemas, das der *Tractatus Coislinianus* zur Dichtung gibt, trägt Haslam, *Plato* p. 21 und 36,9 vor. In jüngster Zeit ist das Material neu in den Zusammenhang der Geschichte der Poetik gestellt

Beispiele für die genannten Verwendungsarten seien angeführt: Die Prolegomena zu Hesiod (5,8-21 Gaisford[53]) verbinden eine generelle Dichtungseinteilung (Bereich 1) mit einer Klassifizierung der Gedichte des Theokrit (Bereich 2):

ἰστέον ὅτι πᾶσα ποίησις τρεῖς ἔχει χαρακτῆρας· διηγηματικόν, δραματικὸν καὶ μικτόν· καὶ διηγηματικὸν μέν ἐστιν ἐν ᾧ ὁ ποιητὴς μόνος φαίνεται φθεγγόμενος, ὥσπερ ἐνταῦθα ὁ ποιητὴς Ἡσίοδος μόνος ἐν παντὶ τῷ συγγράμματι φαίνεται διαλεγόμενος·[54] δραματικὸν δὲ ἐν ᾧ οὐδαμοῦ ὁ ποιητὴς φθέγγεται, ὥσπερ ἐν ταῖς κωμῳδίαις ὁρῶμεν καὶ ταῖς τραγῳδίαις γενόμενον. μικτὸν δὲ ἐν ᾧ ὅ τε ποιητὴς διαλέγεται καὶ πρόσωπα εἰσῆκται διαλεγόμενα, οἷον ἐν τῇ Ἰλιάδι ἐμφαίνεται. ἅπαντες δ' οὗτοι οἱ χαρακτῆρες ἐν τοῖς Βουκολικοῖς τοῦ Θεοκρίτου ἐοίκασιν ὑπάρχειν· καὶ μῖγμα παντός ἐστιν εἴδους καθάπερ συγκεκραμένον· ᾧ καὶ χάριέν ἐστι τῇ ποικιλίᾳ τῆς κράσεως, ποτὲ μὲν συγκείμενον ἐκ διηγηματικοῦ, ποτὲ δὲ ἐκ δραματικοῦ, ποτὲ δὲ ἐκ μικτοῦ, ἤγουν διηγηματικοῦ καὶ δραματικοῦ.

Das besondere Charakteristikum der Bukolik, an jedem der drei χαρακτῆρες teilzuhaben, hat zu zahlreichen Bemerkungen der Scholiasten in dieser Art geführt. Allerdings sind die Scholien zu Theokrit in den allgemeinen Prolegomena (p. 4,14 - 5,2 Wendel) differenzierter als in den Angaben zu jedem einzelnen Gedicht. Dort wird nur noch zwischen der direkt dramatischen Form (etwa p. 23,1of W. zu Idyll 1) und einer vom Dichter erzählten Form unterschieden, ohne Rücksicht darauf, ob letzte-

worden von Egert Pöhlmann in dem Kapitel "Das Lehrgedicht in der Antiken Literaturkritik" seines Aufsatzes *Charakteristika des römischen Lehrgedichts*, ANRW I 3 (1973) 813-901, bes. 825-832, sowie von E.-R. Schwinge, *Griechische Poesie* 143-146. An älterer Literatur siehe Usener, *Ein altes Lehrgebäude*, in: *Kl. Schr.* II 290-296, Irene Behrens, *Die Lehre* 3-32, Immisch, *Beiträge*, Gudeman im Kommentar zu Arist. Poet. p. 104f. Kaibel, *Die Prolegomena* 18-20 und Else (s.o. Anm. 43) p. 98-101.

53) In den Poetae minores Graeci II. Vgl. Kayser, *De veterum arte poetica* 11, Immisch *Beiträge* 251 und 262,1.

54) διαλέγεσθαι hier "sprechen, darlegen".

re nun Dialog enthält (vgl. p. 203,11f W. zu Id. 8) oder nicht (zum 12. Gedicht, darüber gleich). Ein weiteres Beispiel für ein dramatisches Gedicht liegt in dem Gespräch der Frauen am Adonisfest vor (Id. 15 Συρακόσιαι ἢ Ἀδωνιάζουσαι), für ein gemischtes im Herakliskos (Id. 24); ein gemischtes, in dem nicht nur der Erzähler und die Personen, von denen er erzählt, hervortreten, sondern auch der Adressat der Erzählung, also der Zuhörer genannt wird, haben wir z.B. in den Idyllien 6 und 11 (vgl. die Scholien p. 188,2f. 240,6 W.) - ähnlich liegt der Fall, dies sei schon im voraus gesagt, in Platons Charmides.[55] Wie der Melierdialog des Thukydides (darauf kommen wir gleich) sind die Idyllien 8, 21 und 22 gestaltet, indem der Erzähler sein *inquit* nach einiger Zeit einfach wegläßt und der Dialog dadurch rein dramatisch wird.

Im dritten Gedicht Theokrits (Κῶμος) ist für den sprechenden Hirten in geradezu fataler Weise auf jede wörtliche Rede verzichtet, da alles auf das Ausbleiben einer Reaktion der verzweifelt Angerufenen ankommt und dadurch die Wirkung des ganzen Gedichts bestimmt wird. Theokrit erzeugt durch das angewendete Verfahren beim Leser die reizvolle Ungewißheit, ob er die in den Worten des Ziegenhirten vorausgesetzte Gegenwart der Amaryllis überhaupt als Tatsache innerhalb der Fiktion des Gedichts annehmen darf: Der Verliebte mag selbst darin verblendet sein; einen Erzähler, der uns die Tatsachen verbürgt, hat das Gedicht nicht. Zu Theokrits zwölftem Idyll (Ἀίτης) merken die Scholien an (p. 249,18f W.): ὁ δὲ λόγος ἐκ τοῦ ποιητικοῦ προσώπου πρὸς ἐρώμενον. Dieses Gedicht ist das einzige der Sammlung, in dem der Dichter selbst diegematisch hervortritt und dabei ganz ohne wörtliche Reden anderer Personen (im epischen, gemischten Stil) auskommt. Daß die Scholien jenen Vermerk nicht auch zum Κῶμος gemacht haben, liegt daran, daß der Ziegenhirt mit Theokrit nicht identifiziert wurde. Die Scholien stellen Überlegungen darüber an, wer der Sprecher des Idylls sei (p. 116 W.). Gedicht 3 ist also nicht rein diegematisch, sondern sozusagen ein dramatischer Monolog.

55) Bis 155 D 3 ὦ γεννάδα. Außerdem läßt sich diese Erzählsituation in der Politeia konstruieren, wenn man nämlich, wie es Proklos tut, die Worte des Timaioseingangs (17 C 1. 20 B 1) nachträglich auf die Politeia bezieht, s.o. Kap. 2d, p. 164 Anm. 4.

In den Scholien zu Theokrit findet sich auch eine Bemerkung, die den Dialog als dramatische Form *par excellence* erscheinen läßt (p. 5,14-16 W.):

πῶς οὐχ ὑπογράφονται ταῦτα τὰ ποιήματα διάλογοι - διαλέγεται γὰρ ἔν τισι τούτων πρόσωπα - ὡς καὶ τὰ τοῦ Λουκιανοῦ;

Dieser Beleg unterstreicht noch einmal die Bedeutung, die die Prosagattung Dialog in der Poetologie hat.

Kommen wir zurück zu dem Gegensatzpaar von Erzählerischem und Dramatisch-Mimetischem. Zur Kennzeichnung des Wechsels vom Bericht in die wörtliche Rede (der dritte Bereich) ist es besonders häufig in den Homerscholien gebraucht. So auch an jener Stelle des ersten Iliasgesangs, die Sokrates in der platonischen Politeia zur Exemplifizierung der Formprinzipien zitiert: Wo des Chryses Rede an Agamemnon von Homer wörtlich wiedergegeben wird, sagt das Scholion (b [BC]T zu A 17):

ἀπὸ τοῦ διηγηματικοῦ δὲ ἐπὶ τὸ μιμητικὸν μέτεισιν, ὡς τὸ "ἱππεῦσιν μὲν †πρώτοις† ἐπετέλλετο" (Δ 301).

Auch zitieren die Scholien zu B 494-877[56] Platons Dichtungseinteilung.

Betrachten wir nun die Anwendung dieser Terminologie auf den Dialog. Dabei können wir der letztgenannten Verwendungsweise direkt Worte des Dionys von Halikarnaß gegenüberstellen, mit denen er auf ein Phänomen des Melierdialogs aufmerksam macht.[57] Thukydides, der das Gespräch zwischen den athenischen πρέσβεις und den ξύνεδροι der Melier als direkte Rede wiedergibt, hält zunächst den Usus der Einleitungsfloskeln ein (ἔλεγον τοιάδε Thuk. V 85, ἀπεκρίναντο V 86), präsentiert sodann aber, von § 87 an, die Worte der Redenden wie im Drama, d.h. ohne daß er selbst als Erzähler sich noch dazwischenschaltet. Dazu kommentiert Dionys (*de Thuc.* § 37, op. rhet. I 388,15-19 und ebd. § 38 p. 390, 9-11 U.-R.):

56) Scholia b (BCE^3E^4), vgl. Eustath. *in Il.* 263,6-11. Haslam, *Plato* 21 verweist noch auf interessante Stellen bei Homerkommentatoren auf Papyrus.

57) Vgl. oben, Kommentar zu Albin, Prol. 148,15f.

καὶ κατ' ἀρχὰς μὲν ἐκ τοῦ ἰδίου προσώπου δηλοῖ τὰ λεχθέντα ὑφ' ἑκατέρων, ἐπὶ μιᾶς δ' ἀποκρίσεως τοῦτο τὸ σχῆμα διατηρήσας, τὸ διηγηματικόν, προσωποποιεῖ τὸν μετὰ ταῦτα διάλογον καὶ δραματίζει.[58]

καὶ μετὰ τοῦτο (*sc.* nach § 87[59]) ἀποστρέψας τοῦ διηγήματος[60] τὸν διάλογον ἐπὶ τὸ δραματικὸν ταῦτα τὸν Ἀθηναῖον ἀποκρινόμενον ποιεῖ κτλ.

In Dionys' Sprachgebrauch sind ἐκ τοῦ ἰδίου προσώπου des Autors und διηγηματικῶς gesprochen nicht nur die erzählenden und verbindenden Sätze zwischen den wörtlichen Reden, sondern auch diese selbst, sofern sie nur durch eine *inquit*-Formel eingeleitet sind. Erst wo diese fehlt, wird die Darstellungsweise dramatisch genannt. Die Homerscholien verwenden die Begriffe dagegen anders: Diegematisch sind die erzählenden Partien, mimetisch die Wiedergaben wörtlicher Rede im Epos, ohne Rücksicht darauf, daß die Reden durch ein κρατερὸν δ' ἐπὶ μῦθον ἔτελλε an den Faden des Erzählers angebunden bleiben.[61] Die Homerscholien schließen damit direkt an Platons Einteilungsmodus an, nach dem alle wörtliche Rede Mimesis ist. Schon der Begriff μιμητικόν weist hier auf Platon zurück. Dionys steht der aristotelischen Zweiteilung näher: Entscheidend ist, ob ein Autor

58) δραματίζει Usener : δραματικόν codd., ed. princ.; δραματικὸν ἀποδίδωσιν oder δρ. ἀπεργάζεται Reiske.

59) Hier unterläuft Dionys - geradezu unvermeidlich - ein Versehen, das bei der 'normalen' historischen Erzählweise mit Einleitungsfloskeln nicht hätte passieren können, sondern für die Dramenüberlieferung typisch ist: Er teilt die einzelnen Reden des § 87 und 88 den falschen Sprechern zu (§ 87 noch den Meliern, den Sprechern des § 86, und § 88 den Athenern, denen er dann auch noch - richtig - die Rede des § 89 gibt). Daher steht der zitierte Satz hinter der Besprechung des § 87 und werden die Athener als die ἀποκρινόμενοι genannt. Auf den Fehler machen Usener-Radermacher im krit. Apparat aufmerksam.

60) So codd. : διηγηματικοῦ Usener, *Ein altes Lehrgebäude* 292,73.

61) Zu der offenbar einzigen Ausnahme bei Homer s. Ps.-Plutarch, *De vita et poesi Homeri* II 57 (VII 363,24 - 364,8 Bernard.), vgl. Scholia Homeri zu O 346f und Ps.-Longin, *De sublim.* § 27,1.

erzählt oder eine Figur eigenständig (in der Bühnenwirklichkeit) spricht. Natürlich wird von der Bühnenwirklichkeit abgesehen; aber die Grenze zu einem quasi-Theatralischen, zum rein dramatischen Dialog, ist bei Dionys erst übersprungen, wo die *inquit*-Formel unterbleibt.

Dieser Unterschied, ob eine wörtliche Rede durch ein εἶπον τοιάδε eingeleitet wird oder von dramatischen Personen direkt vorgetragen wird, hat auch Johannes Doxopatres im 11. Jahrhundert beschäftigt. Er zitiert in den Homilien zu Aphthonios' Progymnasmata ältere Rhetoren, die die in der Rhetorik gängige, inhaltliche Scheidung zwischen δραματικὸν, ἱστορικὸν und πολιτικὸν διήγημα nicht akzeptierten und statt dessen formale Kriterien zur Differenzierung dieser drei Genera anwandten: δραματικὸν διήγημα sei nach jenen Rhetoren τὸ μὴ ἀπὸ τῶν συντιθέντων αὐτά, ἀπὸ δὲ τῶν ὑποκειμένων προσώπων λεγόμενα, ἱστορικὸν aber sei τὸ πῆ μὲν ἐκ τοῦ ἀπαγγέλλοντος[62] ἐκφερόμενον, πῆ δὲ ἐκ τοῦ συντιθέντος προσώπου (des Autors), ὡς τὰ παρὰ τῷ Θουκυδίδῃ διηγήματα (es folgen als Beispiele der Bericht über Epidamnos I 24ff und die Rede der Kerkyraier I 31ff); schließlich seien πολιτικὰ τὰ ἀπὸ μόνου τοῦ συντιθέντος ἐκφερόμενα.

Von diesen Rhetoren setzt sich Doxopatres ab. Er beruft sich auf die traditionellen inhaltlichen Bestimmungen, nach denen dramatische Erzählungen solche erfundenen Inhalts sind, historische Wahres berichten und politische in den Redekämpfen der Rhetoren Verwendung finden (vgl. II 199,3 - 208,20 Walz und Aphthonios, Progymn. 2[63]). Doxopatres deckt Schwächen in der poetologischen Füllung der rhetorischen Begriffe auf; auch die wörtliche Rede sei bei Thukydides vom Verfasser vorgetragen (den Melierdialog erwähnt er nicht, p. 203,30 - 204,4):

> μήποτε ("vielleicht") οὖν καὶ αὐτὰ ἀπὸ μόνου τοῦ συντιθέντος ἐκφέρονται· οὐ γὰρ ἐπάγει τοὺς Κερυκαίους λέγοντας τὰ

62) Nicht "Erzähler" in unserem Sinn, sondern eine sprechende Person innerhalb einer Geschichtsdarstellung, z.B. ein Gesandter aus Kerkyra bei Thukydides I 31ff.

63) Über die rhetorische Verwendung der Begriffe s. K. Barwick, *Die Gliederung der Narratio in der rhetorischen Theorie und ihre Bedeutung für die Geschichte des antiken Romans*, Hermes 63 (1928) 261-287.

λεγόμενα, ὡς παρ' Εὐριπίδῃ καὶ Σοφοκλεῖ γίνεται, ἀλλ' αὐτὸς λέγει, ὅτι εἶπον οἱ Κερκυραῖοι πρὸς Ἀθηναίους τοιάδε.

Doxopatres schlägt vor, daß bei den dramatischen Erzählungen im formalen Sinn besser von ἐν δράμασι ... κείμενα gesprochen werde (p. 203,21).

Kommen wir nun auf die Nebenbemerkung zu sprechen, die Diogenes Laertios III 50 in dem Abschnitt über die Dihäresen zur dramatischen Dialogunterscheidung macht. Wir haben sie bereits oben (p. 177) zitiert. Die Erklärung dessen, was δραματικός bei Diogenes bedeutet, macht keine Schwierigkeit: Als dramatisch sind zweifellos Dialoge wie der Euthyphron, Gorgias, Phaidros, Sophistes, Timaios, die Gesetze und weitere Dialoge bezeichnet. Der überwiegende Teil des platonischen Werks gehört hierher. Dies bezeugt neben einer Stelle wie der soeben vorgelegten Bemerkung des Dionysios von Halikarnaß zu Thukydides außerdem ausdrücklich der anonyme Kommentator zu Platons Theätet (col. 3,37-49):

> ἔοικε δὲ πεποιηκέναι μὲν δραματικὸν τὸν διάλογον τοῦ Σωκράτους προσ[δια]λεγομένου Θεοδώρωι τε καὶ Θεαιτήτωι, εἶτα ἐπεὶ εἶχεν πολλὰ ἄγκυλα προσέθηκεν τὸ προοίμιον, ὡς Εὐκλείδου ἀπομνημονεύοντος πρὸς Τερψίωνα, ὧν ἠκηκόει Σωκράτους.

Dazu kommt noch ein Zeugnis Plutarchs (*Quaestiones convivales* VII 8,1, t. IV 244,24 - 245,1 Hubert):

> ἴστε γὰρ ... ὅτι τῶν Πλάτωνος διαλόγων διηγηματικοί τινές εἰσιν οἱ δὲ δραματικοί· τούτων οὖν τῶν δραματικῶν τοὺς ἐλαφροτάτους ἐκδιδάσκονται παῖδες ὥστ' ἀπὸ στόματος λέγειν κτλ.

Hier handelt es sich um szenische Aufführungen platonischer Dialoge, die jüngst in Rom bei den *convivia* Sitte geworden seien (τὸ νεωστὶ μὲν ἐν ʽΡώμῃ παρεισαγόμενον εἰς τὰ συμπόσια κτλ., IV 244,23f Hubert).

Um die Grenze zwischen der diegematischen und der gemischten Form zu bestimmen, können wir uns kaum auf antike Zeugnisse stützen, sondern müssen anhand der Dialoge selbst

Überlegungen anstellen, wie die Klassifizierung sinnvollerweise gemeint gewesen sein mag. Dazu möge die Einteilung unten in Appendix C herangezogen werden.

Legen wir die platonischen Begriffe von reiner Erzählung, reiner Mimesis und dem epischen Mischverfahren zugrunde, dann schließen wir uns der Weise an, wie auch Proklos die Politeia klassifiziert hat und wie in den Homerscholien die epischen Verse analysiert wurden. Wir entfernen uns jedoch von dem Ursprung der Adjektive διηγηματικός und δραματικός, der bei Aristoteles gefunden wurde. Und so überrascht es auch nicht, daß die Begriffstrias in jenem platonischen Wortsinn auf die Dialoge Platons beim besten Willen nicht anzuwenden ist: Diegematisch wären die in Appendix C als Monologe bezeichneten 'Dialoge', vergleichbar den Dithyramben, von denen Sokrates im Staat (III 394 C 3) spricht, dramatisch die beiden dramatisch genannten Gruppen, und der ganze Rest würde völlig undifferenziert mit dem Etikett "gemischt" versehen und dem Epos gleichgestellt. Ein so ins Auge springender Unterschied wie der zwischen dem formalen Äußeren der Politeia und des Symposion - zweier der bedeutendsten Dialoge Platons - bliebe ganz unberücksichtigt, ja, gerade die literarisch anspruchsvollsten Dialoge (auch Phaidon und Protagoras sind betroffen) würden durch die doch immerhin dreigliedrige Klassifizierung gar nicht von einander abgesetzt. Auf der anderen Seite würde bei diesem platonischen Wortverständnis eines der drei Glieder für formale Außenseiter geradezu verschwendet, in einer Weise, die überdies einer Dialogeinteilung widerspricht: Ein διηγηματικὸς διάλογος kann wohl kaum ein literarisches Erzeugnis sein, das gar kein Dialog ist und am ehesten den Namen Monolog verdient. Es ist anzunehmen, daß die kleine Gruppe der Monologe überhaupt nicht eigens klassifiziert worden ist, zumal die Briefe nur ein Anhang an das Oeuvre Platons sein können - sie fallen auch als Werke, in denen der Autor in eigener Person spricht, ganz aus dem Rahmen der sokratischen Dialoge - und zumal die Apologie über eine gewisse Strecke tatsächlich dramatischer Dialog ist. (An den Demodokos I hat sicher niemand gedacht.)

Schweigen wir davon, daß die Dialoge, die in App. C als Mischform zusammengefaßt sind, in dem poetologischen Abschnitt von Platons Politeia III gar kein Beispiel haben, und erwähnen nur noch, daß sehr zu verwundern wäre, warum

Plutarch in dem oben zitierten Passus gerade die Mischform übergeht, die doch nach dieser zurückzuweisenden Auffassungsweise der Begriffstrias die wichtigste Gruppe der Dialoge darstellen würde.

Damit kommen wir zur Überzeugung, daß Diogenes Laertios mit διηγηματικοὶ und μικτοὶ διάλογοι nicht eine überflüssige und eine allzu pauschale Abteilung macht, sondern daß ungefähr diejenige Klassifizierung intendiert ist, die wir in Appendix C hergestellt haben.[64] Es ist anzunehmen, daß kein antiker Platoniker das System so vollständig ausdifferenziert hat, wie dies hier geschehen ist, sonst lägen uns darüber auch sicherlich mehr Quellen vor. Die Begriffe dramatisch - diegematisch - gemischt sollten wohl nur die Haupttypen von Dialogen Platons charakterisieren (Gruppen II, III und IV), ohne große Skrupel, ob eine eingangs vorliegende Form wie im Falle des Parmenides hinterher verlorengeht bzw. in eine andere Form umschlägt; darin ist Platons schriftstellerische Freiheit jeder Klassifizierung überlegen. Wichtig für uns ist allerdings, daß der Ausgangspunkt, von dem aus diese Charakterisierung von Haupttypen gemacht wurde, ein an Aristoteles' Poetik anschließendes Verständnis von dramatisch und diegematisch ist. Dramatische Dialoge sind solche, in denen sich Figuren ohne Hervortreten des Autors unmittelbar vor unseren (geistigen) Augen unterhalten. Im Gegensatz zu Aristoteles ist hier natürlich von der Bühnenwirklichkeit abgesehen. Diegematische Dialoge sind solche, die, dem Epos vergleichbar, eine διηγηματικὴ μίμησις kennzeichnet (vgl. Poet. 23. 1459 a 17), d.h. in denen ein Erzähler mit mehr oder weniger wörtlicher Rede ein vergangenes Gespräch nacherzählt (vgl. Poet. 3. 1448 a 21-23). Im Gegensatz zu Aristoteles ist hier davon abzusehen, daß nicht der Autor, sondern schon eine seiner Figuren, meist Sokrates, der Erzähler ist - schon Proklos vernachlässigt diesen Unterschied (s.o. p. 189). Und in einer weiteren Abweichung von Aristoteles sieht die Dialogklassifizierung zusätzlich eine gemischte Klasse vor, die einen dramatischen Eingang, aber eine diegematische Darstellung des Hauptgesprächs hat.

64) Daß Plutarch die μικτοί nicht erwähnt, fällt nun nicht mehr so schwer ins Gewicht.

Es zeigt sich also, daß die Andeutungen, die sich bei Diogenes Laertios III 50 finden, sich weniger mit der platonischen Dreiteilung der Dichtung als vielmehr mit der aristotelischen Zweiteilung vertragen, jedoch auch über diese hinausgehen, indem sie, um dem Formenreichtum platonischer Dialoge gerecht zu werden, eine Mischklasse vorsehen. Ein Nachteil dieser Interpretation ist, daß die Briefe Platons, die sonst wie selbstverständlich zu den Dialogen hinzugezählt werden,[65] keinen Platz in der Einteilung finden. Dieser Nachteil kann jedoch in Kauf genommen werden. Denn das Charakteristische des platonischen Oeuvre ist der Dialog; auf ihn und seine Formen ist eine solche Klassifikation gemünzt. Gerade daß die Briefe auch sonst so selbstverständlich unter den Dialogen geführt werden, zeigt nur, daß ihre besondere Form in der Fülle der Dialoge untergeht und nicht eigens registriert wird. Es ist ein Gewinn, daß für sämtliche nicht-dramatischen Dialoge noch zwei Kategorien zur Einordnung ihrer literarischen Form zur Verfügung stehen. Dieser Gewinn ist größer als das Unrecht, das mit dieser Einteilung den Briefen angetan wird. Die nach dieser Terminologie als gemischt anzusprechenden Dialoge unterscheiden sich wirklich sehr deutlich von den diegematischen dadurch, daß dem Hauptgespräch immer ein Rahmengespräch vorausgeht, während in den diegematischen Dialogen (außer dem Parmenides) der Erzähler gleich *medias in res* geht: Sokrates im Lysis, im Charmides und in der Politeia geht sofort auf die Umstände des Hauptgesprächs ein, weshalb nach diesem Gesichtspunkt die diegematischen Dialoge von den dramatischen gar nicht unterschieden sind. Das Κατέβην χθὲς εἰς Πειραιᾶ z.B. des Politeia-Eingangs lenkt den Leser schon ebenso auf die Ebene des Hauptgesprächs wie jede wörtliche Rede am Anfang eines dramatischen Dialogs auch. Der Unterschied ist freilich die Darstellungsperspektive, ganz aristotelisch also die Art der Mimesis. Diese ermöglicht bei den diegematischen Dialogen sehr leicht Angaben zur Örtlichkeit, zum Anlaß und Zeitpunkt des Gesprächs und zu ähnlichen äußeren Umständen, auch zum Verhalten der einzelnen Personen. Dagegen muß der Schriftsteller im dramatischen Dialog dies alles möglichst zwanglos in die Worte der sich unterhaltenden

65) Z.B. zählen die Briefe mit unter οἱ πάντες αὐτῷ γνήσιοι διάλογοι, Diog. Laert. III 57.

Personen einfließen lassen. Dies fordert dem Dialogautor einiges Talent ab - noch mehr sogar als dem Dramatiker, von dem das Verhalten der Personen sowie die Beschaffenheit des Ortes als Teile der ὄψις nicht immer in Worten ausgedrückt werden müssen. Auch gerät der Inhalt eines Dialogs in ein ganz anderes Licht, wenn er als nacherzählt verfaßt ist und die nacherzählende Figur mit ihrer Persönlichkeit und Subjektivität das Geschehen vor uns entstehen läßt.[66]

Die beiden Chamäleonsgestalten Parmenides und Theätet verdienen noch ein Wort. Beim Parmenides ist das vorhin Gesagte, daß der Erzähler eines diegematischen Dialogs gleich *medias in res* gehe, nur beschränkt richtig. Kephalos spricht zwar keine Silbe über sich selbst (er offenbart lediglich seine Persönlichkeit durch die Personalendung der ersten Person), aber bis zur Wiedererzählung des Hauptgesprächs dauert es erst ein ganzes Stück, in dem von den vermittelnden Gesprächen erzählt wird. Daher steht der Parmenides, was den Eingang des Dialogs angeht, wiederum der gemischten Klasse äußerst nahe.

Schließlich auch den Theätet in dieses System einzuordnen, fällt schwer. Einerseits ist er rein dramatisch: zweimal rein dramatisch, wobei der zweite dramatische Dialog als von einer Figur des ersten nach der Erzählung des Sokrates verfaßt vorzustellen ist. Andrerseits steht er durch die Vermitteltheit des Hauptdialogs und durch das vor diesen gesetzte Rahmengespräch der gemischten Klasse nahe.

Es ist jetzt verständlich, warum das bei Diogenes erwähnte System nicht vereinbar ist mit der Zuweisung der Politeia in die gemischte Klasse, wie wir es bei Proklos finden. Proklos konnte die Politeia als einzelnen Dialog tatsächlich in platonischem Sinne als μικτόν bezeichnen (*in Remp.* I 14,28). Und um der Konsequenz willen mußte er dies auch tun, um diesen Dialog in technischer Hinsicht in dieselbe Klasse einzuordnen wie in der Hinsicht der Methodik, der die dihäretische Dialogordnung in der neuplatonischen Bearbeitung zugrundeliegt (ebd. p. 15,19ff, s.o. Kap. 2d p. 166). Die Namenlosen aber, die Diogenes Laertios anführt, konnten mit ihrer Theorie, die offenbar das Gesamt-

66) Vgl. dazu Schöne in der Einleitung zur Symposion-Edition von Hug, 3. Aufl., § 8 p. XVI-XVIII, und Reynen, *Der vermittelte Bericht* 405-422.

werk Platons berücksichtigen sollte, nicht vom platonischen Verständnis ausgehen. Vielmehr stehen sie mit ihren aristotelischen Begriffen dem Standpunkt nahe, den auch Dionys von Halikarnaß bezieht, wenn er bei Thukydides den Übergang vom διηγηματικόν zum δραματικόν feststellt.

e) Die neuplatonische Lehre von den Authentizitätsgraden in der Darstellung des Hauptgesprächs (Anon. Platonproleg. § 20)

Anhangsweise soll hier noch eine weitere Weise, den platonischen Dialog einzustufen, vorgestellt werden, die mittelbar mit der vorigen, dramatischen zusammenhängt, aber doch einen anderen Blickwinkel einnimmt. Es ist diejenige, die die anonymen Platonprolegomena in ihrem achten Kapitel skizzieren (§ 20). Nicht die literarische Form und Darstellungsweise interessiert den Anonymus, sondern vielmehr der Grad der Vermitteltheit, in dem nach der Fiktion des Dialogs der Leser die Worte der κύρια πρόσωπα, der am Hauptgespräch beteiligten Personen,[67] vernimmt.

Je nachdem eine Person selbst Sprecher im Hauptgespräch ist oder nur stiller Zuhörer war oder gar nur Zuhörer bei einer Nacherzählung durch einen 'Ohrenzeugen', besitzt sie eine verschiedene philosophische, sachliche Kompetenz für dieses Gespräch. In dieser Kompetenz baut sich, je nach der Form der Dialoge, eine Hierarchie auf, die mit ontologischen Hypostasen in Analogie gesetzt wird. Dies wird in den Zeilen 9-18 ausgeführt: In der τῶν ὄντων τάξις (Z. 9f) folgen aufeinander τὰ νοητά, τὰ διανοητά, τὰ αἰσθητά und αἱ εἰκόνες τῶν αἰσθητῶν (Z. 11-13).[68] Den νοητά entsprechen die κύρια πρόσωπα, vom Anony-

67) Procl. *in Parm.* 625,27.

68) Vgl. das Liniengleichnis Platons (Resp. VI 509 C - 511 E) und dessen Verarbeitung in der Hypostasenlehre des Plutarch von Athen, den sein Schüler Proklos im Parmenideskommentar zitiert (1058,21 - 1061,20, vgl. H.D.

mus τὰ πρόσωπα αὐτά (Z. 3 und 16) oder einfach τὰ πρόσωπα (Z. 15) genannt. Den διανοητά analog ist die Person, die bei einem Gespräch zuhört, z.B. Pythodor im Parmenides. Er kann im Sinne des Anonymus als πρῶτος ἀκούων bezeichnet werden. Wem er den Dialog weitererzählt, der ist als δεύτερος ἀκούων (vgl. Z. 7f. 17f) zu den αἰσθητά analog. Der τρίτος ἀκούων entspricht den εἰκόνες τῶν αἰσθητῶν.[69]

Unter Platons Dialogen ragt der Parmenides als der Dialog heraus, der das Hauptgespräch über die meisten Vermittlungsstufen erzählt.[70] Die Struktur seiner Gesprächsvermittlung hat Proklos erläutert. Er betrachtet die verschiedenen Einzelgespräche, die den Parmenides insgesamt ausmachen, und erkärt sie aus ihrer ὁμοιότης περὶ τὰ πράγματα (Ähnlichkeit mit dem philosophischen Inhalt des Hauptgesprächs, 625,38f). Der Gang der Ausführungen ist also dem der anonymen Platonprolegomena ähnlich: Erst wird das Schema der Erzählebenen gegeben, dann die Analogie des Schemas zur philosophischen Lehre hergestellt, beides bei Proklos jedoch ganz auf Platons Parmenides bezogen.

Proklos unterscheidet im Parmenides die verschiedenen Gesprächsebenen, auf denen die Personen stehen. Sie sind von Platon mehr oder weniger stark entwickelt und ausgeführt worden, am stärksten natürlich das Hauptgespräch. Dieses, die πρώτη συνουσία, ist die Unterredung des Parmenides mit Zenon, Sokrates und Aristoteles (einem der Dreißig), an der auch Pythodor als stummer Zuhörer teilnimmt (Πυθόδωρος ... εἷς τῶν παρόντων τῇ συνουσίᾳ καὶ αὐτὸς γεγονώς, εἰ καὶ πάντη σιωπῶν ἐν αὐτῇ παρῆν καὶ οὐδὲν τοῖς λόγοις συνεισφέρων κτλ., 624, 32ff). Die δευτέρα συνουσία (625,28) ist diejenige, in der Pythodor ἀκούσας τῶν εἰρημένων λόγων (*sc.* der ersten συνουσία) ... ἀπαγγέλλει τοῖς περὶ Ἀντιφῶντα τὴν συνουσίαν (625,2ff). In der τρίτη συνουσία (625,30) παραλαβὼν ... ὁ Ἀντιφῶν τοὺς λόγους (nämlich die äu-

Saffrey und L.G. Westerink in der Introduction der Ausgabe von Proklos' Théologie Platonicienne, Bd. 1, Paris 1968, p. LXXXVI).

69) Diese letzte Analogie bleibt aus, vielleicht wegen Textverlusts: <ταῖς δ' εἰκόσι τῶν αἰσθητῶν ἀναλογοῦσιν οἱ τρίτοι ἀκούσαντες> Z. 18.

70) "Narration 'à cascades'", A. Diès, *Platon, Oeuvres complètes,* VIII 1: Parménide, Paris (Les Belles Lettres) 1923 p. 7.

ßerlich unveränderten[71] Worte der πρώτη συνουσία) διηγήσατο καὶ αὐτὸς ἄλλοις Κλαζομενίοις ἀνδράσι, unter ihnen Kephalos (625,10ff). Die τετάρτη συνουσία konstituiert allein Kephalos παραδεξάμενος (näml. in der τρίτη συνουσία) παρὰ τοῦ Ἀντιφῶντος τοὺς λόγους ἀφηγηματικῶς (625,17ff); er erzählt die Worte einer unbestimmten Zuhörerschaft weiter (οὐδὲ πρὸς ὡρισμένα πρόσωπα 625,18f, εἰς ἀόριστον θέατρον 625,35f, πρὸς οὐδὲν ὡρισμένον πρόσ ωπον 626,7). In einem Satz charakterisiert Proklos Kephalos' Funktion am Ende der Reihe der Gesprächsübermittler so: Κέφαλος ... ἀφηγεῖται ... οὓς ἤκουσε παρὰ Ἀντιφῶντος λόγους ἀκούσαντος παρὰ Πυθοδώρου ἐκείνου τοῦ τῶν Παρμενιδείων ἀκροασαμένου λόγων (625,22ff).

Der Darstellung der Gesprächsebenen des Parmenides (συνουσίαι) schließt Proklos ihre Zuordnung zu den ontologischen Hypostasen an (625,37 - 627,39). Es steht außer Zweifel, daß die Ausführungen des Proklos in näherer Weise mit dem Kapitel der anonymen Platonprolegomena verwandt sind. Und tatsächlich führt die Anwendung des komplizierten Satzes § 20,2-8 auf den Dialog Parmenides zu einem glatten Ergebnis; eine Paraphrase sei gestattet: τὴν πρώτην τοῦ Παρμενίδου συνουσίαν ποιεῖται ὁ Πλάτων διὰ τῶν προσώπων αὐτῶν, τουτέστι Σωκράτους, Παρμενίδου, Ζήνωνος, Ἀριστοτέλους, Πυθοδώρου. εἰσάγει[72] γὰρ αὐτὸν τὸν Σωκράτη καὶ τοὺς ἄλλους διαλεγομένους δι' ἑαυτῶν. [Die Neuplatoniker konnten das Hauptgespräch in einem nicht rein dramatischen Dialog als einen eigenständigen Dialog für sich betrachten, unabhängig von seiner διασκευή. Dies zeigt der Passus in Proklos' Timaioskommentar, wo das Gespräch der Politeia, seines diegematischen Charakters entkleidet, als προτέρα τῆς πολιτείας παράδοσις bezeichnet wird und das Werk so, wie es uns vorliegt (in seiner diegematischen Form) als δευτέρα κατὰ τὴν

71) Vgl. 626,34ff: οἱ αὐτοὶ λόγοι κατὰ τὰς τέτταρας διαδέδονται συνουσίας, ἀλλ' οἰκείως καθ' ἑκάστην κτλ.

72) Dieser Terminus der Bühnensprache muß nicht zum Ausdruck der rein dramatischen Darstellungsweise dienen, er wird nämlich oft metaphorisch für Personeneinführungen innerhalb von Erzählungen verwendet, z.B. Aristides Quintilianus, *De mus.* II 10 (74,16 W.); vgl. Gerhard Thieme, *Quaestionum comicarum ad Periclem pertinentium capita tria*, Lipsiae 1908 p. 55, s. insbes. Eupolis fr. 137 K.-A.

Σωκράτους ἀφήγησις (I 21,2-5, s.o. p. 165). So mag denn auch der Anonymus von der 'Einkleidung' bewußt abstrahieren, wenn er die πρώτη συνουσία (Proklos sagt auch πρώτη σκηνή[73]) des Parmenides charakterisiert.] τὴν δὲ δευτέραν ποιεῖται δι' ἑτέρου τινὸς ἀκούσαντος ἐκ Σωκράτους εἰσαγαγὼν Πυθόδωρον διαλεγόμενον περὶ τῶν πραγμάτων[74] ἃ ἤκουσε Σωκράτους καὶ Παρμενίδου, τρίτην δὲ δι' Ἀντιφῶντος μαθόντος ἐκ Πυθοδώρου ὃς ἤκουσεν ἀπὸ Σωκράτους καὶ Παρμενίδου, τετάρτην δὲ διὰ Κεφάλου μαθόντος ἐξ Ἀντιφῶντος, ὃς ἦν δεύτερος ἀκούσας.

Daß Pythodor διαλέγεται περὶ πραγμάτων ἃ ἤκουσε Σωκράτους, muß nicht heißen, daß er sich mit Antiphon über das Hauptgespräch unterhalten hätte. Das Hauptgespräch des Parmenides ist so sehr sachlich gestaltet, daß διαλέγεσθαι hier ohne weiteres als "darlegen"[75] aufgefaßt werden kann: Die Darlegung des Argumentationszusammenhangs, die Pythodor gibt, kommt einer Nacherzählung des Hauptgesprächs gleich. Damit ist διαλέγεσθαι innerhalb von zwei Zeilen (Z. 4 und 6) in zwei Weisen gebraucht. Auch bei ἀκούειν ist in Zeile 7f (τῶν δευτέρων ἀκουσάντων) an etwas geringfügig anderes zu denken als im voraufgehenden Text: Der πρῶτος ἀκούσας hat einem Gespräch, an dem er passiv teilnahm, zugehört, der δεύτερος ἀκούσας aber hört einem Erzähler zu. Zwischen beiden Weisen des Zuhörens wird von Z. 8 an nicht mehr unterschieden.

Der Anonymus verrät nicht, daß er mit seiner Binnengliederung des platonischen Dialogs den Parmenides im Auge hat. Er gibt vielmehr außer Sokrates keine Eigennamen und spricht von den verschiedenen ἀκούσαντες gegen die Sachlage dieses einen Dialogs im Plural. Dies macht klar, daß er für die Pluralität aller Platondialoge ein allgemeines System darlegen will. Sokrates ist der exemplarische Fall des Gesprächsführers. Fast könnte man meinen, daß sich der Anonymus im Sprachduktus an den Satz in Aristoteles' Poetik, Kap. 3 p. 1448 a 2o-24, anlehnt, der auch eine allgemeine, mit der seinen verwandte Einteilung der

73) *In Parm.* 625,25-28; 682,27f.

74) Vielleicht ist Hermanns Korrektur πράγματα (Z. 6) zurückzuweisen und durch πραγμάτων zu ersetzen. Es gibt kaum Beispiele für Verben des Sprechens mit περὶ + Akk., s. aber Plat. Tim. 56 C 8 (v.l.) und 66 B 7.

75) Wie z.B. Diog. Laert. III 87 (λόγον περί τινος τέχνης διαλέγομαι), Olympiodor *in Alcib. pr.* 122,14.

Dichtung vorträgt. Es ist zu prüfen, ob das abstrakte System auch übertragbar ist auf die Gesamtheit der platonischen Dialoge.

Einer solchen Prüfung hält der Text stand. Die erste Darstellungsebene haben alle Dialoge. Die Formulierung der δευτέρα συνουσία, die von ἢ δι' ἑτέρων τινῶν (Z. 4f) bis Σωκράτους (Z. 6) geht, schließt den Parmenides (Gespräch Pythodor-Antiphon) und Phaidon (Echekrates-Phaidon) ein, aber auch das Symposion und den Theätet. Denn für das Symposion ist durch den Paralleltext bei Proklos ausdrücklich bezeugt, daß Aristodemos, der dem Apollodor vom Gastmahl erzählt (173 B), mit Pythodor auf einer Ebene steht (625,2-6). Daß Apollodor zusätzlich noch Sokrates selbst über das Gastmahl befragt (173 B), muß also nicht ins Gewicht fallen. Und was für das Symposion recht ist, ist für den Theätet billig; auch hier sucht Eukleides ja bei Sokrates eine zusätzliche Beglaubigung dessen, was ihm Theätet selbst schon erzählt hatte (142 C - 143 A). Auch daß Theätet stärker als Phaidon selbst an dem Gespräch der πρώτη συνουσία beteiligt ist, muß keinen Unterschied machen, da er immer noch der 'Antwortende' bleibt.

Die τρίτη συνουσία der Dialoge Parmenides (Kephalos-Antiphon und andere), Theätet (Eukleides-Terpsion) und Symposion (Apollodor - ein Freund) ist in den Zeilen 6f, die τετάρτη des Parmenides (Kephalos spricht) in den Zeilen 7f richtig erfaßt.

Wenn nun aber der τετάρτη συνουσία des Parmenides eigens gedacht ist, fragt es sich, warum der Anonymus die δευτέρα συνουσία bei den diegematischen Dialogen (z.B. Politeia) und bei Euthydem und Protagoras außer Acht läßt. Im Staat spricht Sokrates doch nicht weniger in ein ἀόριστον θέατρον als Kephalos im Parmenides, und die Zuhörer des Sokrates in den beiden anderen Dialogen treten doch sogar persönlich in Erscheinung! Das Problem löst sich auf, wenn man sich daran erinnert, daß der Anonymus überhaupt keine Rücksicht auf die literarische Darstellungsform eines Dialogs als solche nimmt und es für ihn einerlei ist, ob Sokrates diskutiert (rein dramatisch) oder seine eigene Unterhaltung wem auch immer nacherzählt. Entscheidend ist allein die Sachkompetenz des Sprechers. Und daß Kephalos in der dritten Ebene das Hauptgespräch nur erzählt bekommt und in der vierten Ebene selbst weitererzählt, bedeutet für den

Grad der persönlichen Nähe zu den κύρια πρόσωπα eben gerade den Unterschied, daß die Person des Erzählers wechselt und somit die philosophische Authentizität der Erzählung vermindert wird. Sokrates selbst hingegen könnte das Gespräch noch so oft weitererzählen - es blieben immer Worte von höchster philosophischer Kompetenz.

Kapitel 5

Wer ist der Verfasser des Didaskalikos?

Bei der ersten, einleitenden Vorstellung der Dialektik im Didaskalikos (c. 3,2), die dann in den Kapiteln 4-6 im einzelnen ausgeführt wird, zählt der neuerdings wieder öfter sogenannte Alkinoos vier Arten von Syllogismen auf: 1) den apodeiktischen Syllogismus, 2) den epicheirematischen, der auch als ἔνδοξος συλλογισμός bezeichnet wird, 3) den rhetorischen und 4) die Sophismata. Letztere hätten keinen vorrangigen Platz in der Philosophie (προηγούμενον μὲν οὐκ ἂν εἴη τῷ φιλοσόφῳ p. 153,31f), seien aber dennoch für den Philosophen notwendig. Diese Gliederung der Syllogistik (bzw. Parasyllogistik) entspricht genau aristotelischer Lehre.[1] Was in den Kapitlen 4-6 gesagt wird, ist dann aber weit mehr, als 'Alkinoos' in Kapitel 3,2 angekündigt hat. Es schließt eine ausführliche Darlegung der Kriteriologie (c. 4), die Kategorienlehre und die Lehre über die ὀρθότης ὀνομάτων (c. 6,10f, p. 159,34-160,34) mit ein. Daher muß auch umgekehrt das Defizit auffallen, daß 'Alkinoos' in Kap. 6,4 (p. 158,23-27) bei der Wiederaufnahme der Untergliederung der Syllogismen die dritte, rhetorische Art gar nicht mehr berücksichtigt. Dort wird dargelegt, daß die apodeiktischen Syllogismen im Oeuvre Platons in den hyphegetischen Dialogen zur Anwendung kämen; die plausiblen Syllogismen (ἔνδοξοι συλλογισμοί) verwende Platon in den Widerlegungen von Sophisten und Jünglingen, die eristischen in den Streitgesprächen mit den sogenannten Eristikern. Daß unter den letzteren Syllogismen die Sophismata gemeint sind,[2] geht daraus hervor, daß 'Alkinoos' auf die Beispiele der Dialoge Euthydem und Hippias verweist: Der Euthydem gilt seit Aristoteles als der Musterdialog für 'sophistikoi Elenchoi'. Da 'Alkinoos' aber nicht nur den Euthydem, sondern auch die beiden Hippiasdialoge nennt, liegt der Schluß nahe, daß er die Dialoge des anatreptischen Charakters aus der dihäretischen

1) Nachweise in Invernizzis Kommentar ad loc. II 83f, s. z.B. Anal. pr. II 23 p. 68 b 9-13, Top. I 1 p. 100 a 25 - 101 a 4; VIII 11 p. 162 a 15-17.

2) Gegen Freudenthal 301.

Dialogordnung im Auge hat, vielleicht sogar den übergeordneten agonistischen Charakter mitsamt dem endeiktischen Protagoras.[3] Das wird zudem schon durch den Ausdruck "hyphegetische Dialoge" (p. 158,24) evident.[4]

Die aristotelische Abteilung 'rhetorischer Syllogismus' fand 'Alkinoos' offenbar deshalb im Werk Platons nicht angewandt, weil die dihäretische Dialogordnung keine Sparte dafür vorsah. Im Kapitel 3,2 (p. 153,25-32) gibt er eine abstrakte Vierteilung der Syllogistik ohne Rücksicht auf deren Vorkommen in Platons Dialogen, während er im sechsten Kapitel nach den Anwendungsbereichen von Syllogismen bei Platon fragt und dafür die Dihäresenordnung zugrundelegt.

Es ist von besonderer Wichtigkeit zu erkennen, in welcher Form dem 'Alkinoos' die dihäretische Dialogordnung vorlag. Wir haben ja gesehen, daß schon im Zeitalter des Mittelplatonismus drei Varianten nebeneinander existierten, 1. die ursprüngliche, die schon Thrasyll kannte (Diog. Laert III 49-51), 2. die des Theon von Smyrna und 3. die des Albin.[5] Daher müssen wir nun im sechsten Kapitel des Didaskalikos den ersten Satz von Paragraph 3 heranziehen (p. 158,14-17). Wie wir oben[6] näher ausgeführt haben, dient dieser Satz als Grobeinteilung der Arten, wie sich Platon der Syllogismen bedient; dagegen erklärt der Paragraph 4 diese Grobeinteilung eingehender. Platon gebraucht demzufolge Syllogismen 1) beweisend, und zwar das Wahre beweisend durch eine διδασκαλία - dies geschieht in den Dialogen des hyphegetischen Charakters; 2) widerlegend, u.zw. das Falsche durch eine ζήτησις widerlegend - dies geschieht a) mittels des Wahrscheinlichkeitsschlusses (ἔνδοξος συλλογισμός) in einer Dialoggruppe, die gegen Sophisten und Jünglinge gerichtet ist, und b) mittels der Sophismata in den Dialogen des anatreptischen (oder insgesamt agonistischen) Charakters gegenüber den sogenannten Eristikern wie Euthydem und Hippias. In welchen Dialogen sind nun die σοφισταί, in welchen die νέοι des Anwendungsbereichs 2a zu finden? In unserer Durchmusterung der ze-

3) S.u. die Übersicht zur dihäret. Dialogordnung S. 243.

4) Außerdem noch durch ζητήσεως c. 6,3 p. 158,16.

5) S.o. Kap. 4 a, b und c.

6) Oben Kap. 2a, p. 109f.

tetischen Dialoge[7] sahen wir, daß Jünglinge besonders im maieutischen, aber auch im peirastischen Charakter vorkommen und daß Sophisten im endeiktischen und anatreptischen Charakter auftreten, mittelbar aber auch im peirastischen, da die dortigen Gesprächsgegner des Sokrates sophistische Dicta vertreten. Da der anatreptische Charakter schon fest dem Bereich 2 b zugewiesen ist, bleiben folgende Möglichkeiten denkbar:

1. Gegen σοφισταί wenden sich die Syllogismen im peirastischen Charakter, gegen νέοι im maieutischen (der endeiktische fällt mit unter die eristischen Syllogismen von Bereich 2 b);
2. gegen σοφισταί im peirastischen und endeiktischen, gegen νέοι im maieutischen;
3. gegen σοφισταί im endeiktischen, gegen νέοι im maieutischen und peirastischen;
4. gegen σοφισταί im endeiktischen, gegen νέοι im maieutischen (der peirastische Charakter fällt aus, wenn die Dihäresenordnung unter der Bearbeitung Theons von Smyrna zugrundeliegt).

Gegen die vierte Möglichkeit spricht, daß wir bei ihr gern wüßten, welcher Art von Syllogismen sich Platon denn bei der ersten Tetralogie bedient hätte. Denn diese führt Theon anstelle des peirastischen Charakters.[8] Die zweite Möglichkeit bietet Zuordnungen, für die sonst nirgendwo Anhaltspunkte zu finden sind. Die erste und die dritte Möglichkeit sind zu erwägen, wenn sich 'Alkinoos' auf die ursprüngliche Dihäresenordnung stützen würde, wo der endeiktische mit dem anatreptischen Charakter verschwistert ist und der peirastische mit dem maieutischen. Die erste Möglichkeit kommt auch in Albins Dialogordnung in Frage. Ob 'Alkinoos' nun tatsächlich die ursprünglichen Dihäresen oder Albins System aus dem Prolog (c. 3) benutzt, dafür gibt es nur einen einzigen Anhaltspunkt: Albin und 'Alkinoos' stimmen auf eine frappierende Weise darin überein, daß sie beide im Zusammenhang mit der dihäretischen Dialogordnung von der Scheidung der Logik in ἀπόδειξις τοῦ ἀληθοῦς (Albin, Prol. c. 3 p. 148,27, vgl. c. 6 p. 151,8f, 'Alkinoos' c. 6,3) und ἔλεγχος τοῦ ψεύδους (Albin, Prol. c. 3 p. 148,28, vgl. c. 6 p.

7) S.o. Kap. 2a, p. 113ff.

8) S.o. Kap. 2b, p. 152f..

151,9, 'Alkinoos' c. 6,3) sprechen. Daß diese Unterscheidung für die Einteilung der Dialoge in χαρακτῆρες ins Gewicht fällt,[9] ist offenkundig diesen beiden Autoren gemein. Läßt man sich nun darauf ein, die Möglichkeit zuzugeben, daß dem 'Alkinoos' die Dihäresen in der Fassung des Albin vorlagen, so wird man eine weitere Übereinstimmung der beiden Schriften nicht übersehen: Albin (Prolog c. 6, Stufe 5, p. 151,9-14) schreibt dem Platoniker auf seinem Lehrgang die Beschäftigung mit den Paralogismen der Sophisten vor, damit er gegen diese Abwehrkräfte entwickle. Dies ist die letzte, unterste Stufe auf dem bogenförmigen Bildungsgang des Platonikers, schon weit von den eigentlichen, zentralen Lehren der dritten Stufe entfernt und der Logik, die auf der vierten Stufe zu erkennen ist, nachgeschaltet. Von 'Alkinoos' hören wir aber, daß die Sophismata zwar notwendig (ἀναγκαῖον) zur Dialektik dazugehörten, aber eigentlich kein vornehmer Gegenstand philosophischer Betätigung seien (c. 3,2 p. 153,31f). Vielleicht ist das ἀναγκαῖον des Didasklikos durch die Worte des Prologs zu interpretieren: ἐπεὶ δεῖ καὶ ἀπαραλογίστους ἀπὸ σοφιστῶν εἶναι (p. 151,9f). Es knüpft sich offenbar mehr als nur ein Band zwischen den Bemerkungen über Logik und Paralogismen im Prolog und im Didasklikos. Ist einmal eingestanden, daß 'Alkinoos' Albins Bearbeitung der Dihäresen gekannt hat, dann kann man weiter folgern, daß mit den Sophisten im Kapitel 6,4 des Didaskalikos die des peirastischen Charakters, mit den Jünglingen die des maieutischen gemeint sind. Denn daß der endeiktische Charakter eng mit dem anatreptischen zusammenhängt, sagt Albin Prol. c. 6 p. 151,10f (mit ἐνδεικτικοῦ nach Freudenthal); und dann ist nur noch die erste der vier oben skizzierten Möglichkeiten statthaft.[10]

9) S.o. Kap. 2c, p. 160f.

10) Nach Freudenthal (p. 262 und 295) gehören die von 'Alkinoos'-Albinos erwähnten *νέοι* in den peirastischen, die *σοφισταί* in den endeiktischen und die *ἐριστικοί* allein in den anatreptischen Charakter. Diese Auslegung der Worte beruht aber auf einer unhaltbaren Einordnung der Maieutik im hyphegetischen Hauptcharakter und führt zu der Inkonsequenz, daß der *λογικὸς χαρακτήρ*, der doch schon nach Freudenthal eine Doppelstellung hat, einfach nur unter die Hyphegese gerechnet ist (p. 262). Zur Widerlegung der Freudenthal'schen Rekonstruktion s.u. Appendix A, p. 224ff.

Noch in einem weiteren Punkt stimmt das sechste Kapitel des Didaskalikos auffallend eng mit dem Prolog überein. Daß zum Erweis des Wahren eine διδασκαλία diene (Didask. c. 6,3 p. 158,17), verweist auf den Ausdruck διδασκαλία im Prolog (c. 3 p. 148,26). Mit diesem Begriff setzt sich Albin gerade gegen die traditionelle Dialogordnung in charakteristischer Weise ab. διδασκαλία ist Albins Neuerung, die an die Stelle des θεωρητικὸς χαρακτήρ (Diog. Laert. III 49) tritt.

Durch solche Erfolge ermutigt, wagen wir auf einer weiteren frappierenden Ähnlichkeit zwischen den beiden Schriften aufzubauen. Der Einleitungssatz zu den eigentlich mit der formalen Logik befaßten Kapiteln 5 und 6 des Didaskalikos gibt die Aufzählung der Teile der Dialektik in der folgenden Formulierung (c. 5,1 p. 156,26-29):

> ὡς κατὰ λόγον εἶναι τῆς διαλεκτικῆς τὸ μὲν διαιρετικόν, τὸ δὲ ὁριστικόν, τὸ δὲ ἀναλυτικόν, καὶ προσέτι ἐπαγωγικόν τε καὶ συλλογιστικόν.

Der Prolog formuliert aber wie folgt (c. 6 p. 151,7-9):

> ἔχουσι γὰρ (*sc.* οἱ τοῦ λογικοῦ χαρακτῆρος διάλογοι) τάς τε διαιρετικὰς καὶ ὁριστικὰς μεθόδους καὶ πρὸς ἀναλυτικὰς καὶ συλλογιστικάς, δι' ὧν τὰ μὲν ἀληθῆ ἀποδείκνυται, τὰ δὲ ψεύδη ἐλέγχεται.

Hier fallen Ähnlichkeit und Abweichung gleichermaßen zugunsten der Verwandtschaft der beiden Schriften ins Gewicht. Die stilistische Ähnlichkeit der Aufzählung mit προσέτι bzw. πρός[11] ist auffällig; der Unterschied aber, der durch das Fehlen der Induktion in der zitierten Prologstelle entsteht, muß näher erörtert werden. Auch dieser Unterschied ist nämlich wieder durch die Kombination zweier Bemerkungen des Prologs und des Didaskalikos aufzuheben, wie Mazzarelli gezeigt hat.[12]

Die Charakterisierung des Philosophen und des Sophisten, mit der sich Albin im zweiten Kapitel des Prologs offensichtlich

11) Vielleicht ist Freudenthals Konjektur προσέτι richtig. ὡς + Inf. "sodaß" hat an anderer Stelle auch der Prolog (p. 150,9).

12) S.o. Kommentar zu 151,8 ἀναλυτικάς.

so sorgfältig auseinandersetzt,[13] ist gelegentlich als Argument gegen die Nähe dieser Schrift zum Didaskalikos verwendet worden - zu Unrecht. Denn ein regelrechter Widerspruch zwischen den beiden Schriften läßt sich diesbezüglich nicht ausmachen, und daß die Übereinstimmungen gering oder bedeutungslos sind, hat seine guten Gründe. Wo im Didaskalikos der Philosoph charakterisiert wird (c. 1), schließt sich der Verfasser so eng an Platon an,[14] daß Albins Gang auf derselben Fährte (Prol. c. 2) natürlich kein Argument für die Verfasserschaft des Didaskalikos hergibt; wo der Didaskalikos aber den Sophisten charakterisiert (c. 35), liegt das Hauptgewicht auf den Irrlehren, die ein Sophist vertritt, nämlich der Behauptung eines μὴ ὄν. Im Prolog ist aber von den Lehren der Sophisten naturgemäß gar nicht die Rede, er ist ja eine Einleitung in die Schriften, nicht in die Lehre Platons. Nur daß man sich vor dieser Zunft schützen soll (c. 6 p. 151,9-14), sagt hier Albin. Der Prolog legt sein Augenmerk auf die ἠθοποιία der Personentypen. Das wenige aber, was im Didaskalikos über das ἦθος des Sophisten gesagt wird, paßt voll auf das Prädikat φιλόδοξος ("[ungerechtfertigten] Ruhm liebend"), mit dem der Prolog das σοφιστικὸν πρόσωπον belegt:[15]

> ὁποῖος δέ ἐστιν ὁ φιλόσοφος προειρημένου (nämlich durch die Kapitel 1-34), τούτου διαφέρει ὁ σοφιστὴς τῷ μὲν τρόπῳ, ὅτι μισθαρνίᾳ τῶν νέων καὶ τῷ μᾶλλον νομίζεσθαι βούλεσθαι ἢ εἶναι καλὸς καὶ ἀγαθὸς κτλ. (Didask. 35 p. 189,9-11)

"So nahe stehen einander die beiden Schriften, dass sie wechselseitig den besten Commentar schwieriger Stellen für einander liefern." Dieser Feststellung Freudenthals (p. 295) ist angesichts dieser Ergebnisse nur zuzustimmen, auch wenn Freudenthal im Verständnis des Didaskalikos gelegentlich sehr in die Irre gegangen ist.[16] Gewiß ist auf sprachlichem Gebiet auch eine Differenz spürbar, nämlich in der Ausführung der Gewohnheit, zunächst eine Gliederung des zu behandelnden Stoffes voraus-

13) P. 148,2-8, s.o. Kommentar ad loc.

14) S. Whittaker, *Platonic Philosophy* ... (1987) 96f.

15) S.o. Komm. zu 148,5-7.

16) Ein Beispiel gibt Whittaker, *Platonic Philosophy* ... (1987) 89,28.

zuschicken, die erst in einem zweiten Angang weiter ausgeführt wird. Hier sind die beiden Schriften zwar methodisch verbunden, aber im Sprachstil leitet der Prolog die eingehende Ausführung regelmäßig mit μὲν οὖν (oder οὖν) ein, während der Didaskalikos einfach δέ (oder μὲν τοίνυν, p. 156,29) gebraucht.[17] Auf sprachlichem Gebiet ist aber zu bedenken, daß beide Schriften epitomiert worden sind und ein Epitomator zur Herstellung der neuen Gedankenfolge gerade den Partikelgebrauch beeinflussen kann. Und selbst wenn die Partikeln original sein sollten, ließe sich die Differenz noch durch verschiedene Abfassungszeiten erklären, um die Verfasseridentität aufrecht erhalten zu können.

Neben den genannten Berührungen zwischen den beiden Schriften gibt es noch manche anderen Überschneidungen: Im Didaskalikos sind - neben anderen Autoren[18] - ein Passus aus Theophrast (*de sensu* 83f im Didask. c. 19,4 p. 174,22-32 und c. 20 p. 175,12-19[19]) und aus Areios Didymos (*fragm. phys.* 1 Diels im Didask. c. 12[20]) wörtlich zitiert. Diese beiden Autoren zählen vielleicht neben Platon und Aristoteles zu den wenigen, die auch im Prolog benutzt worden sind, allerdings nicht in direkten Zitaten.[21] Das aus Platons Kratylos geschöpfte Interesse an der ὀνομάτων ὀρθότης (Didask. c. 6,10f p. 159,34 - 160,34) finden wir im Prolog an dem Begriff Dialog (c. 2, bes. p. 148,13-17: Thukydideskritik) und in Wendungen wie ἡ λεγομένη θεολογία wirksam (s.o. Kommentar zu 148,10f).

Die weiteren Berührungspunkte sind den Aufsätzen zur Verfasserschaft des Didaskalikos zu entnehmen[22] und zeigen, wie sehr in beiden Schriften das Interesse an denselben Themen wach ist. Dasselbe Ergebnis liefern die Albinfragmente.[23] Wenn

17) Beispiele s. im Kommentar zu 148,21-25 (für den Prolog) und im Kapitel 2a, p. 111f (für den Didask.).

18) S. Whittaker, *Platonic Philosophy* ... (1987) 102-110.

19) Whittaker, *Platonic Philosophy* ... (1987) 104f.

20) Whittaker, *Platonic Philosophy* ... (1987) 93f. 103.

21) S.o. Kommentar zu 148,28f und 150,13 "Kapitel 6".

22) Besonders Giusta, *Ἀλβίνου Ἐπιτομή* ... (1960/61) 182-186, Mazzarelli, *L'autore* ... (1980) 626-637, Giusta, *Due capitoli* ... (1986) 176-178.

23) Am vollständigsten bietet die Testimonien und Fragmente, in der Regel mit italienischer Übersetzung, Mazzarelli, *L'autore* ... (1980) 608-613, zu

bei den meisten Übereinstimmungen doch die Unterschiede im einzelnen überwiegen, wie die Gegner Freudenthals sagen, so ist dies vielleicht auf die jeweilige Abfassungszeit, auf den Anschluß an benutzte Quellen oder auf den Charakter des Didaskalikos, der nur ein Abriß der Philosophie ist, zurückzuführen; in anderen Schriften (z.B. auch den Kommentaren[24]) mag er anders argumentiert haben.

Zwei Schriften, die so sehr verwandt sind, daß die Freudenthal'sche These der Verfasseridentität von 1879 bei der Vielzahl der namhaften Gelehrten, die sich mit der Geschichte des Platonismus befaßt haben, auf einhellige Zustimmung gestoßen ist, zwei Schriften, deren Inhalt selbst nach den Worten der Gegner Freudenthals keinen Anhalt für eine positive Widerlegung dieser These gibt und deren Verfassernamen sich handschriftlich nur in zwei Buchstaben unterscheiden[25] - diese Schriften nun sollten auch jetzt noch verschiedenen Autoren zugewiesen werden, da evident ist, daß der sogenannte Alkinoos Albins Lehre sogar gekannt haben muß?

Die Gegner Freudenthals[26] haben die These von der "vollständigen Übereinstimmung des Standpunktes, der Anschauungen, des Stiles und der Lebenszeit der Verfasser", die Freuden-

vervollständigen durch ein Testimonium, das Whittaker, *Platonic Philosophy* ... (1987) 98,58 beisteuerte: Photios Bibl. Cod. 167 p. 155 H. Auch Diels, *Anonymer Kommentar* XXVI-XXX und Witt, *Albinus*, 2. Aufl. p. 1o6f, haben im wesentlichen das ganze Material.

24) S. Diels, *Anonymer Kommentar* XXVIII-XXX. Dillon, *The Middle Platonists* 399, setzt uneingeschränkt voraus, daß Albin Kommentare geschrieben hat, nachdem er p. 269 Zweifel daran deutlich hervorgehoben hat.

25) Dabei ist der eine falsche Buchstabe, das hinzugesetzte *ο*, nur als Folgefehler - "Verschlimmbesserung" - des fälschlich gelesenen *κ* aufzufassen; im Grunde liegt also nur bei einem einzigen Buchstaben ein Abschreibefehler vor, s. dazu das Folgende.

26) Michelangelo Giusta in zwei Aufsätzen: *Ἀλβίνου Ἐπιτομή ο Ἀλκινόου Διδασκαλικός?* (1960/61) und *Due capitoli sui dossografi di fisica* (1986); John Whittaker in mehreren Aufsätzen: *'Parisinus Graecus' 1962 and the Writings of Albinus* (1974), bes. Part II, und *Platonic Philosophy in The Early Centuries of the Empire* (1987). Weitere 'Chorizonten' s. bei Giusta,

thal vertrat,[27] durch eine kritische Würdignung aller ihnen bekannten Indizien erschüttert und dabei auch alle Testimonien und Fragmente berücksichtigt, die noch später von anderen 'albiniani'[28] ins Feld geführt wurden. Interessant ist, daß sie nirgendwo für sich reklamieren, positive Beweise gegen die Verfasseridentität in der Hand haben zu wollen; sie sprechen zwar gelegentlich von der Unvereinbarkeit einzelner Textstellen, gehen aber in ihren Resümees nie so weit, die Verschiedenheit der Autoren bewiesen zu haben.[29] Es kommt sogar die Erwägung vor, eines der Albinfragmente (*apud Procl. in Tim. III 234,8-18*) zugleich auch für 'Alkinoos' in Anspruch zu nehmen:

Due capitoli (1986) 196,40. Die Positionen der Gelehrten vor Freudenthal und der 'Chorizonten' bis 1937 nennt Witt, *Albinus* 108. Schissels Weigerung, Freudenthals These beizutreten, gerät durch seine (unerledigt gebliebene) "Vorbereitung einer kritischen Ausgabe des Albinos und Alkinoos" in ein Zwielicht (*Kataloge griechischer Handschriften*, Graz 1924 p. VII); jedenfalls erkannte er damit eine enge Zusammengehörigkeit der beiden Schriften an.

27) P. 278.

28) Ein Verteidiger Freudenthals ist Giuseppe Invernizzi in seinem Aufsatz *Il Prologo di Albino* (1979) und besonders im ersten Band seiner kommentierten Übersetzung des Didaskalikos; außerdem Claudio Mazzarelli, *L'autore* ... (1980). Hermann Diels in der Einleitung zur Edition des *Anonymen Kommentars zu Platons Theaetet* (1905) und R.E. Witt, *Albinus and the History of Middle Platonism* (1937), schlossen sich Freudenthal an und führten seinen Standpunkt aus, ohne ihn gegen 'Chorizonten' verteidigen zu müssen. Auch Moraux, Dörrie, Festugière, Dillon (der die Aufsätze der 'Chorizonten' noch nicht zur Kenntnis nimmt), Zeller, P. Louis und Theiler billigten die Verfasseridentität; L.G. Westerink hält sie auch nach der Kritik der 'Chorizonten' noch "probably" für richtig, glaubt aber, daß es methodisch sauberer sei, von Alkinoos zu sprechen.

29) S. Giusta, *Ἀλβίνου Ἐπιτομή* ... (1960/61) 167: "i rapporti fra il Διδασκαλικός e il pensiero di Albino ... non sono così stretti come parve al Freudenthal", p. 194: "L'ipotesi del Freudenthal aveva nulla più che un certo grado di verosimiglianza, ma non meritava la generale fortuna di cui ha goduto finora." Auf p. 177 schreibt er: "La divergenza fra Albino [*apud Procl. in Tim. I 219,2-11*] e il Διδασκαλικός [c. 14,3 p. 169,26-30] resta, su

Der Inhalt lege dies nahe und Proklos' Formulierung τοὺς Ἀττικοὺς λέγω καὶ Ἀλβίνους καὶ τοιούτους τινάς lasse es zu.[30]

Nachdem die Verwandtschaft der beiden Schriften in Abrede gestellt ist, berufen sich die 'Chorizonten' auf die Forderung methodischer Korrektheit in der Argumentation: Solange nicht aus paläographischen, stilistischen, inhaltlichen oder irgendwelchen anderen Gründen die Verfasseridentität bewiesen werden könne, dürfe nicht einfach eine Textänderung im Titel des Didaskalikos vorgenommen und behauptet werden, die Überlieferung Ἀλκινόου sei von der Wortform Ἀλβίνου nur in geringem Maße verschieden. Es ist wahr, daß sich M. Giusta und J. Whittaker sowohl in diesem Räsonnement als auch in den Bemerkungen zum Inhalt das Verdienst erworben haben, die Kontroverse um die Verfasserschaft auf einer Ebene eröffnet zu haben, die rationaler (wenngleich nicht unpolemisch) ist als das Argumentationsniveau von Freudenthals rasch akzeptierter These. Aber mit der Erklärung der Beweislast, die nämlich der anderen Seite obliege, geht das Zugeständnis einher, daß die Entscheidung der Frage an einem hauchdünnen Fädchen hängt: Wäre nur Ἀλβίνου überliefert, so hätte sich ganz sicher kein Kritiker zu Wort gemeldet.

Die Schwere dieser proklamierten Beweislast ist daran zu bemessen, wie gravierend denn nun die Textänderung von Ἀλκινόου in Ἀλβίνου ist. Ein Argument Whittakers ist, daß Titel und Untertitel in der frühen Minuskelzeit (9. Jahrh.) fast immer in Majuskeln oder "semi-uncials" geschrieben waren.[31] Und eine Verschreibung des B in ein K sei "in Majuskel weniger leicht

questo punto, grave e irrimediabile." Ähnlich *Due capitoli* ... (1986) 176. Whittaker, der sich in dem früheren Aufsatz (*'Parisinus Graecus'*, 1974, p. 451-3) auch ausführlich mit diesem Fragment befaßt hat, kommt *Platonic Philosophy* ... (1987) 97 nur zu diesem Gesamtergebnis: "There is then no evidence, whether palaeographical, doctrinal or stylistic, that the author of the 'Didaskalikos' was not Alcinous but instead Albinus ...".

30) Whittaker, *Platonic Philosophy* ... (1987) 88f. - Welche Schicksalsironie, daß Proklos hier τοὺς Ἀλβίνους sagt!

31) Whittaker, *'Parisinus Graecus'* ... (1974) 454. Belege hierfür führt er nicht an; vgl. dens. *Platonic Philosophy* ... (1987) 84.

als in Minuskel".[32] Dies stimmt zwar auch als allgemeine Regel, aber dennoch ist ein B im Einzelfall auch in der Majuskel nicht weit vom K entfernt, man vergleiche die Oxforder Handschrift Laud. gr. 35 aus dem 6. Jahrhundert, dort fol. 219 r ΒΙΩΣΙΝ und ΚΑΤΑ (Z. 9 v.o. und 2 v.u.).[33] Außerdem ist zu berücksichtigen, daß der Kopf einer ersten Manuskriptseite so leicht abgegriffen oder auf andere Weise unleserlich werden kann, daß sich die Verlesung des einen Buchstabens ohne weiteres einstellen kann.

Die beiden unabhängigen Zeugen, die uns den Didaskalikos überliefern, der Parisinus gr. 1962 aus dem späten 9. Jahrhundert und der Vindobonensis phil. gr. 314, der aus einer Handschrift des Arethas (9./10. Jahrh.) abgeschrieben ist,[34] haben eine gemeinsame Vorlage gehabt. Bei dieser ist auch die Namensform Ἀλκινόου vorauszusetzen, da beide Abschriften sie im Titel (im Parisinus) und Untertitel am Ende des Textes (bei beiden) aufweisen. Nach Whittaker[35] ist diese Vorlage aller Wahrscheinlichkeit nach das Exemplar, das die Transliteration von Majuskeln in Minuskeln vornahm, gehört also dem 8. oder 9. Jahrhundert an. Da der Vindob. außer dem Didaskalikos ganz andere Schriften enthält als der Parisinus,[36] ist nicht mit absoluter Sicherheit zu klären, welche Schriften die gemeinsame Vorlage enthielt. Wohl aber kann das Minimum an Handschriften errechnet werden, das in der Überlieferung zwischen Albin -

32) So Diels, *Anon. Komm.* XXVIII 2, auf den sich Whittaker ib. in diesem Fall natürlich beruft.

33) Photographie bei Nigel Wilson, *Mediaeval Greek Bookhands*, Cambridge (Mass.) 1973 Nr. 4. Beispiele für verwechselbare β und κ in Minuskel ebd. Nr. 9, Gr. class. a. 6 (P) recto, 6./7. Jahrh. Zeile 3 νοσοκομιου βουλομαι.

34) Whittaker, *Platonic Philosophy* ... (1987) 84,19. Zu dem Vindob. phil. gr. 314 s. einstweilen noch Bas. Laourdas, *Συμβολὴ εἰς τὴν μελέτην τῆς "Ἐπιτομῆς" τοῦ Ἀλβίνου*, in Ἀθηνᾶ 54 (1950) 29-35 sowie L.G. Westerink und Bas. Laourdas, *Scholia by Arethas in Vindob. phil. gr. 314*, in Ἑλληνικά 17 (1962) 105-131. Der Aufsatz *"Arethas and the 'Collection philosophique"* von J. Whittaker sowie seine Edition des Didaskalikos sind mir noch nicht zugänglich.

35) *Platonic Philosophy* ... (1987) 84,19.

36) S. Westerink-Laourdas, *Scholia* 105f.

als dem Verfasser des Didaskalikos - und jener transliterierenden Vorlage unserer Codices notwendigerweise angenommen werden muß. Gegen die allgemein in der Kontroverse um 'Alkinoos' geäußerten Ansichten, die mit mehr Überilieferungsetappen rechnen,[37] muß klargestellt werden, daß kein paläographischer Grund vorliegt, warum die Korruption von Ἀλβίνου zu Ἀλκινόου nicht genau dieser gemeinsamen Vorlage unserer Didaskalikos-Handschriften, und zwar ihr allein, zugetraut werden sollte. Es ist nämlich gleichgültig, ob derjenige, der als erster die unkontrahierte Namensform Ἀλκινόου herstellte, nun wirklich oder nur vermeintlich Ἀλκίνου (bzw. ἈΛΚΙΝΟΥ) vor sich hatte: Er glaubte, Ἀλκίνου (ἈΛΚΙΝΟΥ) zu <u>lesen,</u> und <u>schrieb</u> Ἀλκινόου, ob da nun wirklich Ἀλ<u>κ</u>ίνου oder wirklich Ἀλ<u>β</u>ίνου (bzw. ἈΛΚΙΝΟΥ oder ἈΛΒΙΝΟΥ) <u>stand.</u> Das Verlesen des β (B) in κ (K) und die Umformung des verlesenen Ἀλκίνου in Ἀλκινόου kann von <u>einer</u> Person in <u>einem</u> Moment geschehen.

Aufgrund der Überlegungen um die Namensform kommen wir also mit der Annahme einer einzigen uns nicht erhaltenen Zwischenstufe zwischen Albins Original auf der einen Seite und dem Parisinus und der Arethas-Handschrift auf der anderen Seite aus; und dieses erschlossene Exemplar setzt auch Whittaker schon voraus. Aus einer dem Original Albins noch sehr nahestehenden Abschrift schöpfte der transkribierende Abschreiber des 8./9. Jahrhunderts seinen Text und änderte den Titel in Ἀλκινόου. Dies ging auf die beiden erhaltenen Handschriften über.

Da aber ohne weiteres möglich ist, daß schon die Transliteration des 8./9. Jahrhunderts denselben Inhalt hatte wie der Parisinus, sollte auch Hermann Diels' Ansicht erwogen werden, daß nämlich der Inhalt des Parisinus "auf ein im Ausgang des Altertums in platonischen Kreisen entstandenes Einleitungskorpus der älteren, populären Akademiker des zweiten Jahrhun-

37) Giusta, *Ἀλβίνου Ἐπιτομή* ... (1960/61) 170-172, Whittaker, *'Parisinus Graecus'* ... (1974) 455, und Mazzarelli, *L'autore* ... (1980) 621f. Diels glaubte zudem, daß das Inhaltsverzeichnis des Paris. gr. 1962 älter als der Codex selbst sei (p. XXVIII); dies stellt Whittaker richtig, *'Parisinus Graecus'* ... (1974) 456,31.

derts (Maximus Tyrius, Albinus) zurückzugehen scheint."[38] Wer dieses Corpus zusammenstellte, mußte den Didaskalikos aber schon unzweideutig unter dem Namen 'ΑΛΚΙΝΟΟΥ oder 'ΑΛΚΙΝΟΥ vorliegen haben; ihm selbst hätte die Korruption des Namens Albinos schwerlich unterlaufen können angesichts der beiden anderen Schriften Albins, die er in das Corpus aufnahm. Sollte dieses Corpus vom Ausgang des Altertums beispielsweise im sechsten Jahrhundert entstanden sein, so müßte die Namenskorruption von einer Zwischenquelle zwischen dem Original Albins im zweiten und dem Corpus im sechsten Jahrhundert verschuldet worden sein - eine Menge von Abschriften wären dies und seltsam, daß ein Abschreiber des etwa vierten Jahrhunderts den Namen des doch recht berühmten Albin verschrieb.[39] Daher ist diese Annahme Diels' kaum aufrecht zu erhalten.

Auch bei dem anderen, vorhin beschriebenen Überlieferungsgang von Albin über nur eine Zwischenetappe auf unsere Codices bleibt noch eine Frage, die Whittaker gestellt hat, bestehen:

Die gemeinsame Vorlage des Parisinus und der Arethas-Handschrift hatte den Namen Ἀλκινόου nicht nur im Titel, sondern auch am Ende des Textes. So wäre es auch in ihrer Vorlage, also Albins Original, vorauszusetzen.[40] Wir wissen, daß in Papyrusrollen der Verfassername außer im Titel unter Umständen auch auf die Außenseite der Papyrusrolle aufgeklebt erscheint.[41] Warum hat sich der Abschreiber trotz dieser Kontrollmöglichkeiten getäuscht?

Trotz dieser offen bleibenden Frage halten wir daran fest, daß der Didaskalikos eine Schrift des Albin ist und auf dem oben skizzierten Wege unter einen falschen Namen gekommen ist. Das Corpus der fünf mittelplatonischen Schriften ist erst im 9. Jahrhundert im Parisinus gr. 1962 zusammengefaßt worden; sein Didaskalikos-Text basiert auf einer Handschrift des 8./9.

38) P. XXVIIf, im Grunde gebilligt von Whittaker, *'Parisinus Graecus'* ... (1974) 456.

39) Dieses Argument benutzt Whittaker, *'Parisinus Graecus'* ... (1974) 456.

40) Daß dies der Normalfall sei, belegt Whittaker (*'Parisinus Graecus'* ..., 1974, 455,26) durch Verweis auf R. Devreesse, *Introduction à l'étude des manuscrits grecs*, Paris 1954 p. 8f.60.

41) Whittaker, *'Parisinus Graecus'* ... (1974) 456.

Jahrhunderts. Es gibt nur drei nennenswerte paläographische Voraussetzungen, auf denen Freudenthals Identifizierung des Autors fußt. Wir müssen annehmen, daß der Schreiber des 8./9. Jahrhunderts (oder, wenn es zwischen ihm und Albin doch noch einen weiteren Mittler gab, sein Vorgänger) Albin nicht kannte und selbst erst den Verfassernamen an die beiden Stellen, an denen er uns erscheint, d.h. in Titel und Untertitel, gesetzt hat. Ihm darf der Name mithin nur einmal vorgelegen haben; ob in Majuskel oder Minuskel, ist dabei weniger wichtig. Auch darf kein Korrektor (etwa der Auftraggeber) existiert haben, der Albin gekannt und die Verschreibung bemerkt hätte. Schließlich müssen wir hinnehmen, daß dieser Abschreiber die kontrahierte Wortform durch die unkontrahierte (Ἀλκινόου) ersetzte; gut möglich, daß ihm diese im Gegensatz zu Ἀλβῖνος aus Odyssee-Aufträgen ganz geläufig war. Dies ist alles, was es in paläographischer Hinsicht an Besonderheiten zur Korruptel Ἀλκινόου zu bemerken gibt, und dies haben wir gegen die inhaltlichen und stilistischen Argumente, die oben vorgeführt wurden, aufzuwiegen; eine Beweislast, die wir gern freiwillig auf uns nehmen.

Appendix A

Zu Freudenthals und Schissels Rekonstruktionsversuchen bezüglich Albin, Prolog c. 3

Jacob Freudenthal hat eine bemerkenswerte Differenz zwischen dem dritten und sechsten Kapitel von Albins Prolog aufgedeckt:[1] In den Handschriften gilt nach Kapitel 6: a) Der logische Charakter ist ζητητικός (p. 151,6) und b) der logische Charakter umfaßt Methoden zum Beweis des Wahren und zur Widerlegung des Falschen (p. 151,8f); nach Kapitel 3 gehört aber die ἀπόδειξις τοῦ ἀληθοῦς dem hyphegetischen Charakter und nur der ἔλεγχος τοῦ ψεύδους dem zetetischen an. Freudenthal behalf sich durch eine kleine Textänderung in Kap. 6 dahingehend, daß er dem logischen Charakter eine Mittelstellung zwischen den beiden Hauptgattungen zuwies: Er ist "auch zetetisch" (und auch hyphegetisch): ὄντος αὐτοῦ καὶ ζητητικοῦ (codd. καὶ αὐτοῦ). Otmar Schissel aber wies dies zurück und unternahm eine größere Änderung in Kap. 3, indem er die Bestimmung ἀπόδειξις τοῦ ἀληθοῦς aus der hyphegetischen Gattung fortnahm und neben den ἔλεγχος τοῦ ψεύδους in die zetetische Gattung versetzte: καὶ ἔλεγχον τοῦ ψεύδους <καὶ ἀπόδειξιν τοῦ ἀληθοῦς> p. 148,28. Nun konnte der λογικὸς χαρακτήρ ohne Anstoß zetetisch sein.

In jüngerer Zeit hat nun Claudio Mazzarelli den Standpunkt eingenommen, daß der von Freudenthal monierte Widerspruch gar nicht existiere, da in Kapitel 6 nur von den Methoden, in Kap. 3 aber von dem Erfolg bei der Anwendung der Methoden die Rede sei. Daß Mazzarellis Beobachtung nicht falsch ist, andrerseits aber wegen der Bedeutung, die Albins Trennung von ἀπόδειξις und ἔλεγχος in Kapitel 3 hat, auch nicht befriedigt, ist im Kommentar zu 151,6 dargelegt worden.

In der vorliegenden Appendix sollen daher Freudenthals und Schissels Standpunkte eingehender beurteilt werden. Es sei zunächst Freudenthals Rekonstruktionsversuch des korrupten Dialogverzeichnisses im dritten Kapitel des Prologs (p. 148,30-37) zusammenfassend dargestellt.

1) Ersten Anstoß hatte daran genommen Suckow, *Die wissenschaftliche ... Form* 21f.

Dieses Verzeichnis ist offenbar erst im Laufe der Überlieferung aus einer Tabellenform in die Form fortlaufenden Textes umgestellt worden, die der Codex bietet. Einen ersten Anhalt gewinnt diese Ansicht durch die Worte ὑπάγονται τῷ μὲν φυσικῷ τῷ δὲ ἠθικῷ ὁ Τίμαιος ἡ ἀπολογία (p. 148,30f), wie sie die Überlieferung hat.[2] Bereits in einigen abhängigen Handschriften und in der *editio princeps* ist der richtige Text hergestellt. Der Fehler erklärt sich leicht unter der Annahme, daß das Verzeichnis ursprünglich in Tabellenform vorlag und ein Abschreiber, bei der Kopfzeile der Spalten angekommen, diese noch als fortlaufenden Text ansah, da zwischen den einzelnen Wörtern der Spaltenköpfe (τῷ μὲν φυσικῷ τῷ δὲ ἠθικῷ τῷ δὲ κτλ.) nicht der Abstand vorlag, der sich in den folgenden Zeilen zwischen den Spalten ergab. Die dort eingetragenen Dialogtitel sind nämlich kürzer. Der Abschreiber bemerkte seinen Irrtum erst nach ἠθικῷ und blieb bei der einmal begonnenen und zudem auch Platz sparenden Umstellung der Tabelle in einen fortlaufenden Text.[3]

Die frühere Existenz der Tabellenform ist die eine Voraussetzung, unter der Freudenthal die eigenartige und unsinnige Anordnung der Dialoge des logischen und politischen Charakters als Folge einer Würfelung erwiesen hat. Die andere ist die Annahme, daß jeder der von Albin genannten Dialoge bei Albin ursprünglich demjenigen Charakter angehörte, in dem ihn auch Diogenes Laertios führt (III 49f), daß also - gegen unsere Überlieferung des Albintextes - z.B. der Theages maieutisch und der Kriton ethisch ist. Diese zweite Voraussetzung wird durch Freudenthals Beobachtung jener regelmäßigen Würfelung überzeugend bewiesen:[4] Nach unserer Überlieferung sind in den logischen und politischen Charakter Dialoge des maieutischen und ethischen Charakters in der Weise eingestreut, daß nacheinander immer je ein 'rechtmäßiger' Repräsentant des Charakters auf einen 'Eindringling' abwechselnd folgt. So folgt im logischen

2) S.o. den Komm. zu p. 148,30f.

3) Ein anderes Beispiel für Textkorruption bei der Umschreibung von Spalten in fortlaufenden Text findet sich bei Moraux, *Les listes anciennes* 93.

4) Kein Zirkelschluß, sondern zwei sich gegenseitig stützende Hypothesen, deren gelungene Vereinigung einen evidenten Beweis herstellt.

Charakter ein logischer Dialog auf einen maieutischen Eindringling und im politischen Charakter auf einen ethischen Eindringling ein politischer Dialog; da die Reihe der ethischen Dialoge länger ist als die der politischen, bilden drei ethische Dialoge den falschen Abschluß des politischen Charakters. Dem maieutischen und ethischen Charakter bleibt in Albins Verzeichnis nach unserem Codex nur jeweils ihr erster Vertreter, der Alkibiades und, wie soeben zitiert, die Apologie.

Jene "so wunderbar ordentliche Unordnung" (Freudenthal p. 260), die schachbrettartige Würfelung der zweimal zwei Charaktere, läßt sich bis zu einem gewissen Grad aus der tabellarischen Darstellungsform heraus erklären. Freudenthal hat sich nicht nur über Existenz und Beschaffenheit der Tabelle ausführlich geäußert, sondern auch als erster den Text des Diogenes Laertios zur Rekonstruktion des korrupten Albintextes herangezogen.[5] Der springende Punkt seines Rekonstruktionsver-

5) Er führt unsere Überlieferung in einer eingehenden Argumentation, die paläograph. Fehlermöglichkeiten sowie mögliche Eingriffe eines Epitomators berücksichtigt, auf ein System der χαρακτῆρες zurück, das sich wie folgt darstellt (Freudenthal 260-265, bes. 262; aus typograph. Gründen muß ich die ethischen und maieutischen Doppelkolumnen nach unten absetzen):

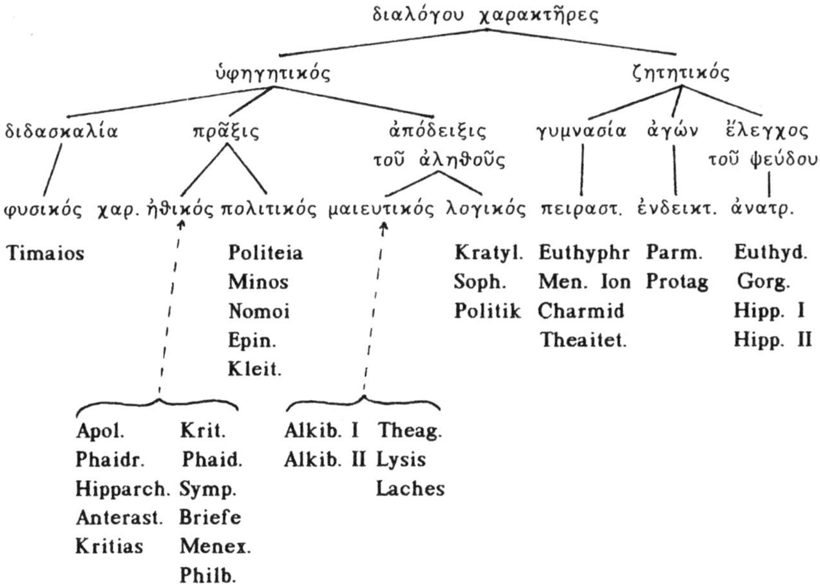

suchs ist, daß in einer früheren Stufe der Textüberlieferung in der vorauszusetzenden Tabelle die ethischen und maieutischen Charaktere je zwei Kolumnen oder Spalten beanspruchten und die rechte Kolumne des ethischen Charakters links neben der politischen Kolumne gestanden hat sowie die rechte maieutische links neben der logischen; nachdem dann der Kopist die Kolumnentitel falsch bezog und nun fälschlich dem politischen und logischen Charakter jeweils Doppelkolumnen zuwies, kam bei zeilenweisem Abschreiben der falschen Doppelkolumnen genau die uns vorliegende Würfelung zustande. In ihr wechseln sich ja, angefangen mit dem jeweils fremden Dialog, fremde und eigentliche Dialoge des Charakters regelmäßig ab. Zusätzlich wurde, gleichzeitig oder später, die Reihenfolge der Charaktere, d.h. der ganzen Kolumnen, geändert, u.zw. wahrscheinlich vom Epitomator.

Freudenthal mußte jedoch noch manche Einzelerklärung für solche Fälle abgeben, die sich nach dieser ebenso komplizierten wie bestechenden Rekonstruktion immer noch nicht befriedigend in das System einfügten; dieses sollte doch sinnvoll auf die Bemerkungen über die ἀνωτάτω χαρακτῆρες und ihre sechs Funktionen zu beziehen sein (in der ersten Hälfte des Kapitels 3) und zugleich die gehörige Ähnlichkeit mit dem System bei Diogenes haben.[6] An dessen Darstellung orientierte sich ja die Rekonstruktion des korrupten Albin, und so darf das Ergebnis einer solchen Rekonstruktion nicht willkürlich zwischen Identität und Verschiedenheit mit diesem Autor schwanken, sondern muß ein einzusehendes Gleichmaß in Ähnlichkeiten und Abweichungen aufweisen.

Um den Preis einer einzigen, nicht in dem inkriminierten Dialogverzeichnis selbst liegenden Textänderung (c. 6 αὐτοῦ καὶ) glaubt Freudenthal auf einen als original angenommenen Albintext zurückzukommen, der durch die Hand von möglicherweise nur einem einzigen Vermittler, dem Epitomator, auf den korrupten Zustand unserer Codices herabgewirtschaftet worden sein könne.[7] Zu einem Teil, der das Faktum der Würfelung der

6) Zu den Einzelheiten s. Freudenthal 260-265.

7) An dem Original Albins hätte dann ein mechanischer Schaden zu Textverlust geführt und den ganzen Rest der Epitomator besorgt. Mit dessen

einzelnen Dialoge betrifft, sind Freudenthals Ausführungen auch unbedingt plausibel. In der vollständigen Rekonstruktion des Dialogsystems bleiben indes einige Schwierigkeiten unaufgelöst, durch die die Wahrscheinlichkeit Einbuße erleiden muß. Hier seien Beispiele genannt:

1. Nach Freudenthal führt Albin den Kleitophon als politischen Dialog. Unter dieser Voraussetzung wird die günstige Annahme von zwei ungefähr gleichlangen Kolumnen des ethischen Charakters möglich, und auch die Zusammenwürfelung der rechten Kolumne mit den politischen Dialogen geht gut auf. Aber Diogenes Laertios führt den Kleitophon als ethisch (III 50. 60), und das genau entspricht auch seinem Inhalt.[8]

2. Einen ähnlichen, die Länge der beiden ethischen Kolumnen ausgleichenden Effekt erzielt Freudenthal durch die Einordnung des in den Codices ausgefallenen Kritias in die linke ethische Kolumne, wo, nach Freudenthal, Textausfall durch Blattbeschädigung eingetreten war. Dabei verwendet er (p. 263) die sachlich weniger ansprechende - und von ihm selbst auch als solche erkannte - Einstufung des Kritias als ἠθικός, wie sie bei Diogenes III 60 (und in unseren Platoncodices) zu finden ist; im Gegensatz dazu bieten aber Diogenes III 50 und Theon von Smyrna[9] die Einstufung als πολιτικός. Diese haben wir als den wahrscheinlich authentischen, aber schon früh, möglicherweise bei Thrasyllos selbst korrumpierten Charakter des Kritias erkannt. Mit der ethischen Einstufung dieses Dialogs stützt sich Freudenthal nicht nur auf die sachlich schlechtere Textvariante, sondern setzt bei Albin in diesem Punkt auch ohne weiteres eine andere Position als die seines Zeitgenossen Theon voraus.

3. Warum gilt dem Albin der Parmenides als endeiktischer[10] Dialog, wenn er bei Diogenes, ganz verständlich, unter die logi-

Text schon wären unsere Codices identisch. Natürlich können in der Texttradition auch mehr Überlieferungsstufen angenommen werden, auf die sich die Menge der einzelnen leichteren Korruptelen verteilt hätte.

8) Schissel, *Zum Πρόλογος* 226, rekonstruiert hier wahrscheinlicher.

9) S.o. Kap. 2b, p. 156f.

10) P. 148,32f; Konjektur Freudenthals statt ἐλεγκτικῷ codd.

schen gestellt ist?[11] Das Kriterium Logik scheint ja auch Galen, Albins Schüler, dazu bestimmt zu haben, den Parmenides hinter den Dialogen Kratylos, Sophistes und Politikos und vor dem Euthydem in das fünfte Buch seiner Synopsis der Schriften Platons aufzunehmen.[12]

4. Auch in Freudenthals rekonstruiertem Albin weicht noch die Reihenfolge der Dialoge in mehreren χαρακτῆρες von der bei Diogenes vorzufindenden, durchweg geordneten Folge erheblich ab. Im Falle des politischen und logischen Charakters (den Parmenides ausgenommen) sieht Freudenthal mit Recht eine Verbesserung gegenüber der Reihenfolge bei Diogenes (p. 260); hier dürfte dessen Text gestört sein. Unerklärlich bleibt der Fall des ethischen Charakters. Bei Diogenes folgen hier auf drei mit Sokrates' Tod befaßte Dialoge zwei Hauptwerke Platons über die Liebe und daraufhin vereinzelt stehend (aber z.T. noch mit der Reihenfolge der Tetralogienordnung übereinstimmend) sechs weitere Werke.[13] In der Albin'schen Reihe nach Freudenthal ist der bei Diogenes teilweise zu erkennende Zusammenhang ganz zerrissen und durch kein neues Ordnungsprinzip ersetzt.

5. Wie erklärt sich der Korruptionsprozeß von Albins Original bis auf unsere Codices im anatreptischen Charakter? Hier scheint überhaupt ein Versehen Freudenthals vorzuliegen.[14] Die Korrektur dieses Versehens bringt, wohlgemerkt, eine Einbuße in der Wahrscheinlichkeit der Freudenthal'schen Rekonstruktion mit sich. Denn nun ist der Ausfall des kleineren Hippias nicht mehr so leicht durch Beschädigung des unteren Blattrandes zu erklären.

6. Wenn Freudenthal seine Rekonstruktion an den Vergleich von Kapitel 3 und 6, insbesondere an die Stellung der Logik, knüpft und eine Doppelstellung des logischen Charakters voraussetzt, wieso gewährt er in seiner Graphik p. 262 diesem

11) Auch hier rekonstruiert Schissel, *Zum Πρόλογος* 225, richtiger, indem er jedoch eine absurde Erklärung für den Abschreibefehler anführt.

12) S.o. Kap. 2a, p. 134f.

13) Zur Abfolge dieser sechs Dialoge s.o. p. 136.

14) Vgl. seinen Druckfehler p. 324,15, von Diels korrigiert, *Anonymer Kommentar* XXVII Anm. 3.

Charakter nicht die Mittelstellung zwischen der ἀπόδειξις τοῦ ἀληθοῦς und dem ἔλεγχος τοῦ ψεύδους, sondern weist den ἔλεγχος dem anatreptischen Charakter zu? Wahrscheinlich hat ihn hier ein falsches Verständnis von Didaskalikos c. 6,4 p. 158,23-26 geleitet (Freudenthal p. 295).

7. Albin faßt nach Freudenthal die Maieutik als eine Methode auf, die in den hyphegetischen Dialogen der apodeiktischen Familie praktiziert wird. Dies ist aber ganz unwahrscheinlich, da doch die maieutische Methode ohne die oft in der Aporie endende Suche nach der Wahrheit (ζήτησις) gar nicht denkbar ist und viel eher, wie bei Diogenes Laertios, einer γυμνασία zuzuordnen ist.[15]

Insbesondere das philosophiegeschichtliche Ergebnis, die angenommene Einordnung der Maieutik, ist an Freudenthals Rekonstruktionsversuch so unbefriedigend, daß ihm mit Recht Schissel widersprechen mußte.

Indem er an dessen Stelle ein eigenes Modell setzt, verzichtet er auch seinerseits nicht auf den Versuch, die Entstellungen des Textes in ihrem Entstehen paläographisch und überlieferungsgeschichtlich zu erklären. Schissel lehnt sich in mehreren Voraussetzungen an Freudenthal eng an: Die Dialoge waren ursprünglich in Kolumnen aufgeführt. Es hat zwei Etappen der Textveränderung gegeben, a) den Wechsel einiger Dialoge von der einen in die andere Charakter-Kolumne, u.zw. wie von Freudenthal beobachtet, b) die Vertauschung ganzer χαρακτῆρες in der bereits korrumpierten Form; in der Weise dieser Vertauschung weicht Schissel von Freudenthal am deutlichsten ab. Selbstverständlich übernimmt Schissel auch die Orientierung an dem bei Diogenes Laertios überlieferten System, er geht sogar so weit, bei Albin genau dieselbe Zuordnung[16] der Dialoge zu den χαρακτῆρες, teils auch in ebenderselben Reihenfolge, zu fordern wie bei Diogenes. Nur in der Abfolge der acht Charaktere und in dem System ihrer Ableitung aus den ἀνωτάτω χα-

15) Kritiklos schloß sich Susemihl, *Über Thrasyllos* 570,15, Freudenthals Rekonstruktion an; Alline, *Histoire du texte* 130,4, zögert, die Maieutik nach Freudenthal einzuordnen.

16) Nur im Singular der Dialoge Ἀλκιβιάδης und Ἱππίας folgt er den Albincodices gegen Diogenes.

ρακτῆρες unterscheidet sich Schissels Albin von Diogenes ebensosehr wie von dem Modell Freudenthals.[17]

Angelpunkt dieser Neuinterpretation des Kapitels 3 ist eine Textänderung, die Schissel in dem Passus über die Scheidung der zwei ἀνωτάτω χαρακτῆρες in sechs untergeordnete Funktionen vornimmt. Er versetzt die Worte καὶ ἀπόδειξιν τοῦ ἀληθοῦς hinter καὶ ἔλεγχον τοῦ ψεύδους (c. 3 p. 148,24-29, s. Schissel p. 221):

> ἐνθάδε δὲ γνωστέον τοσοῦτον περὶ τῶν ἀνωτάτω χαρακτήρων, ὅτι δύο ὄντων, ὑφηγητικοῦ καὶ ζητητικοῦ, ὁ μὲν ὑφηγητικὸς ἥρμοσται πρὸς διδασκαλίαν καὶ πρᾶξιν [καὶ ἀπόδειξιν τοῦ ἀληθοῦς], ὁ δὲ ζητητικὸς πρὸς γυμνασίαν καὶ ἀγῶνα καὶ ἔλεγχον τοῦ ψεύδους <καὶ ἀπόδειξιν τοῦ ἀληθοῦς>, καὶ ὅτι ὁ μὲν ὑφηγητικὸς τῶν πραγμάτων στοχάζεται, ὁ δὲ ζητητικὸς τῶν προσώπων.

Schissels Eingriff nimmt der hyphegetischen Gattung das Merkmal der ἀπόδειξις τοῦ ἀληθοῦς und dient einer These, die, ohne Textänderung, bereits Alberti[18] verfochten hatte: Der logische Charakter gehöre ganz in die zetetische Gattung. Die Textänderung glaubt Schissel durch Parallelen begründen zu können. Wir gehen sie der Reihe nach durch.

1. Albin, Prolog c. 6 p. 151,5-7 (codd.): ... τοῖς τοῦ λογικοῦ χαρακτῆρος διαλόγοις, ὄντος καὶ αὐτοῦ ζητητικοῦ, δεήσει ἐντυγχάνειν.

Diese Worte liefern weniger eine Stütze als den Anlaß für die Änderung in Kapitel 3. Es sind die Worte, die Freudenthal in seinem Modell abänderte. Das ganze Modell hat sich zwar nicht

17) S. Schissel, *Zum Πρόλογος* 218 und 226:

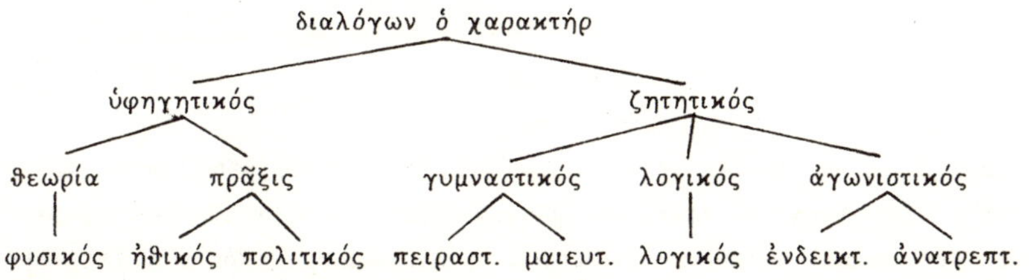

(Zuteilung der Dialoge zu den Charakteren wie bei Diog. Laert. III 50f, aber im Einzelnen Abweichungen in der Reihenfolge.)

18) *Über des Albinos Isagoge* 94.

als tragkräftig erwiesen, aber wir haben gesehen (Komm. zu 151,6), daß die Textänderung Freudenthals auch ohne dessen weitere Thesen ihren Wert behält. Abgesehen davon dürfen die Worte καὶ αὐτοῦ allein als Fundament für eine so weitreichende Änderung, wie sie Schissel in Kap. 3 vornimmt, nicht benutzt werden.[19]

2. Im Didaskalikos, dessen Autor nach Schissel Alkinoos heißt, wird in den Kapiteln über die Logik (διαλεκτική) die Lehre von den συλλογισμοί wie folgt eingeführt (c. 6,3 p. 158,14-17):

> χρῆται δὲ ὁ Πλάτων καὶ τῇ τῶν συλλογισμῶν πραγματείᾳ ἐλέγχων τε καὶ ἀποδεικνύων, ἐλέγχων μὲν διὰ ζητήσεως τὰ ψευδῆ, ἀποδεικνύων δὲ διά τινος διδασκαλίας τὰ ἀληθῆ.

Dieser Text beweist genau das Gegenteil von dem, was Schissel will. Wie sich aus dem § 4 desselben Kapitels (Z. 23-27) ergibt, liegt der Scheidung ζήτησις/διδασκαλία im Didaskalikos dasselbe Prinzip zugrunde wie der Scheidung in den ζητητικὸς und ὑφηγητικὸς χαρακτήρ bei Diogenes Laertios III 49 (das Wort διδασκαλία auch im Prolog Albins c. 3 beim hyphegetischen Charakter!). Wie wir im Kapitel 5 begründet haben, ist im Didaskalikos die Einteilung platonischer Syllogismen und deren Zuordnung zu den Dialogen gerade unter Benutzung der dihäretischen Dialogordnung in Albins Abwandlung entwickelt worden.[20] Was aus dem Text des Didaskalikos hervorgeht, ist weniger, daß die Logik insgesamt ἀπόδειξις und ἔλεγχος umfaßt, wie Schissel will, sondern daß Platon einen Teil der Syllogismen in hyphegetischen Dialogen und einen anderen Teil in zetetischen anwendet. Die Logik ist danach also auf beide Hauptgattungen verteilt.

19) Daß Friedrich Nietzsche "aus einem einzigen καί [näml. Diog. Laert. VII 48 p. 318,6 Long καὶ τάδε] ein ganzes Heer von Vermuthungen hervorgehen läßt", zumal bei einem stilistisch so schwachen Autor wie Diogenes Laert. - so lautet ein Vorwurf Freudenthals (p. 309). In eine solche Gefahr begibt sich mehr oder weniger jeder, der sich mit Albins Prolog befaßt.

20) S.o. p. 210ff.

3. Anonyme Platonprolegomena § 17, Z. 16-24. Dieses späte Zeugnis beweist für Schissel gar nichts, insbesondere wegen des μικτὸς τρόπος.[21]

4. Auch der von Schissel angeführte Brief Jamblichs an Sopatros περὶ διαλεκτικῆς (bei Stobäus II 2,7 p. 20,17-21,14 W.) spricht kein klares Wort für die Einordnung logischer Dialoge in die Zetesis. Reine Willkür ist es, wenn Schissel behauptet, mit Jamblichs πρῶται διατριβαί ("ersten Vorlesungen") sei der logische Charakter Albins gemeint. Zudem fällt der entscheidende Begriff, ζήτησις, bei Jamblich gar nicht, sondern der Neuplatoniker sagt lediglich, daß in seinen ersten Vorlesungen die ἀνάμνησις διὰ τοῦ καλῶς ἐρωτᾶν geübt wird. Möglicherweise ist dabei, entsprechend dem Dialog Menon, an die Geometrie gedacht.

Bei der abschließenden Bewertung von Schissels Rekonstruktionsversuch ergibt sich die Tatsache, daß keine der von ihm angeführten Textstellen eine Stütze für seine Konjektur in Kapitel 3 des Prologs ist. Auch das ὄντος ... ζητητικοῦ des sechsten Kapitels ist zu problematisch, als daß es jene philosophisch konsequenzenreiche und paläographisch nicht leichte Textänderung rechtfertigen könnte. Diese ihrerseits macht außerdem in Albins Neufassung der dihäretischen Dialogordnung die ausgewogene doppelte Trias, die die drei Funktionen der beiden oberen Gattungen nennt, zunichte (p. 148,26-28). Eine solche harmonische Formulierung ist aber dem Stil Albins durchaus gemäß[22] und darf nicht ohne schwerwiegende Argumente zerstört werden.

An die Fragen der Textkritik schließt Schissel einen Versuch an, aus dem so hergerichteten Text das System herauszulesen, nach dem Albin die unteren acht Charaktere aus den obersten Gattungen abgeleitet habe; Albin habe dieses seiner Schrift nicht anvertraut, um, wie Schissel sagt (p. 216), eine "Dublette" zu den Ausführungen in Kap. 6 zu vermeiden.[23] Von Dublette kann

21) S. dazu oben Kap. 4d, p. 162ff.

22) Vgl. die doppelte Trias in Kap. 2, p. 148,5-7.

23) Schissel nimmt zu Freudenthals evidenter These, daß Textkürzungen von einem Epitomator herrühren, nicht Stellung. Auch Dillon, *The Middle*

nun bei all dem hier niedergeschriebenen Ringen um Albins Dialogsystem wahrhaftig nicht die Rede sein. Das Ergebnis, das Schissel vorträgt, also sein Modell, ist denn auch recht fragwürdig. Wenn Jacob Freudenthal auch die paläographische Seite der Rekonstruktion des dritten Kapitels zu stark in den Vordergrund gestellt hatte, erliegt Otmar Schissel der anderen Gefahr, paläographische Überlegungen zu leicht abzutun. Dies gilt nicht nur für seine Textänderung, sondern besonders auch für seine Bemerkungen über das korrupte Dialogverzeichnis. Bei dessen Wiederherstellung baut Schissel auf den Errungeschaften Freudenthals auf[24] und trägt, abweichend davon, sein eigenes Bild vom Korruptionsprozeß vor. Hier ergeben sich aber noch mehr Schwierigkeiten als bei Freudenthal, zumal Schissel kaum Begründungen für die jeweiligen Korruptionsschritte anführt.[25] Daher ist auch die Annahme von nur zwei notwendig vorauszusetzenden Abschriften (= zwei Korruptionsstufen), die Schissel

Platonists 304, schätzt den Einfluß des Epitomators, den er allerdings nicht leugnet, in unhaltbarer Weise ganz gering ein.

24) Ohne das immer deutlich genug auszusprechen.

25) Der Leser seines Aufsatzes muß in folgenden Punkten ratlos bleiben: Die Abweichungen der Dialogfolgen innerhalb der ethischen, politischen, logischen und anatreptischen Art, die zwischen Diog. Laert. und dem vermuteten Original Albins bestehen, werden von Schissel nur verzeichnet, aber mit keinem Wort erläutert. Ebenso unerklärt bleiben der Wegfall des Kritias und Theätet aus unseren Albin-Codices. Unverständliche oder absurde Erklärungen gibt Schissel für den Wegfall der Dialoge Hipparch und Anterastai (p. 225) und die Verrutschung des Parmenides (p. 217); auch die Erklärung des Schreibversehens bei ἐλεγκτικῷ (Albin, Prol. 148,32f) überzeugt nicht (p. 226). Da Schissel den von Freudenthal geforderten Epitomator wieder eliminiert (p. 215) und nur von Abschreibern spricht, ist schließlich zu fragen, ob einem einfachen Kopisten (der ja nun die Absicht hat, zu kopieren, nicht zu verfälschen) alles dies und auch noch die Versetzung der drei Charaktere πολιτικός-πειραστικός-μαιευτικός hinter den "ἐπιδεικτικός" (codd. p. 151,10f) zuzutrauen ist. - Invernizzi ist nicht zuzustimmen, wenn er Schissels Aufsatz als "paziente lavoro" beurteilt, *Il Prologo* 355.

nahelegt, unbegründet.[26] Insgesamt müssen Schissels Textkonjektur im dritten Kapitel sowie sein Modell von Albins Dialogsystem, dem sich in der jüngeren Zeit die Gelehrten zumeist anschlossen,[27] als unwahrscheinlich abgelehnt werden.

26) P. 224: "Das Dialogverzeichnis hat in der Überlieferung zweimal eine starke Störung erfahren."

27) Witt, *Albinus* 109,5: "the difficulties in Ch. III are better treated by Schissel ... than by Freudenthal." Le Corre wiederholt in den Fußnoten zu seiner Übersetzung des Prologs Schissels Thesen kritiklos. Invernizzi hat Schissels Modell sogar in den Text seiner Übersetzung aufgenommen; er stimmt Schissel in allen Punkten zu (*Il Prologo* 355. 359). Nur Mazzarelli, *L'autore* ... (1980) 616,42, bezeichnet Schissels Versuch als "non convincente".

Appendix B

Was kündigt Diogenes Laertios III 47 an?

Seit Eduard Schwartz[1] hat man die drei Themen, die Diogenes Laertios in der Widmung III 47 anführt: τὴν φύσιν τῶν λόγων καὶ τὴν τάξιν τῶν διαλόγων καὶ τὴν ἔφοδον τῆς ἐπαγωγῆς so verstanden, daß in ersterem die Kapitel 48-51, im zweiten 56-62 und erst im dritten das Mittelstück 53-55 angekündigt seien.[2] Man nimmt an, daß Diogenes in der Widmung fast den ganzen dialogtheoretischen Abschnitt, also III 48-62, skizzieren wollte. Peter von der Mühll[3] hebt zu Recht den Widerspruch hervor, der zwischen dem Begriff ἔφοδος τῆς ἐπαγωγῆς und seiner Ausführung III 53-55 einerseits und den Worten III 47 ὡς οἷόν τε στοχειωδῶς καὶ ἐπὶ κεφαλαίων, πρὸς τὸ μὴ ἀμοιρεῖν αὐτοῦ τῶν δογμάτων τὴν περὶ τοῦ βίου συναγωγήν andrerseits besteht: Letztere Worte können nur auf einen Abriß der Lehre bezogen sein, wie er von Kapitel 67 an (τὰ δὲ ἀρέσκοντα) vorliegt. Nach von der Mühll ist damit die Unfertigkeit dieses Teils der Schrift des Diogenes erwiesen. In der falschen Reihenfolge von τάξις und ἔφοδος sieht Schwartz stilistische Absicht des Autors, von der Mühll Unvermögen derer, die Diogenes' Papiere nach seinem Tod zu redigieren hatten.

In unserem Kapitel 2 a (s.o. p. 139f) ergab sich die Erkenntnis, daß die Partien der Kapitel 48-51a (bis ἀπόχρη λέγειν) und 51b (von Ἐπεὶ δὲ an) bis 52 eng zusammengehören, daß also

1) Artikel *Diogenes Laertios*, RE V 1 (1950), bes. p. 759. Marcello Gigante schließt sich im wesentlichen diesen Auffassungen an, *Biografia e dossografia in Diogene Laerzio* (Kap. 9: Il III libro: la dedica e l'impianto dossografico), in: Elenchos. Rivista di studi sul pensiero antico VII (1986), bes. p. 64-67 (der Abschnitt geht über Peter von der Mühll nicht wesentlich hinaus).

2) Von der Mühll ist allerdings vorsichtiger und gibt nur die jeweiligen Anfänge der Sektionen an; Gigante weist der Sektion τάξις τῶν διαλόγων die Kapitel 57-61 zu, Schwartz gibt gar keine Kapitelnummern, sondern nur die Reihenfolge an.

3) *Was Diogenes Laertios der Dame, der er sein Buch widmen will, ankündigt*, Philol. 109 (1965) 313-315.

zwischen Kap. 51a und 51b gar kein so harter Bruch geht. Damit ist nun aber auch der Sinn der Kapitel 51b-55 erhellt: Ein erster Abschnitt klärt die Frage εἰ δογματίζει ὁ Πλάτων (51b.52), ein zweiter (53-55) πῶς δογματίζει. Daß in diesem zweiten auch alles auf die Tatsache der δόγματα Πλάτωνος abgestellt ist, verdeutlichen diese Sätze: (53) ὁ μὲν οὖν (sc. τρόπος ἐπαγωγῆς) κατ' ἐναντίωσίν ἐστιν ἐξ οὗ τῷ ἐρωτωμένῳ περὶ πᾶσαν ἀπόκρισιν ἀκολουθήσει τὸ ἐναντίον ... (54) οὗτος μὲν ὁ τῆς ἐπαγωγῆς κατ' ἐναντίωσιν καὶ μάχην τρόπος, ᾧ ἐχρῆτο οὐ πρὸς τὸ δογματίζειν, ἀλλὰ πρὸς τὸ διελέγχειν ... (55) τούτῳ δὲ (sc. τῷ διαλεκτικῷ τρόπῳ τῆς ἀκολουθίας) ἐχρῆτο εἰς τὴν τῶν ἑαυτῷ δοκούντων κατασκευήν.

Der ganze Passus 51b-55 scheint also der Begründung der Dihärese hyphegetischer und zetetischer Schriften zu dienen, auch wenn dies von Diogenes nicht ausdrücklich gesagt wird. Er hängt eng mit den Kapiteln 49-51a zusammen. Beide Partien können ohne weiteres als ein Abriß des Diogenes über die φύσις τῶν λόγων τῶν Πλάτωνος gelten. Kapitel 48 mit der Definition des Dialogs paßt hier gut herein; man beachte, daß in Albins Prolog dieselbe Definition eingeführt ist, um die οὐσία (Kap. 1 p. 147,8 und 13) des Dialogs festzustellen. Es zeigt sich, daß Diogenes mit ἔφοδος τῆς ἐπαγωγῆς einen speziellen Teil des Zusammenhangs über die φύσις τῶν λόγων ausgegrenzt und eigens hervorgehoben hat. Mit τάξιν τῶν διαλόγων ist tatsächlich nur die Partie III 56-62, nicht auch 49-51, gemeint. Die Reihenfolge φύσις - τάξις stimmt mit der Reihenfolge der Ausführungen III 48-62 überein; auf die Induktion ist in der Widmung anghangsweise hingewiesen. Der Widerspruch, den von der Mühll aufdeckt, bleibt allerdings immer noch ungelöst.

Appendix C

Übersicht über die Darstellungsformen der Platondialoge

Darstellung aller Dialoge Platons inclusive der Pseudoplatonica nach ihrer διασκευή,[1]

d.h. nach der Darstellungsform gemäß der dramatischen Dialogeinteilung, gegebenenfalls mit Angaben über die fiktive Überlieferungslage der πρώτη συνουσία[2] (des Hauptgesprächs) und die Vollständigkeit des Rahmengesprächs.

Mit der dreifachen Einordnung des Parmenides (rein dramatisch - Politeia-Gruppe - Mischform) und der doppelten des Theätet (rein dramatisch - Mischform) ist auf eine unlösbare Schwierigkeit hingewiesen.[3] Es versteht sich von selbst, daß die gegebene Einteilung nur ein bestimmtes, äußerliches Formkriterium berücksichtigt und verabsolutiert. Sie kann dem Wesen eines Dialogs nicht ohne weiteres gerecht werden (z.B. haben Politeia und Nomoi trotz der diegematischen bzw. dramatischen Form in weiten Teilen monologischen Charakter). Über die Gründe, die Platon zu dem Formenreichtum seiner Dialoge geführt haben können, vgl. R. Hirzel, *Der Dialog* I 211-218.

Die kleinen römischen Ziffern geben die Tetralogien an.

I - Monologe

I Apologie (Abgesehen von dem dialogischen Passus 24 D - 27 D.)

IX Briefe (Vgl. Artemon bei Ps.-Demetrios von Phaleron περὶ ἑρμ. 223: εἶναι γὰρ τὴν ἐπιστολὴν οἷον τὸ ἕτερον μέρος τοῦ διαλόγου; die Aussage bezieht sich jedoch nicht auf Platon und gehört zu stilistischen Überlegungen.)

Demodokos I

1) Proklos, *in Parm.* 682,29, s.o. Kap. 4a, p. 175.

2) Vgl. Proklos, *in Parm.* 625,28, s.o. Kap. 4e, p. 205f.

3) S.o. Kap. 4d, p. 203.

II - a) Dramatische Dialoge in Reinform

I Euthyphron

I Kriton

II Kratylos

II Thaitetos 1. Proöm (προοίμιον anon. Theätetkomm. col. 3,29f)

2. Hauptgespräch (δραματικὸς ὁ διάλογος ebd. Z. 38f)

(Wegen der Tatsache des erzählten Hauptgesprächs genausogut als Mischform einzustufen, s. dort.)

II Sophistes

II Politikos

III (Parmenides: nach etwa einem Viertel des Werks unterscheidet sich der Dialog nicht mehr von rein dramatischen.)

III Philebos

III Phaidros

IV Alkibiades I

IV Alkibiades II

IV Hipparchos

V Theages

V Laches

VI Gorgias

VI Menon

VII Größerer Hippias

VII Kleinerer Hippias

VII Ion

VIII (Kleitophon: s.u. b.)

IX Minos

IX Gesetze

IX Epinomis

Über das Gerechte

Über die Tugend

Sisyphos

Axiochos

Alkyon

- b) Dramatische Dialoge, in denen der Monolog einer Person den Dialog weit überwiegt
= "Timaios-Gruppe"

I (Apologie: s.o. Monologe.)

VII Menexenos ($^{3}/_{4}$ des Dialogs füllt die von Sokrates vorgetragene Rede der Aspasia.)

VIII Kleitophon (Der Dialog besteht bis auf den Anfang aus einem diegematischen Vortrag des Kleitophon; da der dramat. Eingang des Dialogs durch Sokrates' Gegenwart ein besonderes Gewicht hat, ist der Kleit. vielleicht grundsätzlich eher unter den rein dramatischen Dialogen einzureihen.)

VIII Timaios (*deinde ... totum sermonem soli Timaeo attribuit*, Galen, *Compend. Tim. Plat.* p. 34,11 K.-W.: $^{6}/_{7}$ des Dialogs füllt die Rede des Timaios über den Kosmos; der Eingang enthält noch den παλαιὸς λόγος Solons, der diegematische Form hat.)

VIII Kritias ($^{6}/_{7}$ des Dialogs, soweit er uns vorliegt, füllt die Rede des Kritias.)

III Diegematische Dialoge

- a) ohne Hindeutung auf Zuhörer
= "Politeia-Gruppe"

III Parmenides (ὁ ἀφηγηματικὸς τοῦ διαλόγου τύπος Prokl., *in Parm.* 677,9f. Kephalos, der Erzähler, kennt das Hauptgespräch nur aus dritter Hand, d.h. es gibt vier Gesprächsebenen: Vervielfältigtes diegemat. Gespräch oder diegematisch überformtes Mischgespräch? - Die Präsenz des Erzählers geht schon nach etwa einem Viertel ganz verloren: 137 C 4, daher ist der Dialog von da an rein dramatisch.)

IV Anterastai

V Lysis (Die Präsenz Sokrates' als des Erzählers bleibt bis zum Ende deutlich: 223 B 4.)

VIII Staat (κατὰ τὴν Σωκράτους ἀφήγησιν ... ἀφηγηματικῶς Prokl., *in Tim.* I 21,5. 12. - Die Präsenz Sokrates' als des Erzählers bleibt noch bis zum Beginn des Schlußmythos deutlich: X 614 B 2.)

Demodokos III 384 B - 385 C

Eryxias

- **b) mit Ansprache eines Zuhörers**

V Charmides (Der Zuhörer der Erzählung wird bis 155 D mit ὦ ἑταῖρε, ὦ γεννάδα u.ä. angesprochen. - Die Präsenz Sokrates' als des Erzählers bleibt bis zum Ende deutlich: 176 D 5.)

Demodokos II 382 E - 384 B (Der Zuhörer der Erzählung wird in der 2. Person angesprochen: 384 B.)

Demodokos IV 385 C - 386 C (Der Zuhörer der Erzählung wird in der 2. Person angesprochen: 386 C.)

IV Mischform: Eingang dramatisch, eine der *dramatis personae* gibt eine diegematische Erzählung

- **a) Der Erzähler war selbst Teilnehmer des Hauptgesprächs = "Protagoras-Gruppe"**

I Phaidon (Mit vollständigem, wenn auch am Schluß nur noch durch ὦ Ἐχέκρατες 118 A 15 angedeutetem Rahmengespräch, das auch zweimal in der Mitte hervortritt: 88 C - 89 A und 102 A.)

VI Euthydemos (Beide Teilnehmer des Rahmengesprächs geben eine Erzählung, hauptsächlich Sokrates, aber 304 D - 305 B auch Kriton; es liegt ein Rahmengespräch im eigentlichen Sinne vor, d.h. Anfang und Ende bildend, das zudem noch in der Mitte des Dialogs hervortritt: 290 E - 293 A.)

VI Protagoras (Von den Personen der dramatischen Darstellungsebene des Eingangs hält nur Sokrates als Erzähler seine Präsenz bis zum Ende deutlich durch: 362 A 4.)

- **b) Der Erzähler hat nur über eine oder mehrere Zwischenquellen von dem Hauptgespräch erfahren = "Symposion-Gruppe"**

II Theaitetos (Auch als dramatischer Dialog einzustufen, da das Hauptgespräch zwar von einer Person des Proöms erzählt, aber formal dramatisch wiedergegeben wird.)

III (Parmenides: Als diegematische Überformung eines Mischgesprächs oder als verdreifachte Diegese einzustufen, s.o.)

III Symposion (Apollodor, der Erzähler, kennt das Hauptgespräch nur aus zweiter Hand [über Aristodem bzw. Sokrates 173 Af, bzw. gerüchteweise aus 'fünfter Hand': 172 A - 173 B], es gibt also eine Vielzahl von Gesprächsebenen; hinzu kommen noch die Gespräche, die innerhalb des Hauptgesprächs referiert werden: 177 A-C, 190 Cf, 192 Df, 201 D - 212 A, 218 C - 219 B. Unter den Personen der dramatischen Darstellungsebene des Eingangs wird nur die Präsenz Apollodors als des Erzählers durch die infinitivische Redeform bis zum Ende in Erinnerung gehalten.)

VIII (ein Teil des Timaios: Kritias erzählt den λόγος παλαιός des Solon, 21 A - 25 D.)

Appendix D

Skizze der dihäretischen Dialogordnung (Diog. Laert. III 49-51)

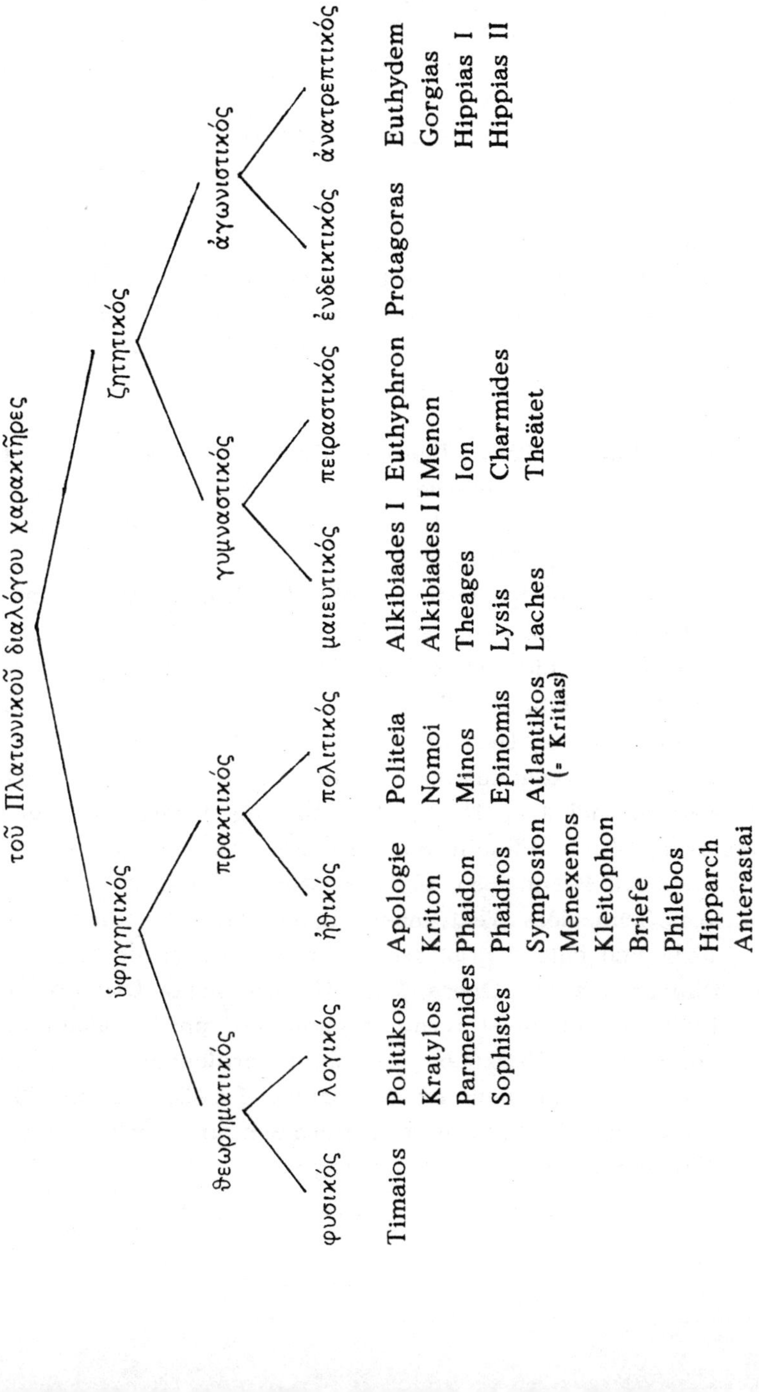

Literaturverzeichnis

1. Textausgaben und Übersetzungen von Albins Prolog

Ioannis Alberti Fabricii Bibliothecae Graecae liber III [im Band 2], p. 42-51, Hamburg[2] 1716. (Mit lat. Übers von J.A. Winckler; 1. Aufl. 1707; die 4. Aufl. von 1793 enthält den Text des Prologs nicht mehr.)

G. Etwall, Oxford 1771. (= Nachdruck von Text und Übersetzung des Fabricius-Winckler; s. P. Louis, *Les manuscrits* ... [s.u.] 71.)

Iohannes Fridericus Fischerus: Platonis Euthyphro, Apologia Socratis, Crito, Phaedo Graece ad fidem codd. mss. Tubing. August. Aliorumque et Librorum Editorum Veterum recensuit emendavit explicavit I.Fr.F. Lipsiae 1759[1], 1770[2], 1783[3]. (Der Text des Prologs Albins p. 125-131 in der Paginierung der 3. Aufl.)

Christian Daniel Beck: Platonis Opera. Ex recensione Henrici Stephani passim emendata adiectis Scholiis et Notis criticis edidit C.D.B., Tomus I, Lipsiae 1813 p. 9-15 (*Animadversiones* zum Prolog p. 370).

Carolus Ernestus Schneider: Albini Libellus ... secundum Codicem Lobcovicianum emendatus, in: Index Scholarum in Universitate Litterarum Vratislaviensi per hiemem a. 1852 ... instituendarum, p. 3-8.

Carolus Fridericus Hermannus, Platonis Dialogi secundum Thrasylli Tetralogias dispositi. Vol. VI, Lipsiae 1853 [mehrfach nachgedruckt], p. 147-151. (Die bislang gängigste Ausgabe.)

Gustav Friedrich Wilhelm Suckow: Die wiss. und künstler. Form ... [s.u.], Berlin 1855, p. 15-19. (Nur die Kapitel 4-6; Abdruck von Schneiders Text, aber eigene deutsche Übersetzung p. 10-14 und eigene Konjekturen in den Anmerkungen.)

Fr. Dübner: Platonis Opera, Vol. III: Argumenta Dialogorum cum indice nominum et rerum necnon ind. philos. absolutissimis condidit J. Hunziker. Accedunt prolegomena et scholia graeca in Platonem ex recensione Fr. D. Parisiis 1873. (= Nachdruck des Textes von Hermann und Überarbeitung der Winckler'schen lat. Übersetzung.)

Jacob Freudenthal: Hellenistische Studien, Heft 3, Berlin 1879 p. 322-326. (Die bislang beste Ausgabe, jedoch nicht sehr verbreitet.)

Fr. Guil. Mullachius: Fragmenta Philosophorum Graecorum, Vol. III, Parisiis 1881 p. 20-27. (Mit Einleitung und einer lateinischen Übersetzung, die von der Winckler'schen an manchen Stellen abweicht; Mullach fällt hinter den Forschungsstand von 1853 [C.F. Hermann, E. Hiller, J. Freudenthal] zurück.)

J.B. Sturm: Biographisches über Plato aus dem Codex Vaticanus Graecus 1898 und die Isagoge des Albinus auf Grund derselben Handschrift herausgegeben von J.B.St., Programm Kaiserslautern 1901.

Otmar Schissel von Fleschenberg: Marinos von Neapolis und die neuplatonischen Tugendgrade, Athen 1928 (Texte und Forschungen zur byzant.-neugriech. Philologie 8), p. 37f. (Nur Kap. 6, mit einer deutschen Übersetzung p. 38f und einigen Handschriftenlesarten in Anm. 109 p. 107f.)

René Le Corre: Le prologue d'Albinus, RPhilos 146 (1956) 28-38. (Nur französische Übersetzung.)

André-Jean Festugière: L'ordre de lecture ... [s.u.] MH 26 (1969) 281-283. (Nur franz. Übersetzung der Kapitel 4f.)

Giuseppe Invernizzi: Il Prologo di Albino. Introduzione, Traduzione e Note, Riv. filos. neo-scol. 71 (1979) 352-361. (Kommentierte italienische Übersetzung.)

2. Weitere Literatur zu Handschriften des Prologs Albins

Brumbaugh, Robert S., und Rulon Wells, *The Plato manuscripts. A New Index*, New Haven, London 1968. (Bes. p. 73.)

Hiller, E., *Die handschriftliche Überlieferung des Albinus*, Hermes X (1876) 323-333.

Louis, Pierre, *Études sur les manuscrits d'Albinos*, REG 55 (1942) 70-76.

Schissel von Fleschenberg, Otmar, *Zum Πρόλογος* ... [s.u.], Hermes 66 (1931), bes. p. 217. (Nur zu p. 148,30-37 aus dem cod. Vindob. suppl. gr. 7. = W)

3. Bibliographien

Deitz, Luc, *Bibliographie du platonisme impérial antérieur à Plotin: 1926-1986*, ANRW II 36,1 (1987) 124-182.

Mazzarelli, Claudio, *Bibliografia medioplatonica, I: Gaio, Albino e anonimo commentatore del* Teeteto, Riv. filos. neo-scol. 72 (1980) 108-144. *II: Apuleio,* ib. 73 (1981) 557-595. *III: Numenio,* ib. 74 (1982) 126-159.

Schubring, Konrad, *Bibliographische Hinweise zu Galen,* in: Claudii Galeni Opera omnia, ed. Carolus Gottlob Kühn, Tomus XX continens indicem in Galeni libros auctore Fr. Guil. Assmanno [soweit Nachdruck der Ausgabe Leipzig 1833], Epilogum et notas bibliographicas adiecit K.Sch., Hildesheim 1965.

4. Sonstige Literatur

Alberti, Eduard, *Über des Albinos Isagoge in Platons Dialoge,* RhM N.F. 13 (1858) 76-110.

Alline, Henri, *Aristophane de Byzance et son édition critique de Platon,* REA 17 (1915) 85-97.

- *Histoire du texte de Platon,* Paris 1915.

Andresen, Carl, *Justin und der mittlere Platonismus,* Zs. f. d. Neutest. Wiss. u. d. Kunde der Älteren Kirche 44 (1952f) 157-195 [nachgedr. in: C. Zintzen, *Mittelplatonismus* 319-368].

Bardy, Gustave, Art. *Dialog A II: Griechen. III: Lateiner,* RAC 3 (1957) 928f. 938-945.

Becker, Ernst, *Technik und Szenerie des ciceronischen Dialogs.* Osnabrück 1938 (Diss. Münster 1938).

Behrens, Irene, *Die Lehre von der Einteilung der Dichtkunst, vornehmlich vom 16. bis 19. Jahrhundert. Studien zur Geschichte der poetischen Gattungen.* Halle (Saale) 1940 (Beihefte zur Zs. f. Roman. Philol. 92).

Bergsträsser, Gotthelf, *Ḥunain ibn Isḫaq. Über die syrischen und arabischen Galen-Übersetzungen. Zum ersten Mal herausgeg. und übers. von G.B.* Leipzig 1925 (= Abh. für die Kunde des Morgenlandes XVII 2). [Nachdruck Nendeln 1966.]

Brockelmann, Carl, *Geschichte der arabischen Litteratur.* Bde. 1. 2. Zweite den Supplementbänden angepaßte Aufl. Leiden

1943. 1949. Supplementbände 1. 2. 3. Leiden 1937. 1938. 1942.

Christ, Wilhelm, *Platonische Studien,* Abh. d. königl. bayer. Akad. d. Wiss. I. Cl., XVII. Bd., II. Abth. München 1885.

Chroust, Anton-Hermann, *The Organization of the Corpus Platonicum in Antiquity,* Hermes 93 (1965) 34-46.

Deuse, Werner, *Untersuchungen zur mittelplatonischen und neuplatonischen Seelenlehre,* Akad. d. Wiss. u. d. Literatur Mainz, Abh. d. geistes- u. sozialwiss. Kl. Einzelveröff. 3. Wiesbaden 1983. (Kap. V: Albinos p. 81-95.)

Diels, Hermann, *Doxographi Graeci. Collegit recensuit prolegomenis indicibusque instruxit H.D.* Berolini 1879.

- *Anonymer Kommentar zu Platons Theaetet (Papyrus 9782)... Unter Mitwirkung von J.L. Heiberg bearb. von H.D. u. W. Schubart. Mit einer Einleitung von H.D.* Berlin 1905 (Berliner Klassikertexte 2).

- *Über den Wiener Platocodex W (Suppl. phil. gr. 7),* SB d. königl. preuss. Akad. d. Wiss. Philos.-hist. Cl. 1906, Heft 41, p. 749.

Dillon, John M., *Proclus' Commentary on Plato's Parmenides,* [s.u. G. R. Morrow].

- *The Middle Platonists. A Study of Platonism 80 B.C. to A. D. 220.* London 1977.

Dirlmeier, Franz, *Vom Monolog der Dichtung zum "inneren" Logos bei Platon und Aristoteles,* Gymn. 67 (1960) 26-41 [Wiederabgedr. mit Angabe der Originalseiten in: *Ausgew. Schr. zu Dichtung und Philos. der Griechen,* herausg. v. H. Görgemanns, Heidelberg 1970, p. 142-154].

Dodds, Eric Robertson, Art. *Albinus,* The Oxford Classical Dictionary, Second Edition 1970, p. 34.

Dodge, Bayard, *The Fihrist of al-Nadim,* 2 Bde. New York, London 1970.

Dörrie, Heinrich, Art. *Albinos,* RE Suppl. 12 (1970) 14-22. (Die Literaturangaben teilweise fehlerhaft und jetzt überholt.)

- *Ein Epigramm auf Platons Werke. Anthologia Palatina 9,188,* Grazer Beitr. 1 (1973) 89-109.

- *Platonica Minora.* München 1976 (Studia et Testimonia Antiqua 8).

Dunn, Michael Raley, *Iamblichus, Thrasyllus, and the Reading Order of the Platonic Dialogues,* in: *The Significance of Neoplatonism.* Edited by R. B. Harris, Norfolk, Virginia 1976,

p. 59-80 (Studies in Neoplatonism 1).
- *The Organization of the Platonic Corpus between the First Century B.C. and the Second Century A.D.*, Mikrofilm 1976 (Diss. Yale Univ. 1974).

Effe, Bernd, Rez. zu *C.W. Müller, Kurzdialoge,* Gymn. 83 (1976) 132-134. (Druckfehler p. 132 b, 14. Zeile v.u., lies: term. p. quem.)

Festugière, André-Jean, *L'ordre de lecture des dialogues de Platon au Ve/VIe siècles,* MH 26 (1969) 281-296.

Freudenthal, Jacob, Art. *Albinus,* RE I (1894) 1314f.
- *Hellenistische Studien. Heft 3: Der Platoniker Albinos und der falsche Alkinoos,* Berlin 1879 p. 241-326. (Auf diese Arbeit wird mit "Freudenthal" und Seitenangabe verwiesen.)

Friedländer, Paul, *Platon,* Bde. 1. 2, Berlin^{3} 1964. Bd. 3, Berlin^{3} 1975.

Fries, C., *Zur Vorgeschichte der platonischen Dialogform,* RhM 82 (1933) 145-161.

von Fritz, Kurt, Art. *Theon (14),* RE V A 2 (1934) 2067-2075.

Gigante, Marcello, *Biografia e dossografia in Diogene Laerzio,* Elenchos. Riv. di studi sul pensiero antico. VII: Diogene Laerzio storico del pensiero antico, Napoli 1986 p. 7-102.

Gigon, Olof, *Das dritte Buch des Diogenes Laertios,* Elenchos [s.o. M. Gigante] VII (1986) 135-182.

Giusta, Michelangelo, *Ἀλβίνου Ἐπιτομή ο Ἀλκινόου Διδασκαλικός?* Atti dell'Acc. delle Scienze di Torino. Classe di Scienze morali, stor. e filol. 95 (1960/61) 167-194.
- *Due capitoli sui dossografi di fisica,* in: *Storiografia e dossografia nella filosofia antica,* a cura di G. Cambiano, Torino 1986 p. 149-201.

Grote, George, *Plato, and the Other Companions of Socrates.* A New [=4.] Edition. 4 Bde. London 1888.

Gundert, Hermann, *Der platonische Dialog,* Heidelberg 1968.
- *Dialog und Dialektik. Zur Struktur des platonischen Dialogs,* Studium generale 21 (1968) 295-379. 387-449. [Geringfügig verbesserter Nachdruck Amsterdam 1971 (Studien zur antiken Philosophie 1).]

Haslam, M.W., *Plato, Sophron and the Dramatic Dialogue,* BICS 19 (1972) 17-38. Plate VI.

Hermann, Karl Friedrich, *Disputatio de Thrasyllo grammatico et mathematico,* Index Schol. Gottingae 1852/1853 p. 1-18.

Hirzel, Rudolf, *Der Dialog. Ein literarhistorischer Versuch,* 2 Theile, Leipzig 1895.

Hoerber, R.G. *Thrasylus' Platonic Canon and the Double Titles,* Phronesis 2 (1957) 10-20.

Hoffmann, Manfred, *Der Dialog bei den christlichen Schriftstellern der ersten vier Jahrhunderte,* Berlin 1966 (Texte und Unters. zur Geschichte der altchristl. Lit. 96).

Hug, Arnold, Art. *Symposion-Literatur,* RE IV A 2 (1932) 1273-1282.

Immisch, Otto, *Beiträge zur chrestomathie des Proclus und zur poetik des altertums,* in: Fs. Theodor Gomperz, Wien 1902 p. 237-274. (Bes. p. 258ff.)

- *Philologische Studien zu Plato. Zweites Heft: De recensionis Platonicae praesidiis atque rationibus,* Leipzig 1903.

Invernizzi, Giuseppe, *Il Didaskalikos di Albino e il medioplatonismo. Saggio di interpretazione storico-filosofica con introduzione e commento del Didaskalikos,* 2 Bde. Rom 1976.

- *Il Prologo di Albino* [s.o. unter den Textausgaben].

Kahle, Carolus, *De Plutarchi ratione dialogorum componendorum,* Gottingae 1912 (Diss. Göttingen 1912).

Kaibel, Georg, *Die Prolegomena περὶ κωμῳδίας,* Abh. d. kg. Ges. d. Wiss. zu Göttingen, Philol.-hist. Kl. N.F. II 4, Berlin 1898.

Kalbfleisch, Karl, *Griechische Miszellen,* in: Fs. Theodor Gomperz, Wien 1902, bes. *II* p. 96f.

Kassel, Rudolf, *Dichtkunst und Versifikation bei den Griechen.* Rhein.-Westfäl. Akad. d. Wiss. Geisteswiss. Vorträge. G 250. Opladen 1981.

Kayser, Joannes, *De veterum arte poetica quaestiones selectae,* Lipsiae 1906 (Diss. Leipzig 1906).

Kiaulehn, Vilhelmus, *De scaenico dialogorum apparatu capita tria,* Halle 1913 (Diss.).

König, Eckard, Art. *Albinos,* in: Jürgen Mittelstrass (Hrsg.), Enzyklopädie Philosophie und Wissenschaftstheorie, Band 1, Mannheim etc. 1980 p. 67.

Koller, Hermann, *Die Komposition des platonischen Symposions,* Zürich 1948.

Laourdas, Basileios, *Συμβολὴ εἰς τὴν μελέτην τῆς "Ἐπιτομῆς" τοῦ Ἀλβίνου,* Ἀθηνᾶ 54 (1950) 29-37.

- *Scholia by Arethas,* [s.u. L.G. Westerink].

Lippert, Julius, *Studien auf dem Gebiete der griechisch-arabischen Übersetzungslitteratur. I,* Braunschweig 1894.

Louis, Pierre, *Albinos.* Epitomé. Rennes 1945.

Martin, Josef, *Symposion. Die Geschichte einer literarischen Form,* Paderborn 1931 (Studien zur Geschichte und Kultur des Altertums 17,1.2.).

Mazzarelli, Claudio, *L'autore del DIDASKALIKOS,* Riv. filos. neo-scol. 72 (1980) 606-639.

McDonald, John M.S., *Character Portraiture in Epicharmus, Sophron, and Plato,* Sewanee, Tennessee 1931.

Moors, Kent Francis, *Plato's Use of Dialogue,* CW 72 (1978) 77-93.

Moraux, Paul, *Der Aristotelismus bei den Griechen von Andronikos bis Alexander von Aphrodisias. II: Der Aristotelismus im I. und II. Jahrh. n.Chr.,* Berlin, New York 1984 [über Albin p. 441-480].

- *Diogène Laërce et le "Peripatos",* Elenchos [s.o. M. Gigante] VII (1986) 262-294.

- *L'exposé de la philosophie d'Aristote chez Diogène Laerce (V 28-34),* RPhL 47 (1949) 5-43.

- *Les listes anciennes des ouvrages d'Aristote,* Louvain 1951.

Moreschini, Claudio, *Apuleio e il platonismo,* Firenze 1978.

Morrow, Glenn R., and John M. Dillon, *Proclus' Commentary on Plato's Parmenides.* Transl. by G.R.M. and J.M.D., with Introduction and Notes by J.M.D., Princeton 1987.

Mühl, Max, *Der λόγος ἐνδιάθετος und προφορικός von der alten Stoa bis zur Synode von Sirmium 351,* ArchBegrGesch 7 (1962) 7-56.

Müller, August, *Die griechischen Philosophen in der arabischen Überlieferung,* Halle 1873.

Müller, Carl Werner, *Die Kurzdialoge der Appendix Platonica. Philologische Beiträge zur nachplatonischen Sokratik,* München 1975 (Studia et Testimonia Antiqua 17).

Müri, Walter, *Das Wort Dialektik bei Platon,* MH 1 (1944) 152-168 [Wiederabgdr. in: W.M., *Griechische Studien. Ausgewählte wort- und sachgeschichtliche Forschungen zur Antike,* hrsg. von E. Vischer, Basel 1976 p. 220-242].

Nachmanson, Ernst, *Der griechische Buchtitel. Einige Beobachtungen,* Göteborg 1941 (Göteborgs Högskolas Arsskrift 47 Nr. 19).

Oświecimski, Stefan, *The akephalous dialogues,* Eos 67 (1979) 55-67.
- *The ancient Testimonies in the face of the Platonic Apocrypha,* Eos 67 (1979) 233-255.
Philip, J.A., *The Platonic Corpus,* Phoenix 24 (1970) 296-308.
Plezia, Marian, *De commentariis isagogicis,* Kraków 1949 (Polska Akademia Umiejętności. Archiwum Filologiczne Nr 23).
Pohlenz, Max, *Die Begründung der abendländischen Sprachlehre durch die Stoa,* Nachr. v. d. Ges. d. Wiss. zu Göttingen, Philol.-hist. Kl., Fachgruppe I: Altertumswissenschaft, N.F. III 6 (1939) 151-198 [Nachdr. *Kleine Schriften,* hrsg. v. H. Dörrie, Bd. I p. 39-86, Hildesheim 1965].
- *Die Stoa. Geschichte einer geistigen Bewegung,* [Band I] Göttingen[4] 1970. Band II, 5. Aufl. v. H.-Th. Johann, Göttingen 1980.
Praechter, Karl, *Ueberwegs Grundriß der Geschichte der Philosophie. 1. Tl.: Die Philosophie des Altertums,* 12., umgearbeitete und erweiterte Auflage, hrsg. v. K.Pr., Berlin 1926.
- *Zum Platoniker Gaios,* Hermes 51 (1916) 510-529.
- Rez. zu: *Anonymer Kommentar zu Platons ›Theaetet‹ ... ed. H. Diels und W. Schubart,* Götting. Gelehrte Anzeigen 171 (1909) 530-547 [Teilnachdr. in: C. Zintzen, *Mittelplatonismus,* p. 301-316].
Prantl, Carl, *Geschichte der Logik im Abendlande.* Bd. I, Leipzig 1855 [Nachdr. Graz 1955].
Pusch, Anna M., *Der dialogische Charakter von Senecas dialogi,* Diss. Wien 1942 [ungedruckt, mir nicht zugänglich].
Reynen, Hans, *Der vermittelte Bericht im Platonischen Symposion,* Gymn. 74 (1967) 405-422.
Robinson, Richard, *Plato's Earlier Dialectic,* 2. [verbesserte und erweiterte] Aufl. Oxford 1953.
Rudberg, Gunnar, *Zu den literarischen Formen der Sokratiker. Eine Skizze,* in: *Dragma* [Festschr. Nilsson], hrsg. v. K. Hanell, E.J. Knudtzon, N. Valmin, Lund 1939, p. 419-429.
Russell, Donald Andrew, *'Longinus'. On the Sublime,* Ed. with Introd. and Comm. by D.A.R. Oxford 1964.
Sauppe, Hermann, Rez. zu: *Platonis Opera III ed. Hunziker-Dübner,* Jenaer Literaturzeitung I (1874) 704-706.
Schissel von Fleschenberg, Otmar, *Marinos von Neapolis und die neuplatonischen Tugendgrade,* Athen 1928 (Texte und For-

schungen zur byzantin.-neugriech. Philologie 8). (S. dazu bes. die Rez. von W. Theiler, s.u.)

- *Zum Πρόλογος des Platonikers Albinos,* Hermes 66 (1931) 215-226.

Schleiermacher, Friedrich, *Einleitung* zu: *Platons Werke,* Bd. I 1, 1. Aufl. 1804 p. 3-52, 2. Aufl. [stilist. überarbeitet] 1817 p. 1-32, 3. Aufl. [textgleich der 2.] 1855 p. 5-36 [Nachdr. der 3. Aufl. in: *Das Platonbild. Zehn Beiträge zum Platonverständnis,* hrsg. v. Konrad Gaiser, Hildesheim 1969].

Schlottmann, Hermannus, *Ars dialogorum componendorum, quas vicissitudines apud Graecos et Romanos subierit,* Rostock 1889 (Diss. Rostock).

Schmidt, Ernst Günther, Art. *Dialogus,* Der Kleine Pauly II (1967), Nachträge p. 1575-1577.

Schöne, Hermann, *Platons Symposion,* Erklärt von A. Hug, 3. Aufl. [in der Einleitung umgearbeitet] von H.Sch., Leipzig, Berlin 1909.

Schwinge, Ernst-Richard, *Griechische Poesie und die Lehre von der Gattungstrinität in der Moderne. Zur gattungstheoretischen Problematik antiker Literatur.* A&A 27 (1981) 130-162.

Stenzel, Julius, *Literarische Form und philosophischer Gehalt des platonischen Dialogs,* Jahresber. der Schles. Ges. f. vaterländ. Cultur (1916) 1-17 [Wiederabgedr. in: *Studien zur Entwicklung der platonischen Dialektik von Sokrates zu Aristoteles,* Leipzig, Berlin[1] 1917 p. 123-141, 2., erweiterte Aufl. Leipzig, Berlin 1931 (unter Angabe der Originalseiten), und in: *Kleine Schriften zur griechischen Philosophie,* Darmstadt 1956 p. 32-47].

- *Über den Zusammenhang des Dichterischen und Religiösen bei Platon. Ein Beitrag zur Frage der philosophischen Terminologie,* Schles. Jbb. für Geistes- u. Naturwiss. II (1924) 143ff [Wiederabgedr. in: *Studien* (s.o.), 2. Aufl. p. 156-180, und in: *Kl. Schr.* (s.o.), 107-126].

Suckow, Gustav Friedrich Wilhelm, *Die wissenschaftliche und künstlerische Form der platonischen Schriften in ihrer bisher verborgenen Eigenthümlichkeit dargestellt,* Berlin 1855. (S. dazu die Rez. von Fr. Susemihl, Fleckeisens Jbb. 1 [= Neue Jbb. f. Philol. 71], 1855, bes. p. 626-628, und die Bemerkungen Freudenthals, Hell. Stud. III p. 242, Anm. 1.)

Susemihl, Friedrich, *Über Thrasyllos. Zu Laert. Diog. III 56-62,* Philol. 54 (1895) 567-574.

Szlezák, Thomas Alexander, *Platon und die Schriftlichkeit der Philosophie. Interpretationen zu den frühen und mittleren Dialogen* [mit einem Anhang: Die moderne Theorie der Dialogform p. 331-375], Berlin, New York 1985.

Tarrant, H., *The date of Anon.* In Theaetetum, ClQ 77 (n.s. 33) (1983) 161-187.

Theiler, Willy, Rez. zu: *O. Schissel v. Fleschenberg, Marinos von Neapolis,* Gn. 5 (1929) 307-317.

- Rez. zu: *R.E. Witt, Albinus and the History of Middle Platonism,* Gn. 15 (1939) 104f.

Ullrich, Friedrich, *Entstehung und Entwickelung der Literaturgattung des Symposion,* I. Tl. Progr. Würzburg 1908. II. Tl. Progr. Würzburg 1909.

Usener, Hermann, *Ein altes Lehrgebäude der Philologie,* SB d. Bayr. Akad. d. Wiss. Philos.-philol. u. histor. Kl., 1892 Nr. 4, 582-648. (Wiederabgedr. in: *Kleine Schriften,* hrsg. von P.E. Sonnenburg, Bd. II, Leipzig, Berlin 1913 p. 265-314 [mit Ergänzungen aus dem Nachlaß].)

- *Unser Platontext,* Nachr. v. d. königl. Ges. d. Wiss. zu Göttingen, 1892 Nr. 2, p. 25-50. 1892 Nr. 6, p. 181-215 [Nachdr. in: *Kleine Schriften,* (s.o.) III, 1914, 104-162].

Vahlen, Johannes, *Beiträge zu Aristoteles Poetik,* I-IV, SB d. kaiserl. Akad. d. Wiss. Philos.-histor. Cl. Wien, I: 50 (1856) 265-317. II: 52 (1866) 89-175. III: 56 (1867) 213-343. IV: ib. 351-439 [Neudruck besorgt von H. Schöne, Leipzig, Berlin 1914; hiernach wird zitiert].

Voß, Bernd Reiner, *Der Dialog in der frühchristlichen Literatur.* München 1970 (Studia et Testimonia Antiqua 9).

Walzer, Richard, *Plato Arabus. Vol. I: Galeni Compendium Timaei Platonis* ... ediderunt Paulus Kraus et R.W., Londonii 1951 (Corpus Platonicum Medii Aevi B 1).

Waszink, Jan Hendrik, Art. *Albinus,* RAC I (1950) 238f.

Wenrich, Joannes Georgius, *De auctorum Graecorum versionibus et commentariis Syriacis Arabicis Armeniacis Persicisque Commentatio,* Lipsiae 1842.

Westerink, Leendert Gerrit, *Anonymous Prolegomena to Platonic Philosophy.* Introd., Text, Translation and Indices, Amsterdam 1962.

- und Basileios Laourdas, *Scholia by Arethas in Vindob. Phil. Gr. 314*, Ἑλληνικά 17 (1962 [tatsächl. schon 1960]) 105-131 [Nachdr. in: L.G.W., *Texts and Studies in Neoplatonism and Byzantine Literature. Collected Papers*, Amsterdam 1980 p. 31-57. 378].

Whittaker, John M., *'Parisinus Graecus' 1962 and the Writings of Albinus*. Part I, Phoenix 28 (1974) 320-354. Part II, ib. 450-456 [Nachdr. in: J.M.Wh., *Studies in Platonism and Patristic Thought*, London 1984, p. 2 (Addendum) und Nrr. XX. XXI].

- *Platonic Philosophy in the Early Centuries of the Empire*, ANRW II 36,1 (1987) 81-123.

von Wilamowitz-Moellendorff, Ulrich, *Platon. [Band I:] Sein Leben und seine Werke*, 5. Aufl. von B. Snell, Berlin 1959. *[Band II:] Beilagen und Textkritik*, 3. Aufl. von R. Stark, Berlin 1962.

Witt, R.E., *Albinus and the History of Middle Platonism*, Cambridge 1937 (Cambridge Class. Stud. 7). 2. Aufl. [mit Änderung auf S. 106] Amsterdam 1971.

Yxem, Ernst Ferdinand, *Ein Logos Protreptikos Schleiermacher und Platon betreffend*, Berlin 1841.

Zeller, Eduard, *Die Philosophie der Griechen in ihrer geschichtlichen Entwicklung*, II 1, 5. Aufl. Leipzig 1922, 6. unveränd. Aufl. Hildesheim 1963. II 2, 4. Aufl. Leipzig 1921, 5. unveränd. Aufl. Hildesheim 1963. III 1, 5. Aufl. Leipzig 1923, 6. unveränd. Aufl. Hildesheim 1963. III 2, 5. Aufl. Leipzig 1923, 6. unveränd. Aufl. Hildesheim 1963.

Zintzen, Clemens, *Der Mittelplatonismus*, hrsg. v. C.Z., Darmstadt 1981 (Wege der Forschung 70).

Zoll, Gallus, *Cicero Platonis aemulus. Untersuchung über die Form von Ciceros Dialogen, besonders von De oratore*, Zürich 1962 (Diss. Freiburg/Schweiz).